Darwin voor dames

Enkele andere boeken van Uitgeverij Nieuwezijds

DARWIN Charles Darwins brieven
DARWIN Over het ontstaan van soorten
DARWIN De afstamming van de mens
DARWIN Het uitdrukken van emoties bij mens en dier
DARWIN De autobiografie van Charles Darwin
BRAECKMAN Darwins moordbekentenis
HERMANS De dwaaltocht van het sociaal-darwinisme
VAN DE GRIND Natuurlijke intelligentie
EKMAN Gegrepen door emoties

Darwin voor dames

OVER FEMINISME EN EVOLUTIETHEORIE

Griet Vandermassen

UITGEVERIJ NIEUWEZIJDS

Dit boek is een verkorte en licht bewerkte versie van Griet Vandermassens *Who's afraid of Charles Darwin? Debating Feminism and Evolutionary Theory*, uitgegeven door Rowman & Littlefield Publishers te Oxford in 2005. Voor de vertaling van de citaten is zoveel mogelijk gebruikgemaakt van bestaande Nederlandse vertalingen.

Uitgegeven door: Uitgeverij Nieuwezijds, Amsterdam
Vertaling: Pieter Peyskens, Gent
Omslagontwerp: Marjo Starink, Amsterdam
Zetwerk: CeevanWee, Amsterdam

Afbeelding omslag: Darwin met zijn oudste zoon William
Foto auteur: Bart Biesbrouck

ISBN 90 5712 204 9
NUR 740

Dankwoord

Ik ben veel verschuldigd aan Johan Braeckman, die mij gestimuleerd heeft om dit onderzoek aan te vatten. Zijn advies en vertrouwen waren van onschatbare waarde voor mij. Ook Marysa Demoor, mijn andere gids op dit uitdagende pad, geloofde meer in mij dan ikzelf en was een grote bron van steun en aanmoediging.

Charlotte De Backer, Farah Focquaert, Koen Margodt, Karolien Poels, An Ravelingien, Tom Speelman en Thomas Vervisch wil ik danken voor hun enthousiasme over mijn perspectieven als auteur en voor onze gezellige kelderdiscussies met bijhorende taart. Verder dank aan David Barash, Simon Baron-Cohen, Tim Birkhead, Jim Brody, Helena Cronin, Milton Diamond, Dylan Evans, Terri Fisher, Maryanne Fisher, David Geary, Paul Gross, Sarah Hrdy, Nicola Koyama, Bobbi Low, Elizabeth Meier, Iver Mysterud, Mark Nelissen, Craig Palmer, Janet Radcliffe Richards, David Schmitt, Ullica Segerstråle, William Spriggs van Evolution's Voyage, Margo Wilson, Robert Wright en Ken Zucker. De verantwoordelijkheid voor resterende fouten ligt geheel bij mij.

Dank ook aan Pieter Peyskens, die zich vol enthousiasme op de vertaling en bewerking van mijn Engelstalige manuscript stortte, mag evenmin onvermeld blijven: Pieter, dank je wel!

Het meest van al dank aan Tim, dat heerlijke product van evolutie door natuurlijke en seksuele selectie, voor zijn liefde, vertrouwen en aanmoediging. Onze kater Charles, die zich te pas en te onpas op mijn toetsenbord kwam nestelen, maakte het afwerken van dit manuscript wat aangenamer.

Inhoud

Inleiding

> Feministische analytische categorieën *moeten* onstabiel zijn – in een onstabiele en incoherente wereld staan consistente en coherente theorieën zowel ons beoordelingsvermogen als onze sociale praxis in de weg.
>
> – Sandra Harding, The Instability of the Analytical Categories of Feminist Theory, 1986: 287, cursivering in origineel.

Ik beschouw mezelf al vanaf mijn puberteit als feministe, maar het is pas sinds enkele jaren dat ik de omschrijving 'darwinistisch feministe' zou gebruiken. Voor die tijd sprak het gewoon voor zich dat je als feministe geen vertrouwen stelde in wat wetenschappers over de seksen te melden hebben. Wetenschap was immers een blanke, mannelijke onderneming. Toonde het verleden haar inherente seksisme niet genoeg aan, met de pogingen van Aristoteles om de vrouwelijke minderwaardigheid te bewijzen of de uitspraken van Francis Bacon over 'het tot slaaf maken van de Natuur'?

De wetenschappelijke methode belichaamde een androcentrisch of mangericht wereldbeeld en diende om zowel vrouwen als de natuur te beheersen – zoveel stond vast voor mij en mijn medefeministische vrienden en vriendinnen. We kwamen samen in discussiegroepen, exclusief vrouwelijk zowel als gemengd (er was heel wat discussie over de voor- en nadelen van beide opties). Samen verkenden we de manier waarop mannelijkheid en vrouwelijkheid sociaal geconstrueerd worden, want we leefden in de vaste overtuiging dat iedereen biseksueel ter wereld komt. Het is de samenleving die mensen op het heteroseksuele pad dwingt om alles onder controle te houden, wisten we. Strikte heteroseksualiteit en monogamie beschouwden we als bourgeois, al ondervonden velen van ons hoe moeilijk het kon zijn zich van die conventies te verlossen. Maar dat bewees natuurlijk alleen maar hoe sterk we allen door de samenleving geïndoctrineerd waren.

Toch zagen we ons met een paar knelpunten geconfronteerd. Sommigen van ons *hielden* er blijkbaar van om zich volgens seksetypische patronen te gedragen. Wij meisjes konden nog begrijpen dat sommige mannen graag de macho uithangen – tenslotte levert dit hun iets op: dominantie. Maar wat met onze eigen verlangens om er vrouwelijk uit te zien en ons vrouwelijk te gedragen? Mochten we onze benen scheren of plooiden we hiermee voor de eisen van het patriarchaat? Hoe te reageren toen één van ons verklaarde graag zichzelf en haar vriend seksueel op te winden door de boot gespeeld af te houden, dat meest stereotiepe van vrouwelijke trucjes? Moesten we vrouwelijk gedrag afdoen als een zwakheid, als een teken van gebrek aan weerstand tegen indoctrinatie? Zo voelde ik het aan. Ik voelde me schuldig als ik probeerde er mooi uit te zien, omdat dit zwakte liet doorschemeren. Maar als ik het niet deed, voelde ik me onaantrekkelijk.

We lazen en praatten veel, maar nooit raadpleegden we dissidente literatuur. Waarom zouden we ook? We wisten immers dat we gelijk hadden en dat alle anderen de gevestigde belangen verdedigden of onvoldoende verlicht waren om de waarheid te zien.

Dat alles is nu meer dan tien jaar geleden, en ondertussen heb ik geleerd mijn wensen niet met de werkelijkheid te verwarren. Door het lezen van wetenschappelijke literatuur ging ik inzien dat mijn vroegere antiwetenschappelijke houding vooral op vooroordelen en onwetendheid berustte. Werken uit de evolutionaire biologie en de evolutionaire psychologie (of evolutiepsychologie) leerden me dat de mij bekende feministische publicaties hierover mij een bijzonder onjuist beeld van het onderwerp hadden voorgehouden. Bovendien besefte ik dat de evolutionaire psychologie enorm verhelderend kan zijn bij het uitdiepen van al die onderwerpen waarover onze gendergroepjes zo uitvoerig (en zo vruchteloos) gediscussieerd hadden: het patriarchaat, genderidentiteit en rolpatronen, partnervoorkeuren, seksualiteit... zonder ook maar in het minst een verdediging te zijn van de status quo.

Wat de evolutiepsychologie immers doet, is beschrijven hoe de geëvolueerde architectuur van ons brein op een uiterst contextgevoelige manier reageert op de omgeving waarin het zichzelf aantreft. Door de omgeving te veranderen kun je gedrag beïnvloeden, zoals blijkt uit de enorme verschillen tussen culturen. Dat betekent niet dat de seksen ooit identiek zullen worden. Er zullen altijd *statistische*, groepsgemiddelde psychoseksuele verschillen tussen vrouwen en mannen bestaan, net zoals er altijd verschillen zullen zijn tussen mensen onderling. Daar is niks mis mee, lijkt me, zolang iedereen evenveel de kans krijgt om de eigen vermogens te ontplooien.

Dit boek wil dieper ingaan op al die kwesties. Het wil aantonen dat evolutionaire psychologie en feminisme geen tegenstanders van elkaar zijn, maar bondgenoten. Evolutionaire psychologie verschaft ons wetenschappelijk inzicht in de ultieme oorzaken van de 'strijd der seksen'. Het feminisme kan die bevindingen gebruiken om een haalbaar programma van sociale hervorming te ontwerpen. Tegelijk kan het ingaan tegen eventuele mannelijke vooroordelen binnen de evolutionaire theorievorming. Wetenschap is immers altijd verankerd in een sociale context, en oplettendheid voor verschillende vormen van vooringenomenheid is voortdurend nodig. Toen vrouwen enkele decennia geleden, na eeuwen onderdrukking, eindelijk vaste voet kregen in de academische wereld, bleek dat sommige theorieën binnen de sociale en biologische wetenschappen sterk doordrongen waren van mannelijke vooroordelen. Sindsdien hebben vrouwelijke wetenschappers die androcentrische blik stelselmatig bijgestuurd. Toch zit het wantrouwen tegen de wetenschappelijke onderneming bij veel feministische theoretici nog diep.

Ongrijpbare definities

Op de vraag 'Wat is feminisme?' zijn veel antwoorden mogelijk. Voor sommigen gaat feminisme over gelijke rechten en kansen voor beide seksen. Sommigen beschouwen het als de bekrachtiging van specifiek vrouwelijke eigenschappen. Anderen verwerpen die notie van een vrouwelijk subject als essentialistisch en gaan na hoe de fragiele eenheid van persoonlijke identiteit zogenaamd wordt samengehouden door de werking van taal. Nog anderen omarmen een intuïtief, 'holistisch' wereldbeeld en verwerpen de 'mannelijke' noties van logica, rationaliteit en ambitie. De lijst met mogelijke antwoorden is eindeloos. De onderlinge tegenstrijdigheid is zo groot dat je als feministe de incoherentie tussen de verschillende theorieën kunt interpreteren als meerwaarde dan wel als tekortkoming, al naargelang je eigen theoretische achtergrond.

Het feminisme is geen eenvormige denkrichting en is dat nooit geweest. Definities zijn daarom zo algemeen dat ze nauwelijks iets bijbrengen, ofwel trachten ze in een notendop alle belangrijke strekkingen en hun centrale premissen te vatten. Hiermee stuiten we op het door de feministische denkster Joan Scott gesignaleerde probleem dat elke poging tot beschrijving van het feminisme "slechts paradoxen te bieden heeft."[1]

Voor een nieuwkomer in het veld zal dit labyrint van feminismen ongetwijfeld voor verwarring zorgen. Waarschijnlijk zal de desoriëntatie aanhouden tot zij voldoende achtergrondinformatie verworven heeft om zelf die theorieën te selecteren die overeen lijken te stemmen met haar eigen kennis en ervaring van de wereld.

Tenminste, dat is het ideale scenario. In de praktijk zullen vaak nog andere motieven doorwegen bij het bepalen van haar feministische strekking. Elk feminisme werkt met impliciete veronderstellingen over de menselijke natuur, veronderstellingen die niet zelden ook beïnvloed zijn door politieke motieven. Enerzijds verbaast dat niet echt, want het feminisme is in essentie een politieke beweging. Anderzijds zou men verwachten dat een beweging die streeft naar veranderingen in de behandeling en positie van vrouwen betrouwbare informatie verlangt over de menselijke natuur, om daar zo doeltreffend mogelijk op in te werken. Dit boek handelt onder andere over de verschillende motieven achter de vaak gepolitiseerde inschatting van wat al dan niet als deugdelijke kennis geldt.

Vooraleer het spanningsveld tussen feminisme, wetenschap en evolutietheorie te belichten, steek ik best van wal met een beknopte beschrijving van de feministische beweging. Het feminisme bestaat uit een grote hoeveelheid politieke en filosofische programma's die seksistische onderdrukking willen verklaren en een halt toeroepen. De beweging kent een rijke en dramatische geschiedenis, vol snelle ontwikkelingen.[2]

De oudste en meest invloedrijke stroming is het *liberaal feminisme*, dat in de achttiende eeuw voortvloeide uit de Verlichting. De aandacht van het liberaal feminisme was – en is nog steeds – gericht op vrouwen als vrije en rationeel handelende personen die aanspraak kunnen maken op dezelfde basisrechten als mannen.[3] Als geesteskind van de Verlichting wordt de strekking ook *gelijkheidsfeminisme* genoemd. Aanhangers van dit denken gaan er meestal van uit dat de verschillen tussen de seksen veeleer klein en vooral het product van socialisatie zijn.

In de negentiende eeuw stelde een nieuwe feministische strekking het bevoorrechten van rationaliteit, dat zo typisch was voor het liberale Verlichtingsdenken, ter discussie. Deze *verschilfeministen* wilden opnieuw fierheid scheppen in typisch vrouwelijke kwaliteiten en beklemtoonden daarom de verschillen met typisch mannelijke eigenschappen. Ze streefden naar een samenleving die zich meer laat leiden door vrouwelijke waarden en bekommernissen.[4]

Op die *eerste feministische golf*, waarvan het einde meestal gesitueerd wordt rond 1920, volgde een *tweede golf* in de jaren zeventig. Simone de Beauvoir was een van de grondlegsters met haar beroemde boek *Le deuxième sexe* (1949), maar de werkelijke explosie van feministische standpunten kwam pas twee decennia later. Vrouwen speelden een actieve rol in de ontwikkeling van burgerrechten- en studentenbewegingen, mei '68 en Nieuw Links. Met de publicatie van Betty Friedans *The Feminine Mystique* (1963) stak het liberaal feminisme opnieuw de kop op, ditmaal geflankeerd door een veelheid aan nieuwe strekkingen, elk met andere theoretische uitgangspunten.

Een controversieel nieuw perspectief werd geboden door een extreme variant van het verschilfeminisme: het *radicaal-feminisme*. Sommige jonge vrouwen die zich in de jaren zestig politiek engageerden, raakten gedesillusioneerd door de hardnekkigheid van seksistische attitudes binnen die bewegingen. Ze ontdekten dat de fel bevochten bevrijding blijkbaar niet bedoeld was voor hun sekse en dat mannen niet bereid waren hun privileges op te geven. Zo ontstond een feministische strekking die zich kenmerkt door de radicale veroordeling van mannelijkheid als intrinsiek dominant en destructief, en de huldiging van vrouwelijkheid als fundamenteel zorgzaam en egalitair. De slogan 'het persoonlijke is politiek' maakte duidelijk dat de onderdrukking van vrouwen niet alleen zaak was van onrechtvaardige wetten en onevenredige politieke vertegenwoordiging, maar diep geworteld zat in het dagdagelijkse leven. Volgens radicaal-feministen ligt de mannelijke drang tot controle van de vrouwelijke seksualiteit aan de basis van de onderdrukking van vrouwen. Ze verwerpen veel van de door liberale feministen hoog aangeschreven waarden, zoals rationaliteit, zelfbeschikking en gelijke concurrentie, als essentieel mannelijke categorieën.[5] Hiermee wijken ze af van de verschilfeministen, die de verschillen tussen de seksen erkennen zonder daar een waardeoordeel aan te koppelen.

De meeste radicaal- en verschilfeministen spreken zich niet uit over de dieper liggende oorzaken van die verschillen. Ze lijken er impliciet van uit te gaan dat een gendertypische psychologie vorm krijgt door socialisatie en leerprocessen. Het benadrukken van inherente verschillen botst bij veel andere feministen dan weer op argwaan, omdat die bewering in het verleden maar al te vaak als voorwendsel diende om vrouwen onder de knoet te houden.[6] Maar of ze de inherentie van het verschil nu erkennen of verwerpen, meestal blijven feministen van om het even welke strekking steken in een valse dichotomie tussen natuur en cultuur – een probleem dat veel feministische discussies op foute leest schoeit, zoals verder in dit boek zal blijken.

Een ander belangrijk feministisch paradigma dat vorm kreeg tijdens de tweede golf is het *socialistisch feminisme.* Socialistische feministen hanteren marxistische analysemodellen om 'het wezen van de vrouwelijke onderschikking' op het spoor te komen. Volgens hen is de achterstelling op basis van gender, net als die op basis van klasse, structureel verankerd in het maatschappelijk bestel. Vooral onder het kapitalisme werd de ongelijkheid tussen de seksen geïnstitutionaliseerd door een patriarchale arbeidsverdeling. Elk onderzoek naar de oorzaken van de onderdrukking van vrouwen moet dus de socio-economische context in aanmerking nemen.[7]

Noch het liberaal feminisme, noch het radicaal- of verschilfeminisme, noch het socialistisch feminisme slagen er echter in te *verklaren* waarom mannen eigenlijk overal over een geprivilegieerde positie beschikken en hoe de relatie tussen de seksen nu precies historisch gereproduceerd wordt. Volgens sommigen biedt de psychoanalyse het antwoord. Voortbouwend op freudiaanse en Lacaniaanse concepten stelt de psychoanalytische zienswijze dat meisjes en jongens tegengestelde genderidentiteiten ontwikkelen omdat ze op een andere manier omgaan met het 'oedipus- en castratiecomplex' in de vroege fasen van de normale psychoseksuele ontwikkeling.

De voorbije decennia maakten echter op verpletterende wijze duidelijk dat de psychoanalyse elke wetenschappelijke basis mist. Ze is niet gebaseerd op experimenten of klinische studies en wordt door modern neurobiologisch onderzoek weerlegd. Vrijwel alles in de psychoanalyse wat zich tot falsificatie leent, is gefalsificeerd.[8] De introductie van deels bruikbare concepten, zoals het 'onbewuste', neemt niet weg dat de psychoanalyse – in welke hedendaagse variant ook – voor ons huidig inzicht in de werking van het brein even relevant is als de Oud-Griekse theorie van de vier lichaamsvochten dat is voor de studie van het lichaam.[9] De theorie klinkt mooi, maar ze is verkeerd.

In de vroege jaren tachtig begonnen *zwart feminisme*[10] en andere particulariserende strekkingen zoals *lesbisch feminisme* te protesteren tegen de volgens hen valse indruk van universaliteit die in zowat alle feministische uiteenzettingen gewekt werd. Volgens hen vertolkten de heersende strekkingen enkel de ervaringen van blanke, westerse middenklassevrouwen en doet een universele categorie als 'vrouwen' geen recht aan de grote verschillen tussen vrouwen onderling. Door onterecht de ervaringen van de eigen groep te veralgemenen, worden de levens en noden van anderen over het hoofd gezien. Er zijn, wierp men op, evenveel verschillen tussen vrouwen onderling als tussen mannen en vrouwen als groep, en het zijn juist binaire opsplitsingen als deze die fenomenen als seksisme en racisme mogelijk maken. Feministen moeten de zoektocht naar universele oorzaken van onderdrukking staken, want die verschillen van context tot context.

De sterke nadruk op tussenmenselijke verschillen zorgde voor een welkome bijsturing van de feministische theorievorming, maar ging gepaard met een paradox. Indien vrouwen als groep niet verschillen van mannen als groep, hoe verklaar je dan hun onderdrukking en waarom zouden ze zich moeten verenigen?

Een dergelijk raadsel wordt nog sterker opgeroepen door het *postmoderne feminisme*, een exponent van de *derde feministische golf* die opbloeide aan het eind van de jaren tachtig. Aandachtspunten hier zijn de omverwerping van bestaande definities van vrouwelijkheid, de versplintering van persoonlijke identiteit en de verwerping van elke aanspraak op universaliteit:

> Het besef dat benoemen tot uitsluiting kan leiden, is scherp. Identiteiten lijken tegenstrijdig, partieel en strategisch. (...) Er is niets 'vrouwelijks' dat een natuurlijke band tussen vrouwen schept. Er is zelfs niet zoiets als 'vrouw zijn', omdat ook het begrip 'vrouw' een complexe categorie is die is voortgekomen uit wetenschappelijke strijd en andere sociale praktijken. Gender-, ras- of klassenbewustzijn is een verworvenheid die ons is opgedrongen door de afschuwelijke historische ervaring van de tegenstrijdige sociale realiteiten van patriarchaat, kolonialisme en kapitalisme. En wie reken ik tot 'wij' in mijn eigen retoriek? (Haraway 1991d [1994]: 94)

Met die laatste vraag erkent wetenschapshistorica Donna Haraway de tegenstrijdigheid in het hart van het postmodernisme: als je omvattende categorieën moet verwerpen omdat ze essentialistisch en totaliserend zijn, hoe kun je dan nog betekenisvol over de wereld spreken? Meer, hoe kun je een universalistische theorie als het postmodernisme verantwoorden? En op welke basis kun je politieke hervormingsprogramma's nog stoelen als er enkel verschil heerst en identiteiten slechts een onstabiele wirwar van veranderende betekenissen zijn? Haraway waarschuwt voor de gevaren van een mateloos verschildenken dat verzaakt aan de verwarrende taak om gedeeltelijke samenhang te creëren, maar vertelt er niet bij hoe een dergelijke samenhang tot stand kan komen of zelfs mogelijk is. Volgens de postmoderne visie is kennis nooit objectief en altijd nauw vervlochten met macht. Hierdoor lijken postmodernisten afstand te nemen van rechtvaardigheid en gelijkheid als universeel menselijke streefdoelen.

Nancy Fraser en Linda Nicholson behandelen die problematiek in hun artikel *Social Criticism without Philosophy: An Encounter between Feminism and Postmodernism* uit 1988. Als echte postmodernisten hekelen ze theorieën "die bijvoorbeeld claimen interculturele oorzaken en structuren van seksisme bloot te leggen," omdat die volgens hen "ten onrechte eigenschappen universaliseren die ontleend zijn aan de particuliere tijd, samenleving, cultuur, klasse, seksuele oriëntatie en etnisch-raciale groep van de theoreticus" (1988: 27). Hierbij stelt zich natuurlijk de vraag hoe een postmodern wantrouwen ten opzichte van metaverhalen te combineren valt met de sociaal-kritische kracht van het feminisme. Fraser en Nicholson zoeken het antwoord in een uitdrukkelijk historische theorie, afgestemd op de culturele specificiteit van verschillende tijdperken en samenlevingen en op de eigenheid van de verschillende groepen die daar deel van uitmaken. De invalshoek van dergelijke theorie zou vergelijkend zijn, niet veralgemenend. De algemene opzet zou pragmatisch van aard zijn.

Dat antwoord lost echter weinig op. Hetzelfde probleem blijft bestaan: als we allen slechts het product van maatschappelijke en discursieve praktijken zijn, dan bestaat er geen objectieve standaard waaraan we menselijke behoeften en menselijk welzijn kunnen afmeten of op basis waarvan we seksistische praktijken kunnen veroordelen. Zonder universele ethische standaarden, gefundeerd in wetenschappelijke kennis over de menselijke natuur, dreigt een onbeheersbaar cultureel relativisme.

De fundamentele problemen die een radicaal sociaal-constructivisme met zich meebrengt, kenmerken ook *queer theory*, een vertakking binnen het postmoderne feminisme. Met de Amerikaanse filosofe Judith Butler als meest uitgesproken exponent beschouwt *queer theory* niet alleen identiteiten maar ook lichamen als discursief geproduceerd. De stroming wil kritiek uitoefenen op wat zij beschouwt als de normatieve heteroseksualiteit in onze samenleving en in het gros van de feministische theorievorming. Butler (2000) beschrijft hoe het lichaam en het seksuele verlangen geconstrueerd worden vanuit de normatieve structuren van taal en politiek. Haar filosofie combineert psychoanalytische invloeden (Lacan) met de theorieën van Franse postmodernisten als Foucault en Derrida. Genderidentiteit is slechts de geritualiseerde herhaling en uitbeelding van genderconventies, wat de illusie creëert dat gender een essentie heeft. Volgens Butler en andere queer-theoretici is elk seksueel verlangen in wezen ambivalent, maar het heteroseksuele stramien van de samenleving zorg ervoor dat we onze homoseksuele verlangens niet langer erkennen. Een man leert zichzelf als mannelijk af te bakenen door zijn vrouwelijkheid te verwerpen, waardoor hij gaat verlangen naar de vrouw die hij nooit zal zijn. Zij is zijn verworpen identificatie.

Heterogeniteit: probleem of verdienste?

Het is natuurlijk onmogelijk de heterogeniteit van het feminisme netjes te klasseren. Zoals Valerie Bryson (1999) schrijft, vertrekken feministen vaak vanuit meer dan één theoretisch kader. Soms kunnen die ideeën elkaar versterken, maar het gebeurt ook dat ze strijdig zijn met elkaar, zodat tegenovergestelde overtuigingen samen beleden worden. Evolutiebiologe en feministe Patricia Gowaty merkt op dat de verschillende feminismen meestal organisch tot stand komen, "telkens wanneer vrouwen (en mannen) de bronnen van onderdrukking in hun leven identificeren en zich proberen vrij te vechten" (1997b: 2-3). Het grote aantal feminismen mag dan ook niet verbazen, meent ze, en ze voegt daaraan toe: "Het is evenmin verrassend dat de onderlinge verdeeldheid een van de grote uitdagingen voor het huidige feminisme vormt. Toch verdienen die politieke filosofieën stuk voor stuk respect, omdat ze voortvloeien uit onze eigen ervaringen" (1997b: 3).

Ik sluit me volledig aan bij Gowaty's inzicht dat de onderlinge verdeeldheid tussen feministen een belangrijke uitdaging vormt, maar haar conclusie treft me als problematisch. Hoe oprecht een bepaalde politieke filosofie de levenservaringen van de theoreticus ook mag weerspiegelen, op zich is dat geen bewijs van de geldigheid van de analyse.

Neem bijvoorbeeld de kruistocht tegen pornografie van radicaalfeministe Andrea Dworkin. In haar boek *Life and Death: Unapologetic Writings on the Continuing War against Women* (1997) geeft ze vlijmscherp weer hoe haar leven getekend werd door misbruik en mishandeling. Het is onmogelijk onberoerd te blijven door haar rauwe, emotionele schrijfstijl en door de ellende die ze te verduren kreeg:

> In die tijd had niemand al over mishandeling gehoord, ook ikzelf niet. Er bestond geen naam voor. Er waren geen opvangplaatsen of toevluchtsoorden. De politie reageerde onverschillig. Er was geen feministische voorspraak of literatuur of sociologisch onderzoek. Niemand had notie van de blijvende gevolgen, die nu – met een subtiele zweem van

> waardigheid – bestempeld worden als posttraumatisch-stresssyndroom. Hoeveel keer kun je eigenlijk herhalen: gruwel, verschrikking, angst, afgrijzen, flashbacks, schokken, oncontroleerbaar beven, nachtmerries, hij vermoordt me? Toen wist ik niet beter of ik was de enige persoon die dit ooit had meegemaakt; en de vernedering had me verlamd, gedesoriënteerd, veranderd, beschaamd en gebroken. (Dworkin 1997: 19)

Evenmin kun je ontsnappen aan gevoelens van morele verontwaardiging over de situatie van (blanke, middenklasse) jonge vrouwen amper drie decennia geleden – een situatie waarmee miljoenen vrouwen ter wereld zich trouwens nog altijd geconfronteerd zien –, noch kun je er onderuit de sociale veranderingen onder invloed van het feminisme te waarderen:

> In die tijd werden meisjes geacht maagdelijk te trouwen. Vrouwen uit de middenklasse waren niet verondersteld te werken, omdat onze arbeid een slecht licht zou werpen op onze echtgenoten. Elke ongetrouwde zwangere vrouw was een paria: een delinquente of een verschoppelinge. Ofwel had ze een onwettige abortus, ofwel baarde ze een kind dat meestal, en voor altijd, ter adoptie bestemd was. In schande werd ze naar een tehuis voor zwangere meisjes gestuurd; haar ouders beschaamd en in shock; zijzelf een soort vergif dat de familie beroofd had van haar zelfbeeld van goedheid en respectabiliteit. (Dworkin 1997: 30)

Dworkins analyse – en een van de basisstellingen van het radicaal-feminisme – houdt in dat pornografie aan de basis ligt van de ondergeschiktheid van vrouwen, dat het "het DNA van de mannelijke overheersing" is (Dworkin 1997: 99). Die stelling wordt echter nauwelijks ondersteund door de feiten (zie Ellis 1989). Dworkins verslag van de manier waarop zij en veel vrouwen waarmee zij sprak geschaad zijn door pornografie, is ongetwijfeld waar. Onze empathie mag ons echter niet verleiden tot verregaande conclusies over de veronderstelde werking van macht, sadisme en ontmenselijking in pornografie, doelbewust gericht op het bewerkstelligen van de seksuele en sociale onderdrukking van vrouwen. We kunnen de theoreticus respecteren zonder de theorie te moeten aanvaarden.

Een problematisch aspect van Dworkins analyse ligt in haar impliciete visie op de menselijke natuur. Pornografie is volgens haar "hoe mannen willen dat we zijn, denken dat we zijn, ons vormen tot wat we zijn; hoe mannen ons gebruiken; niet omdat ze biologisch gezien mannen zijn, maar omdat hun sociale macht op die manier georganiseerd is" (1997: 99). Mannen en vrouwen worden hier voorgesteld als passieve pionnen in het sociale spel, met vrouwen als willoze slachtoffers en mannen als geconditioneerde vrouwenhaters. Vergelijkbare concepties van een sociaal geconstrueerde menselijke natuur liggen aan de basis van veel feministische theorieën.[11] Niet alleen kunnen dergelijke theorieën niet verklaren hoe de huidige situatie ooit kon ontstaan (hoe zijn passieve pionnen er ooit in geslaagd complexe sociale organisaties te creëren?); ze stroken bovendien niet met de huidige wetenschappelijke kennis over een geëvolueerde menselijke natuur.

Elk feminisme steunt op een onderliggende theorie over de menselijke natuur, ook al wordt die zelden expliciet geformuleerd. Volgens Patricia Gowaty (1997b) biedt onderzoek naar de relatie tussen die verschillende mensbeelden een vruchtbare invalshoek om de variatie (en potentiële controverse) onder feministen te ontleden. Ze beschouwt de theorieën als proximale of directe analyses: ze gaan in op factoren die het 'hoe' van gedragsuitingen beschrijven, niet het 'waarom'. Net zoals een endocrinoloog, een geneticus, een socioloog en een ontwikkelingspsycholoog een bepaald gedrag ieder op een verschillende manier zullen verklaren, maar toch allen gelijk kunnen hebben, zo kunnen de verschillende feministische invalshoeken volgens Gowaty elk een deel van hetzelfde verhaal vertellen. Daarnaast kunnen we vragen stellen over de mogelijke invloed van evolutie en natuurlijke selectie, die voorkeuren voor bepaalde gedragsuitingen op een 'ultiem' of evolutionair niveau verklaren.

Het gestreste gedrag van iemand met hoofdpijn, bijvoorbeeld, kunnen we op verschillende niveaus duiden. Op een sociologisch niveau kan er sprake zijn van een hooggeïndustrialiseerde samenleving met veeleisende jobs. Psychologisch gezien kan de persoon perfectionistisch en daardoor snel gestrest zijn. Op genetisch niveau kan hij of zij een genetisch bepaalde neiging tot perfectionisme hebben. We weten ook dat hoofdpijn verband houdt met bepaalde veranderingen in de bloedvaten van de nek en in de membranen die het brein bedekken. Een vasculaire theorie over hoofdpijn is dus een andere manier om de toestand van die persoon te begrijpen. Daarnaast is er de neurologische basis van pijn, dus een neurologische theorie over hoofdpijn is ook voorhanden (Plotkin 1997). Uiteindelijk kunnen we ons, op een ultiem of evolutionair niveau, afvragen of er al dan niet een nut verbonden is aan het krijgen van hoofdpijn in stressvolle situaties.

Het uitgangspunt dat er verschillende verklaringsniveaus zijn, kan zeker bijdragen tot de organisatie en de bevordering van het feministische debat, zoals Gowaty stelt. Het besef dat de onderdrukking van vrouwen verschillende oorzaken kent, kan ervoor zorgen dat de veelheid aan feministische politieke filosofieën "idealiter besproken kunnen worden zonder stellingenoorlogen over wie nu 'juist of fout' is. Misschien zijn ze allemaal correct of deels correct – en iedereen is beter af door dat te weten" (Gowaty 1997b: 5).

Toch komt het concept van verschillende theorieën over de menselijke natuur die allemaal juist zijn me weinig doordacht over. Hoeveel beschrijvingsniveaus van menselijk gedrag er ook bestaan, de logica vraagt dat er maar één 'menselijke natuur' bestaat. Hoe waardevol de analyses van ecofeminisme, materialistisch feminisme of existentieel feminisme – om enkele andere strekkingen te vermelden – ook mogen zijn, als theorieën over de menselijke natuur spreken ze elkaar onvermijdelijk tegen. Om verzoenbaar te zijn als proximale verklaringen van gedrag moeten ze per definitie geworteld zijn in een geünificeerde theorie over de menselijke natuur, die tegelijk in staat is een verklaring te bieden voor de enorme variatie tussen individuen en culturen onderling.

Volgens een toenemend aantal onderzoekers kan alleen de darwinistische theorie van evolutie door natuurlijke en seksuele selectie die rol vervullen. Dit boek wil aantonen dat een evolutionair perspectief kan bijdragen tot de oplossing van veel feministische dilemma's. De verwarrende en vaak intern tegenstrijdige pluriformiteit van de feministische theorievorming is volgens mij immers niet alleen te wijten aan de inherente complexiteit van menselijk gedrag en de menselijke sociale organisatie, maar ook aan het ontbreken van een fundamenteel evolutiehistorisch perspectief. Een dergelijk perspectief kan dienen om de verschillende feminismen te integreren. Het lijkt echter onvermijdelijk dat een evolutionaire invalshoek komaf zal maken met enkele gekoesterde veronderstellingen van het 'standaardmodel van de sociale wetenschappen', een term die evolutiepsychologen John Tooby en Leda Cosmides (1992) introduceerden voor de veronderstelling dat de menselijke geest[12] bijna volledig door de sociale omgeving gevormd wordt.

Toch blijft binnen een evolutionaire benadering behoedzaamheid voor mogelijk paternalistische trekjes geboden. Verderop in dit boek wordt bijvoorbeeld duidelijk hoe feministen in het verleden een belangrijke rol hebben gespeeld in het verfijnen van de evolutionair-wetenschappelijke theorievorming over menselijke en dierlijke gedragspatronen, en dat waarschijnlijk nog altijd doen.

Sekse en gender

Een andere terminologische kwestie waar ik op in moet gaan, is het gebruik van de woorden sekse en gender. Feministische beschrijvingen van seksegedifferentieerd gedrag steken typisch van wal met dat onderscheid, hoewel er geen overeenstemming bestaat over de exacte betekenis van beide concepten. Het begrip gender wordt zelfs gebruikt in twee enigszins tegenstrijdige betekenissen. Het feminisme van de tweede golf maakte een onderscheid tussen 'biologische' sekse en 'gesocialiseerde' gender, met dat laatste verwijzend naar de interiorisering van maatschappelijke rolpatronen. Die markering van het sociaal geconstrueerde karakter van vrouwelijkheid zou vrouwen in staat stellen om zich van hun vermeende biologische bepaaldheid te bevrijden, luidde de gedachtegang (Segal 1999).

Gender en sekse worden nog altijd vaak contrastief gebruikt om het verschil aan te geven tussen wat respectievelijk 'sociaal geconstrueerd' dan wel 'biologisch gegeven' zou zijn. Linda Nicholson (1994) wees er echter op dat de term 'gender' in stijgende mate ingezet wordt voor elke sociale constructie met betrekking tot het man-vrouwonderscheid, ook voor 'constructies' die vrouwelijke lichamen van mannelijke onderscheiden: "Dit gebruik ontstond toen velen beseften dat de samenleving niet alleen persoonlijkheid en gedrag vormt, maar ook de manier waarop het lichaam naar voren komt. Maar als dat lichaam niet bestaat buiten het kader van sociale interpretaties, dan staat sekse niet los van gender en is het veeleer iets wat er bij ondergebracht kan worden" (1994: 79).

Als postmoderniste bepleit Nicholson, net als queer-theoretica Judith Butler, dit laatste gebruik. Ze hoopt dat feministen een positie zullen voorstaan waarbij de biologie geen aanspraak kan maken op transcultureel geldige uitspraken over mannen en vrouwen. Over het onderscheid tussen sekse en gender schrijft ze:

> 'Sekse' was een woord met sterk biologische associaties. Feministen van de tweede golf zagen dit concept terecht als een conceptuele fundering van seksisme. De impliciete bewering dat verschillen tussen mannen en vrouwen verankerd zijn in de biologie, suggereert de onveranderlijkheid van die verschillen en daarmee de futiliteit van hoop op hervorming. Om de kracht van dit concept te ondergraven, beriepen feministen van de late jaren zestig zich op het idee van een sociaal geconstrueerde persoonlijkheid. (Nicholson 1994: 80)

Haar afwijzing is duidelijk:

> Velen die het idee aanvaarden dat persoonlijkheid sociaal gevormd wordt en dus niet voortkomt uit de biologie, verwerpen niet noodzakelijk het idee dat biologie de locatie is waar dit proces plaatsvindt. Ze blijven het fysiologische zelf met andere woorden zien als het 'gegeven' waarop specifieke karaktereigenschappen 'ingeplant' worden, als de plaats waar specifieke sociale invloeden verwerkt worden. De feministische aanvaarding van een dergelijke visie betekent dat nog altijd een belangrijke rol toegekend wordt aan sekse: sekse vormt het fundament waarop gender volgens hen geconstrueerd wordt. (1994: 81)

Nicholson kan die visie, die ze 'biologisch fundamentalisme' noemt, niet aanvaarden:

> Mensen verschillen niet alleen in hun verwachtingen over hoe we denken, voelen en reageren, maar ook in de manier waarop ze het lichaam zien en in de relatie tussen die visie en hun verwachtingen over hoe we denken, voelen en reageren (...) In deze alternatieve visie wordt het lichaam (...) meer een variabele dan een constante, niet langer in staat om beweringen over het onderscheid tussen mannen en vrouwen door grote delen van de menselijke geschiedenis heen te funderen, maar toch aanwezig als potentieel belangrijk element in de manier waarop elke samenleving het onderscheid tussen mannen en vrouwen uitspeelt. (1994: 82)

Dit citaat onthult haar onderliggende motivatie om te bepalen wat als waarheid geldt en wat niet: die is politiek. Zoals we zullen zien duikt die houding vaak op in feministische theorieën. Nicholsons artikel bevat geen enkele verwijzing naar moderne wetenschappelijke inzichten in de natuur van de seksen. Dat hoeft ons niet te verwonderen, aangezien postmodernisten het hele doel van kennis fundamenteel in twijfel trekken en wetenschappelijke kennis in de eerste plaats verbinden met het uitoefenen van macht. We zullen echter zien dat niet alle feministische strekkingen een antiwetenschappelijke houding aannemen en dat de feministische inbreng in en kritiek op verschillende wetenschappelijke disciplines vaak heeft bijgedragen tot de verhoging van het wetenschappelijk niveau ervan.

Een andere interessante observatie in verband met Nicholsons citaten is dat zij – en veel feministen met haar – biologische verschillen tussen de seksen automatisch associeert met de onmogelijkheid van sociale verandering. Die associatie is duidelijk verkeerd, zoals veel biologen en filosofen al aantoonden. Toch houdt de misvatting stand.

Het onderbrengen van sekse bij gender heeft als voordeel dat de dichotomie tussen natuur en cultuur verdwijnt. De manier waarop Nicholson te werk gaat is wetenschappelijk echter onhoudbaar. Ik wil aantonen dat het feminisme de biologische en evolutionaire wetenschappen nodig heeft om dergelijke kwesties op te helderen. Zolang feministen weigeren beroep te doen op wetenschappelijke inzichten over de seksen zal het feminisme (of althans bepaalde strekkingen ervan) blijven dwalen. Zolang sommige feministen de overtuiging delen van de Nederlandse gendertheoretica Margo Brouns dat de vraag naar de verschillen tussen man en vrouw in wezen "een *filosofische* vraag" is (Brouns 1995b: 47, cursivering in origineel), zal het feminisme zich geconfronteerd zien met tegenstrijdigheden.

In dit boek zal ik beide concepten – sekse zowel als gender – gebruiken om te verwijzen naar psychoseksuele en gedragsverschillen tussen mannen en vrouwen, ongeacht hun oorsprong.

De ontbrekende schakel

Dit korte en onvermijdelijk karikaturale overzicht van een paar van de belangrijkste feministische tradities wil vooral aantonen dat het feminisme zich kenmerkt door een enorme en vaak tegenstrijdige verscheidenheid aan theoretische perspectieven. De meeste daarvan bieden ongetwijfeld waardevolle deelverklaringen op proximaal niveau, maar geen enkel is in staat een overkoepelend verklarend kader te formuleren. Veeleer dan foutief zijn ze ietwat kortzichtig: ze trachten het patriarchaat te verklaren vanuit de structurele tendensen die ze binnen de samenleving onderkennen, maar laten die tendensen zelf onverklaard.

Het socialistisch feminisme verbindt de onderdrukking van vrouwen aan de klassenmaatschappij, maar laat de vraag waarom mensen hiërarchieën vormen onbeantwoord. Het radicaal-feminisme schrijft het patriarchaat toe aan de neiging van mannen om de seksualiteit van vrouwen te controleren, maar verklaart niet waar die neiging vandaan komt. De psychoanalytische theorie van Nancy Chodorow (1978) benadrukt het oorzakelijk belang van moederzorg voor het ontstaan van sekseverschillen, maar kan niet verklaren hoe dat patroon zich wist te vestigen in alle ons bekende menselijke samenlevingen.[13] Het existentialistisch feminisme ziet een verband tussen het patriarchaat en de mannelijke angst voor 'het Andere', het liberaal feminisme verwijst naar seksespecifieke socialisatie, het lesbisch feminisme hekelt het 'heteroseksuele dogma' en het ecofeminisme legt alle schuld bij het androcentristische wereldbeeld van het patriarchaat. Hetzelfde probleem blijft bestaan: die verklaringen vragen stuk voor stuk om een bijkomende verklaring, één die daadwerkelijk inzicht biedt in de alomtegenwoordigheid van het beschreven gedrag.

Ik meen dat de problemen van het feminisme opgelost kunnen worden door over de grenzen van de westerse samenleving en van de menselijke soort te kijken. Aan de hand van een dergelijk kader, dat mensen beschouwt als organische wezens die het product zijn van miljoenen jaren evolutie, kunnen feministen de proximale feministische theorieën onderbrengen in het ultieme verklaringskader van de evolutietheorie, zoals darwinistische feministen doen. Elk verklaringsniveau kan steunen op ontdekkingen en inzichten van andere niveaus, daarbij theorieën eliminerend die ongefundeerd blijken. Een dergelijke benadering kan het antwoord bieden op een eeuwenoud probleem dat Geert ten Dam en Monique Volman omschrijven als "een van de meest klemmende vragen in vrouwenstudies": "Hoe komt het dat mensen zich, iedere generatie opnieuw, voegen in bestaande patronen van sekseverhoudingen?" (1995: 160)

Overzicht van het boek

Om het historische conflict tussen feminisme en evolutietheorie te belichten vangt het eerste hoofdstuk aan met een contextualisering van het wantrouwen van veel feministen tegenover de biologische wetenschappen. Het gaat in op voorbije en hedendaagse instanties van misogynie in de wetenschap, op de maatschappelijke verankering van het wetenschappelijk bedrijf en op antwoorden op het wetenschappelijk relativisme.

Het tweede hoofdstuk behandelt de verdiensten van en problemen met feministische visies op wetenschap, grofweg ingedeeld in empirisme, standpunttheorie en postmodernisme. Het stelt de vraag of wetenschap politiek vooruitstrevend moet zijn en betoogt dat feministische wetenschap als dusdanig niet bestaat.

Hoofdstuk drie werpt een blik op de basis van sekseverschillen zoals beschreven en verklaard vanuit een evolutionair perspectief, beginnend met het werk van Darwin en eindigend rond 1970 met de opkomst van de sociobiologie. Het gaat in op feministische kritieken op Darwins theorie van natuurlijke en seksuele selectie. Ook de impact van feministische wetenschappers op de biologische theorievorming sinds de jaren 1960 komt aan bod.

Het vierde hoofdstuk analyseert de feministische biofobie, de heersende opvatting binnen het academische feminisme dat de psychoseksuele verschillen tussen mannen en vrouwen vrijwel volledig terug te voeren zijn tot socialisatie. Waar liggen de sociologische wortels van die opvatting? Is er wetenschappelijk bewijs voor? Ik behandel de voornaamste misvattingen van biofobe theoretici: de dichotomie tussen natuur en cultuur, de mythe van het genetisch determinisme en de naturalistische drogredenering, het idee dat wat *is* ook *moet* zijn.

Hoofdstuk vijf evalueert de opkomst van de sociobiologie en de feministische reacties hierop. Ik beschrijf de daaropvolgende wetenschappelijke ontwikkelingen die uiteindelijk leidden tot het ontstaan van de evolutionaire psychologie. Ik verduidelijk de centrale premissen van die discipline en onderzoek de wetenschappelijke houdbaarheid ervan.

Het laatste hoofdstuk, ten slotte, is een pleidooi voor de integratie van een darwinistisch perspectief in het feminisme. Ik belicht waarom dat noodzakelijk is en wat de evolutionaire psychologie te bieden heeft aan feministen. Daarbij sta ik stil bij de evolutionaire oorsprong van het patriarchaat. Ten slotte maak ik duidelijk waarom de feministische angst voor reactionaire politieke implicaties van het darwinisme onterecht is. Want zoals cognitief psycholoog Steven Pinker het stelt: "Funeste doeleinden en foute ideeën moeten we aan de kaak stellen, en niet met elkaar verwarren." (1997 [1998]: 57).

1

Wetenschap en haar problemen

> Wetenschap is blijkbaar niet geslachtsloos; ze is een man, een vader en ziek bovendien.
>
> – Virginia Woolf, *Three Guineas*, 1938: 267.

Aangezien de traditionele positie van vrouwen in het verleden vaak gerechtvaardigd werd met de verwijzing naar hun van mannen verschillende aard, is het begrijpelijk dat wetenschappelijke uitspraken over biologisch verschil nogal eens op feministisch wantrouwen botsen. Zoals neurofysiologe Ruth Bleier opmerkt, dienden biologische theorieën vaak als "wetenschappelijke rechtvaardiging van ideologieën die de patriarchale relaties van macht, dominantie en controle ondersteunen, verklaren, mystificeren en versluieren" (1985: 19).

Dit trieste verleden van misogynie en vooringenomenheid in de wetenschappen verklaart samen met de naturalistische drogredenering wellicht een flink deel van de feministische biofobie[14]: de afkerigheid om bewijsmateriaal uit de biologische wetenschappen mee in de theorievorming omtrent gender te betrekken. De naturalistische drogredenering – de misvatting dat wat wenselijk is, bepaald wordt door wat natuurlijk is – brengt veel feministen ertoe de mogelijkheid van objectieve kennis te ontkennen. Ze lijken ervan uit te gaan dat elke onwelkome bevinding over de wereld eenduidig tot handelen dwingt: "Als wetenschap echter enkel 'waarheden' blootlegt, kunnen we haar theorieën dan wel aanvallen omwille van hun *onvermijdelijke politieke en sociale implicaties*?" (Bleier 1985: 19, cursivering toegevoegd). Onbekommerd vervolgt Bleier:

> Die vraag vergt geen verregaande analyse, want wetenschap legt niet zomaar waarheden bloot. Veeleer is ze een 'systeem van cognitieve pro-

> ductie', samengesteld uit een veelheid aan sociaal geconstrueerde manieren om natuurlijke en sociale fenomenen te begrijpen (...). Net als literatuur, film en politiek is wetenschap een cultureel product en culturele instelling, een geheel van taal en interpretaties waarmee mensen betekenis scheppen en ontdekken in wat ze bestuderen. Die mensen zijn geboren, opgegroeid en gesitueerd binnen een bepaalde klasse, gender, raciale, etnische en nationale context en houden er dus – zoals iedereen – een bepaald wereldbeeld op na. Dat beeld, samen met hun levenservaringen, relaties, waarden, overtuigingen en vooroordelen, bepaalt mee welke vragen wetenschappers de moeite vinden, welke veronderstellingen ze maken, welke taal ze gebruiken om vragen te formuleren, wat ze zien en niet zien, hoe ze hun gegevens interpreteren en wat ze hopen, willen en geloven dat waar is. (1985: 19-20)

Feministische strekkingen lopen uiteen in hun waardering van wetenschap, zoals in het volgende hoofdstuk zal blijken. Het liberaal feminisme gelooft dat, ondanks de onmiskenbare sociale inbedding van wetenschap die Bleier in de tweede helft van het citaat aanhaalt, objectieve en waardevrije kennis mogelijk is. Andere feministische stromingen neigen naar een of andere versie van het epistemologisch (kennistheoretisch) relativisme dat uit de eerste helft van Bleiers citaat naar voren komt.

Dit hoofdstuk wil nagaan in hoeverre het wantrouwen tegenover de wetenschap van veel feministen (en anderen) gerechtvaardigd is. Wat vertellen misogyne theorieën en praktijken uit het verleden ons over het wetenschappelijk bedrijf? In hoeverre is objectieve kennis mogelijk? Ondersteunt de sociale inbedding van wetenschap Bleiers bewering dat ze een culturele creatie als film en literatuur is? Hoe kunnen we ontsnappen aan wetenschappelijk relativisme?

Wetenschap en vrouwenhaat: feiten uit het verleden

Zoals aangetoond door veel feministische auteurs kenmerkt de geschiedenis van de wetenschap – in het bijzonder de biologie – zich door vooringenomenheid tegenover en al dan niet bewuste veronachtzaming van vrouwen en vrouwelijke dieren.[15] Ik concentreer me hier op de geschiedenis van het denken over de seksen en de geschiedenis van de ethologie (de studie van dierlijk gedrag). Om praktische redenen behandel ik de ontwikkeling van de darwinistische theorievorming in hoofdstuk 3.

Openlijk seksisme vinden in de geschiedenis van de wetenschap en de filosofie is niet moeilijk. De Oude Grieken, zoals Aristoteles, Galenus en Hippocrates, zijn dankbare voorbeelden om aan te tonen hoe waarden en overtuigingen theorieën kunnen beïnvloeden. Hippocrates (5de-4de eeuw v.C.) was er bijvoorbeeld van overtuigd dat de baarmoeder zich vrijelijk door het lichaam beweegt, daarbij aanleiding gevend tot allerlei fysieke, mentale en morele tekortkomingen in vrouwen (het woord 'hysterie' komt van het Griekse *hysteria* of baarmoeder). Menstruatiebloed, beweerde hij, is giftig, want vrouwen beschikken niet over de mannelijke vaardigheid om via zweet onreine substanties uit te drijven. Galenus (2de eeuw v.C.) beschouwde menstruatiebloed dan weer als een residu van bloed in voedsel, iets wat het kleine en inferieure vrouwenlichaam niet kan verteren (Angier 1999).

Volgens Aristoteles (4de eeuw v.C.) beschikken vrouwen niet over een volledig ontwikkelde ziel. Eeuwenlang geloofde men zijn stelling dat de vrouw een geheel passief wezen is dat bij de bevruchting geen andere inbreng heeft dan haar baarmoeder als broedmachine. Dat bracht gezaghebbende microscopisten van de zeventiende en de achttiende eeuw tot de stellige verklaring dat ze onder de microscoop minuscule mannetjes hadden gezien in sperma, compleet met armen, hoofd en benen (Bleier 1985). Hun waarnemingen werden niet zozeer beperkt door de gebrekkige vermogens van de toenmalige microscopen, wel door het 2000 jaar oude vrouwbeeld van Aristoteles.

De dichotomie tussen de man als actief en de vrouw als passief vond veel weerklank in de filosofie. De Duitse Verlichtingsfilosoof Fichte achtte het bijvoorbeeld maar logisch dat vrouwen geen seksuele bevrediging nastreven. De waardigheid van een vrouw ligt immers in haar onderwerping aan de man door het huwelijk, dus kan ze redelijkerwijs geen behoefte aan vrijheid hebben. Ook Rousseau, Hume, Kant en veel andere Verlichtingsfilosofen bleken er in hun huldiging van de menselijke vrijheid en rationaliteit een eerder beperkte opvatting van het concept 'mens' op na te houden. Ze meenden dat vrouwen van nature niet beschikken over de nodige rationele en morele kwaliteiten om een actieve rol in het openbare leven te kunnen spelen (Van Muijlwijk 1998).

Volgens historicus Thomas Laqueur in zijn boek *Making Sex: Body and Gender from the Greeks to Freud* uit 1990 kwam het idee van twee verschillende geslachten tot 1800 in het Westen niet voor. Voor die tijd overheerste een één-lichaamsmodel: de opvatting van het mannelijke lichaam als basisvorm, met de vrouw als minder volmaakte versie daarvan. Dat paradigma, dat stelde dat vrouwen eigenlijk imperfecte mannen zijn, was 2000 jaar lang toonaangevend in anatomische kringen. Pas rond 1800, met de opkomst van de moderne wetenschap, verdween het één-seksemodel en kregen vrouwelijke geslachtsdelen hun eigen wetenschappelijke benaming (Angier 1999; Van Muijlwijk 1998).

Aristoteles was de eerste die het idee van de grotere perfectie van de mannelijke sekse wetenschappelijk probeerde te beargumenteren. Zijn biologie beschouwde hitte als het grondbeginsel van de perfectionering van dieren: warmte zorgt voor ontwikkeling. Volgens het aristotelische model is de vrouw kouder dan de man, waardoor haar brein kleiner en minder ontwikkeld is. Galenus bouwde daarop voort door te stellen dat het vrouwelijk gebrek aan warmte er toe leidt dat haar genitaliën, in tegenstelling tot die van de man, binnenin blijven steken (Tuana 1988).

Sommige feministen, zoals Anthea Callen, komen op basis van de lange traditie van het één-lichaamsmodel tot volgende slotsom: "Er bestaat niet zoiets als een 'natuurlijk' lichaam: alle lichamen (...) zijn sociaal geconstrueerd; het zijn allemaal representaties die een ingewikkeld samenspel van culturele ideeën belichamen, ook noties van ras, klasse en genderverschil" (1998: 402).

Het is echter de vraag of de langdurige invloed van dit model de conclusie waarborgt dat alle lichamen sociaal geconstrueerd zijn. Misschien waren die oude theorieën gewoon fout en hebben we er ondertussen betere ontwikkeld dankzij de zelfkritische tendens binnen de wetenschappen? Dat laatste lijkt me plausibel, mits één voorbehoud: zonder vrouwen die een deel van het kritische werk op zich nemen, laten gendervooroordelen zich blijkbaar niet gemakkelijk elimineren. De ontwikkelingen in de negentiende en vroege twintigste eeuw zijn niet van die aard dat ze veel vertrouwen in de zelfcorrigerende aard van de wetenschap inboezemen als het aankomt op kwesties van sekse en gender. Pas in de jaren zeventig van de twintigste eeuw, toen veel vrouwen binnentraden in de academische wereld, zou een grondige herziening beginnen plaatsvinden.

In de negentiende eeuw verzetten biologen en fysici zich tegen onderwijs voor jonge vrouwen, omdat intellectuele inspanningen schade zouden toebrengen aan hun voortplantingsorganen. Men was ook overtuigd van de geringere vrouwelijke intelligentie, deels door hun kleinere hersenen, deels door algemene verschillen in gestalte tussen de seksen. Omdat vrouwen minder eten dan mannen zou er ook minder voedsel omgezet worden in gedachten; vandaar het grotere mannelijke denkvermogen (Fausto-Sterling 1992; Hubbard 1990). In het midden van de negentiende eeuw hield de medische visie op vrouwen in dat veel van hun fysieke en mentale problemen te verklaren waren als seksuele stoornissen. Victoriaanse artsen gingen er dan ook van uit dat het wegsnijden van de clitoris zowat alle 'vrouwelijke zwakheden' (waaronder melancholie, hysterie, waanzin en epilepsie) kon genezen. Clitoridectomie werd ook toegepast ter bestrijding van masturbatie, kleptomanie, nymfomanie en lesbische neigingen. Die procedure vond in de tweede helft van de negentiende eeuw zowel in Europa als in de Verenigde Staten ingang, al was er geen enkele aanwijzing dat ze hielp. De laatst bekende clitoridectomie die in Engeland werd uitgevoerd ter correctie van emotionele stoornissen vond plaats in de jaren 1940; het slachtoffer was een meisje van vijf (French 1992; Sheehan 1997).

In de twintigste eeuw vinden we veel gevallen van gendervooroordelen in de antropologie en de primatologie. Alison Wylie (1997) citeert een beroemd voorbeeld van androcentrisme in de antropologie. In de jaren dertig noteerde Claude Lévi-Strauss de volgende observatie in zijn velddagboek: "De volgende dag vertrok het volledige dorp in ongeveer 30 kano's, ons alleen achterlatend in de verlaten huizen met de vrouwen en kinderen" (1936, geciteerd naar Wylie 1997: 45).

Een ander voorbeeld betreft de portrettering van vrouwen in voorstellingen van de menselijke evolutie in de jaren vijftig en zestig. De focus lag bijna volledig op de man als jager, met slechts een onbeduidende, passieve rol weggelegd voor vrouwen als moeders en partners. Pas met het veranderende sociale klimaat van de jaren zeventig werd die mannelijke centraliteit in de evolutie in vraag gesteld en bleek dat vrouwen uiterst belangrijk zijn als verzamelaars (en soms ook als jagers) en dat ze een cruciale rol spelen in het sociale leven (Zihlman 1997).

Toch mogen we die veronachtzaming van vrouwen in de antropologie niet alleen op rekening van mannelijke vooringenomenheid schrijven. De eerste helft van de twintigste eeuw telde wel degelijk enkele – heel invloedrijke – vrouwelijke antropologen, zoals Margaret Mead en Ruth Benedict (zie hoofdstuk 4). Dat neemt niet weg dat het zeker tot 1970 hoofdzakelijk mannelijke observatoren waren die niet-westerse samenlevingen onderzochten en interpreteerden. Enerzijds hanteerden zij vaak een mannelijk perspectief in hun inschatting van de verhouding tussen de seksen, anderzijds hadden zij vaak ook gewoon geen toegang tot typische domeinen van vrouwelijke activiteit en invloed. Dat onderstreept natuurlijk weer het grote belang van vrouwelijke onderzoekers in de sociale en biologische wetenschappen.

Wetenschapshistorica Donna Haraway documenteerde hoe "primatologen verhalen opstellen die opvallend veel overeenkomst vertonen met hun tijd, plaats, gender, ras, klasse – evenals met hun dieren" (1991c: 84). Ze wijst erop hoe belangrijk de studie van dierlijk gedrag geweest is in de constructie van onderdrukkende theorieën over wat ze "het politieke lichaam" (1991a: 11) noemt. Onderzoek naar sociaal gedrag bij dieren vormde niet alleen een seksistische weerspiegeling van onze eigen sociale wereld, maar voorzag ook in legitimerende denkpatronen over patriarchale machtsverdeling.

Apen en primaten werden volgens Haraway (1991a) lang als onbezoedelde natuurwezens beschouwd, als de belichaming van de organische basis waarop onze cultuur ontstaan is. Tussen 1920 en 1940 ontstond de studie van het sociaal gedrag van dieren, net op een moment dat de mens door antropologie en sociologie enkel nog vanuit cultureel perspectief benaderd werd (zie hoofdstuk 4). Toch dacht men bij dieren een vereenvoudigde versie van menselijke samenlevingspatronen te herkennen en men hoopte hieruit af te leiden hoe onze samenleving best in te richten. Dieren behielden dus een dubbelzinnige plaats in de doctrine van de kloof tussen natuur en cultuur.

Haraway besteedt in haar analyse van de primatologie bijzondere aandacht aan het werk van Clarence Carpenter. Hij was in de jaren dertig een pionier in de observatie van wilde primaten, maar uiteindelijk bleken zijn zorgvuldige veldstudies "afspiegelingen van de dominantiehiërarchieën in de menselijke wereld van wetenschappers" (1991a: 15). Zo veronderstelde Carpenter dat de organisatie van het sociale veld afhing van de dominantiehiërarchieën tussen de mannetjes in de groep. Hij beschreef vrouwtjes hoofdzakelijk vanuit hun seksuele relaties met dominante mannetjes.

Vandaag spelen dominantiehiërarchieën nog altijd een rol in de theorievorming over sociale structuren, maar men houdt nu ook rekening met andere factoren zoals matrilokaliteit (de mannetjes verlaten hun geboortegroep bij de adolescentie; de vrouwtjes blijven), relaties tussen vrouwtjes, samenwerking op lange termijn en flexibiliteit veeleer dan vaste structuren. De inbreng en kritiek van vrouwen heeft zich duidelijk laten gelden in de primatologie (zie hoofdstuk 3).

Vanuit vrouwelijk perspectief kun je je moeilijk van de indruk ontdoen dat alle krachten in de geschiedenis van wetenschap en filosofie samengebundeld waren om de ontwikkeling van vrouwen te belemmeren en hun belangen te negeren. Maar was misogynie werkelijk aanwezig op elk niveau van de wetenschappelijke onderneming?

Fabels over het verleden

Soms ligt het veronderstelde seksisme alleen in de blik van de feministische toeschouwer, vooral als het gaat om de wetenschappelijke onderneming als geheel.

Sommige feministen beschouwen de wetenschappelijke methode in meerdere of mindere mate als een androcentrische benadering van de wereld die dient om zowel vrouwen als de natuur te domineren.[16] In hun ogen zijn wetenschappelijke instituten, praktijken en kennis een bijzonder efficiënt patriarchaal instrument om vrouwen te beheersen en te benadelen. De historische oorsprong ervan wordt gezocht in de zeventiende eeuw, toen "een organische en hermetische benadering van wetenschap (waarbij mannen ontzag hadden voor en zich verbonden wisten met een als vrouwelijk ervaren natuur) plaats ruimde voor een mechanische, objectieve aanpak" (Rosser 1992: 62). Die verheerlijking van de rede en de daarmee verbonden afstandelijkheid zou als rechtvaardiging hebben gediend voor de overheersing en uitbuiting van vrouwen en de natuur.

In die mythe van een eeuwenoud, organisch wereldbeeld dat eensklaps werd vernietigd door wetenschappelijke rationaliteit, wijst men vaak met een beschuldigende vinger naar Descartes, Bacon en Newton. Filosofe Susan Bordo (1986) interpreteert de epistemologische onzekerheid uit de eerste twee *Méditations* van Descartes als symptomen van "angst om te scheiden – van het organische, vrouwelijke universum uit de Middeleeuwen en de Renaissance". Volgens haar is de cartesiaanse objectiviteit niet meer dan "een defensieve reactie op die scheidingsangst, veeleer een agressieve intellectuele 'vlucht voor het vrouwelijke' dan (simpelweg) de overtuigde formulering van een positief en nieuw epistemologisch ideaal" (1986: 248-249).

Evelyn Fox Keller associeert moderne wetenschap dan weer met mannelijke bindingsangst:

> Door onze vroege moederlijke omgeving en de culturele definities van mannelijkheid (dat wat nooit vrouwelijk mag schijnen) en autonomie (dat wat nooit door afhankelijkheid gecompromitteerd mag worden), is er een associatie ontstaan tussen het vrouwelijke en de vreugdes en gevaren van verbondenheid enerzijds, en tussen het mannelijke en de eenzaamheid en het comfort van onafhankelijkheid anderzijds. De persoonlijke angsten van de jongen over zichzelf en over gender vinden weerklank in de wijdverspreide culturele angsten, wat een houding van autonomie en mannelijkheid oproept, een houding die dient om zich

> tegen de angst en het verlangen waaruit die angst voortvloeit, te verzetten. (...) Net zoals autonomie wordt zo ook de eigenlijke scheiding tussen subject en object – objectiviteit zelf – in verband gebracht met mannelijkheid. (Fox Keller 1982: 239)

Ze herkent die bindingsangst bijvoorbeeld in de geschriften van Francis Bacon:

> De nadruk op macht en beheersing in de retoriek van de westerse wetenschap ligt zo voor de hand dat ze een cliché geworden is. Nergens komt dat sterker tot uiting dan in passages waar de dominantie over de natuur retorisch samensmelt met het hardnekkige beeld van de natuur als vrouw, zoals in de geschriften van Francis Bacon. Voor Bacon gaan kennis en macht samen en de belofte van de wetenschap wordt geformuleerd als 'de Natuur met al haar kinderen naar jou leidend om haar te onderwerpen en tot je slaaf te maken' (1982: 242).

Fox Keller besluit, met een citaat van psychoanalyticus Bruno Bettelheim, dat "zo'n agressieve manipulatie van de natuur alleen mogelijk is door een fallische psychologie" (1982: 242).

Filosofe Sandra Harding windt er waarschijnlijk het minst doekjes om: ze bestempelt Newtons *Principia Mathematica* (1687) als een 'handleiding voor verkrachting' (Gross & Levitt 1994) en stelt dat "de meeste fundamentele categorieën van wetenschappelijk denken tendentieus mannelijk zijn" (Harding 1986: 290). Ook Josephine Donovan ziet in het Newtoniaanse paradigma een verdrukking van "al wat niet functioneert volgens de logische of mathematische principes van een mechaniekje" (2000: 19), vrouwen inbegrepen.

Deze feministen pleiten nogal eens voor de terugkeer naar een vermeend organisch en holistisch wereldbeeld uit het verleden.[17] Die nostalgie delen ze met ecofeministen zoals Carolyn Merchant (*The Death of Nature*, 1980), die stellen dat de uitbuiting van de natuur samenhangt met de uitbuiting van vrouwen. Net als veel feministen die kritisch staan tegenover wetenschap geloven ecofeministen dat mensen duizenden jaren lang in een vredig, evenwichtig en harmonieus ecosysteem leefden, tot de wetenschappelijke revolutie die harmonie van de kaart veegde.

Dit mythische verleden dankt zijn imaginaire bestaan echter aan wensdenken, en de opkomst van dualistische denkpatronen kun je moeilijk in de schoenen van Descartes, Bacon of Newton schuiven. Martin Lewis (1996) beaamt dat de zeventiende eeuw kan gelden als cruciaal keerpunt in de intellectuele geschiedenis, maar verder strookt de (eco-)feministische analyse volgens hem niet met de feiten. De wetenschappelijke revolutie was geenszins een rechtstreekse uitloper van Descartes' of Bacons opvattingen over de relatie tussen mens en natuur. Bacon inspireerde ongetwijfeld veel wetenschappers en technici in de vroegmoderne periode, maar hij was van weinig belang in de wetenschappelijke revolutie. Descartes bekleedt een prominente plaats in de geschiedenis van het denken voor zijn wiskundig inzicht en voor zijn doorgedreven scepticisme, maar de meeste van zijn wetenschappelijke visies waren al snel achterhaald.

Newton was natuurlijk, net als Galileo voor hem, wel van centraal belang voor de wetenschappelijke revolutie, en zijn fysica kenmerkte zich inderdaad door mechanische verklaringen. Dat betekent echter niet dat de wetenschappelijke revolutie – laat staan de Verlichting – op een doordachte metafysica van dualistisch mechanisme berustte. Van belang waren vooral de formalisering van een beeld van de natuur als gekenmerkt door regelmaat en oorzakelijke relaties en de ontwikkeling van vrij betrouwbare methoden voor het beantwoorden van vragen over die natuur.

Metafysische opvattingen over de essentie van het leven en over de relatie tussen mens en natuur hadden maar een geringe invloed op de wetenschappelijke revolutie. Bovendien hadden mensen nooit metafysische rechtvaardigingen nodig om macht uit te oefenen, te doden of oorlog te voeren. En de technici van de industriële revolutie waren in de eerste plaats praktisch gericht; het waren mensen met weinig aandacht voor abstracte filosofie of wetenschap, wiens omgeving nog diepgaand beïnvloed was door traditioneel christelijke opvattingen (Lewis 1996).

Hoe zit het met 'het organische, vrouwelijk universum van de Middeleeuwen en de Renaissance', in de woorden van Susan Bordo? Ze heeft het wellicht niet over het matriarchaat, aangezien feministen het er over eens zijn dat geïnstitutionaliseerde vrouwelijke dominantie nooit heeft bestaan.[18] Blijkbaar verwijst Bordo naar een verloren paradijs waar veel feministen wel in geloven: een vredig en egalitair verleden waarin mensen in harmonie met hun omgeving leefden. Dat scenario wordt meestal gesitueerd in de Middeleeuwen of in een prehistorisch Europa, in het laatste geval vaak vervolledigd met een godinnencultus. Historische tribale samenlevingen worden typisch opgehouden als ecovoorbeelden, illustraties van de essentiële menselijke conditie, onbezoedeld door corrumperende westerse ideeën en praktijken (Denfeld 1996; Lewis 1996).

Archeologen betwisten de waarschijnlijkheid van een monolithische godinnencultus, zeker een die duizend jaar standhield, echter ten sterkste. Bewijsmateriaal uit het verleden wijst bovendien op oorlogsvoering, mensenoffers, geweld en het uitputten van natuurlijke bronnen. Jared Diamond (1999) beschrijft hoe de kolonisatie van nieuwe werelddelen door prehistorische mensen een uitstervingsgolf bij de grote zoogdieren teweeg bracht. Anders dan Afrikaanse en Euraziatische zoogdieren, die zich honderdduizenden of miljoenen jaren lang samen met de mens ontwikkeld hadden, kenden deze dieren geen angst voor onze soort. Ze waren een even makkelijke prooi als later de dodo dat zou zijn. Als er een prehistorische filosofie van duurzame ontwikkeling zou bestaan hebben, dan kon het Amerikaanse continent nu nog altijd olifanten, leeuwen, luipaarden en kamelen herbergen.

Het probleem van de uitputting van natuurlijke hulpbronnen is allesbehalve nieuw en blijkt uiterst menselijk. De Incastad Machu Picchu, bijvoorbeeld, werd waarschijnlijk in de steek gelaten door haar bewoners nadat de uiterst beperkte draagkracht ervan bezweek onder de bevolkingsdruk. De bevolking van Paaseiland, met zijn befaamde kolossale beelden, werd gedecimeerd nadat de bewoners een ecocide hadden aangericht door het ooit dichtbeboste eiland tot onvruchtbaar gebied te herleiden (Shermer 2001). Tot aan de bevolkingsafname van de veertiende eeuw leefden veel Europese samenlevingen tegen de grens van hun locale ecosysteem aan en ze hadden ernstig te lijden onder de gevolgen hiervan (Lewis 1996).

Gegevens uit de antropologie geven aan dat moord de belangrijkste doodsoorzaak is in stammengemeenschappen en dat primitieve oorlogsvoering gepaard gaat met de verkrachting en ontvoering van vrouwen, zoals wellicht altijd al het geval was. Alle samenlevingen, ook de zogenaamd egalitaire, kennen verschillen in macht en prestige, alleen zijn die soms informeel. Als de populatie toeneemt, ontstaan geformaliseerde hiërarchieën. Voedselverdeling bij jager-verzamelaars steunt niet op puur altruïsme maar op kosten-batenanalyses: men deelt als het nadelig zou zijn om dat niet te doen.[19]

Kortom, alles wijst er op dat er nooit een 'organisch universum' is geweest. Evenmin belichaamt de wetenschappelijke revolutie de eenduidige, monolitische ontsporing van het Westen die sommige feministen erin zien.

Feiten en fabels uit het heden

Hoe openlijk misogyn – of racistisch – sommige theorieën uit het verleden ook mogen zijn, op zich zegt dat niets over de vermeend seksistische of racistische inslag van hedendaagse wetenschappelijke theorieën. Verwijzingen naar vooringenomenheid uit het verleden bewijzen niet dat de huidige theorievorming aan hetzelfde euvel lijdt. Vaak is trouwens moeilijk uit te maken of schijnbaar seksisme echt die naam verdient dan wel of het om feministische overgevoeligheid gaat.

In de sociale en biologische wetenschappen ontdekt men gewoonlijk twee vormen van androcentrisme of gendervooroordelen. Ten eerste, de veronachtzaming van vrouwen, in combinatie met de behandeling van mannelijke kenmerken als typisch voor de menselijke soort. Ten tweede, de behandeling van genderverschillen als een gegeven. Ik ga hier niet in op die laatste kritiek, omdat het thema van sekseverschillen doorheen het hele boek aan bod komt. Wat het negeren van vrouwen betreft, mag duidelijk zijn dat sommige kritiek steek houdt.

Een vaak geciteerd voorbeeld betreft de invloedrijke studie van Lawrence Kohlberg uit 1958 over morele ontwikkeling bij kinderen. Kohlberg stelde dat de mens een aantal progressieve stadia doorloopt, met als hoogste trap de toepassing van abstracte, universele principes. Volgens hem bereiken meisjes en vrouwen dit laatste stadium zelden, omdat ze 'blijven steken' op een niveau waarin ze hun morele denken vooral laten leiden door persoonlijke relaties en sociale conventies. In haar boek *In a Different Voice* (1982) stelde psychologe Carol Gilligan de analyse van Kohlberg fundamenteel in gebreke, omdat zijn conclusies uitsluitend op jongens gebaseerd waren (hij volgde de ontwikkeling van 48 jongens over een periode van meer dan twintig jaar). Gilligan beschouwt dit als een typevoorbeeld van mannelijke standaardisering en argumenteert op basis van eigen onderzoek dat vrouwen niet minder moreel denken, wel anders. De vrouwelijke denkwijze is contextueler en gefocust op zorg, verantwoordelijkheid en de behoeften van anderen, veeleer dan op formele rechten en regels.

Het spreekt voor zich dat Kohlbergs eenzijdige steunen op jongens voor uitspraken over de menselijke morele ontwikkeling uiterst androcentrisch is en dat zijn studie terecht als voorbeeld van gendervooroordelen in de wetenschappen geldt. Minder duidelijk is echter of Gilligans even invloedrijke studie wetenschappelijk steviger staat dan die van Kohlberg. Veel academische psychologen, feministen zowel als niet-feministen, stellen zich vragen bij het anekdotische en impressionistische karakter van haar methodologie en bekritiseren het gebrek aan empirische ondersteuning (Hoff Sommers 1994, 2000). Gilligan verschaft weinig informatie over de drie studies waarop ze haar stelling baseerde en ze hanteert geen statistische analyse. Ze selecteert een paar antwoorden van enkele van de 198 mensen die ze interviewde, maar vertelt ons niets over de rest.

Dat ware niet zo dramatisch indien haar studies gepubliceerd en dus toegankelijk voor deskundigen zouden zijn, maar dat is niet het geval. Het werpt bij filosofe Christina Hoff Sommers de vraag op of Gilligan wel *enige* empirische ondersteuning heeft. Zo ja, dan heeft ze volgens Hoff Sommers de plicht die te presenteren. "Onderzoek in de menswetenschappen is berucht om zijn moeilijkheden – een reden te meer om het weinige bewijsmateriaal dat men heeft te publiceren, zodat anderen het kunnen evalueren en proberen te repliceren" (Hoff Sommers 2000: 107). Volgens haar staaft onafhankelijk onderzoek Gilligans stelling over een substantieel verschil tussen de morele psychologie van beide geslachten niet. Het woord 'substantieel' is hier van belang. De sekseverschillen die Gilligan beschrijft lijken minder diepgaand dan ze zelf suggereert, maar studies ondersteunen wel degelijk een afgezwakte versie van haar stelling: vrouwen denken meer dan mannen in termen van zorg (Campbell 2002). Het debat over Gilligans werk gaat verder.

In de psychologie en de fysiologie heerst de traditie geen vrouwtjes als experimentele dieren te gebruiken om ongewenste variabelen als de vrouwelijke cyclus uit te sluiten (Zuk 1997, 2002). Dat zorgt natuurlijk voor gebrekkige wetenschap. Veel feministen argumenteren ook dat het overwicht van mannelijke wetenschappers invloed heeft op de keuze en definitie van de problemen waarmee ze zich inlaten. Vooral de medische wetenschappen zouden hieronder te lijden hebben. Het androcentrisme is echter niet altijd even onmiskenbaar als feministen denken. Soms is het afwezig.

Sommigen beweren bijvoorbeeld dat een belangrijk onderwerp als voorbehoedsmiddelen onvoldoende wetenschappelijke aandacht gekregen heeft en klagen aan dat die weinige aandacht bovendien vooral gericht is op voorbehoedsmiddelen voor vrouwen (Fox Keller 1982).

Nu duurde het inderdaad lang voor anticonceptie op de wetenschappelijke agenda kwam te staan, maar het is onduidelijk of dat aan androcentrisme lag. Bovendien zijn er geldige wetenschappelijke redenen om de focus op vrouwen te richten, omwille van hun hormonale functioneren. Het antwoord op de vraag of die focus al dan niet androcentrisch is hangt volledig af van het interpretatiekader van de waarnemer. Stel dat alle wetenschappelijke inspanningen zich hadden toegespitst op voorbehoedsmiddelen voor mannen. Feministen zouden wellicht de eersten zijn geweest om dat aan te klagen, omdat de vrouwelijke vruchtbaarheid hierdoor onder mannelijke controle komt te staan. Vanuit dat perspectief is de huidige situatie vrouwvriendelijk, omdat vrouwen hun vruchtbaarheid nu in eigen handen houden.

Hiermee beweer ik niet dat onderzoek naar anticonceptie ook werkelijk vrouwvriendelijk was. Ik wil alleen aantonen dat de situatie niet altijd zo duidelijk is als sommige feministen denken. Neem nu menstruatiepijn. Sommigen beweren dat de medische wereld menstruele krampen, een ernstig probleem voor veel vrouwen, nooit ernstig genomen heeft (Fox Keller 1982). Die wanverhouding zou volgens dit denkkader niet bestaan indien vrouwen de aandachtspunten van medisch onderzoek zouden formuleren. Tegelijk klaagt de feministische evolutiebiologe Marlene Zuk (1997) echter over de huidige tendens in de medische wereld om het premenstrueel syndroom (PMS) af te schilderen als een stoornis die om aandacht en behandeling vraagt bij veel vrouwen. Je zou evengoed kunnen stellen dat PMS eindelijk ernstig genomen wordt.

Daarnaast is er de dubieuze kwestie van vrouwen en aids. Zuk (1997) merkt op hoe vrouwen van in het begin een groot deel van de slachtoffers uitmaakten. Toch werden zij, en prostituees in het bijzonder, vaak afgeschilderd als 'overbrengers' of 'reservoirs' van het virus, in plaats van ze te zien als individuele personen met aids.

In haar boek *Ceasefire!* (1999) weegt liberaal feministe Cathy Young de bewijslast voor mannelijke vooroordelen binnen de geneeskunde in de Verenigde Staten. Medisch onderzoek beschikt met betrekking tot vrouwen inderdaad over blinde vlekken, vooral op stereotiep mannelijke gebieden. Zo is meer dan 30 procent van het onderzoek naar alcoholisme exclusief op mannen gericht en nauwelijks 6 procent op vrouwen. Ondanks de duidelijke wanverhoudingen in sommig onderzoek waarschuwt Young echter voor de misvatting dat elke discrepantie seksisme betekent. Een Amerikaans onderzoek uit 1988 naar de invloed van aspirine op hartaanvallen groeide bijvoorbeeld uit tot symbool van mannelijke vooringenomenheid in de geneeskunde, omdat de onderzochte groep bestond uit 22.000 mannen en niet één vrouw. Ten onrechte, volgens een epidemiologe die aan Young verklaarde dat die procedure niet onlogisch is, omdat hartafwijkingen nu eenmaal veel frequenter bij mannen voorkomen. Om de steekproef haalbaar te houden is het logisch eerst te kijken naar een groep waarin een redelijk hoge graad aan hartaanvallen te verwachten valt, om daarna te beslissen of een gelijkaardige studie zich ook bij vrouwen opdringt. Young toont eveneens aan hoe sommige discrepanties legitieme prioriteiten weerspiegelen: aangezien mannen onder de 65 drie keer zo vaak aan hartaanvallen overlijden als vrouwen, is de grotere aandacht voor hen gerechtvaardigd. Eenzelfde logica kunnen we toepassen op alle ziekten die beide geslachten in verschillende mate treffen.

Soms bezondigen feministen zich jammer genoeg aan valse aantijgingen. Zo de beschuldiging van Marilyn French in *The War against Women* dat "typisch vrouwelijke aandoeningen als borst- en eierstokkanker minder diepgaand bestudeerd zijn dan typisch mannelijke ziekten als prostaatkanker en meer kans hebben fataal te zijn. (...) *Slechts 13 procent van het 7,7 miljoen dollar tellende budget van de National Institutes of Health wordt gespendeerd aan vrouwenzaken*" (1992: 134, cursivering in origineel).

Young (1999) toont echter aan dat de Verenigde Staten sinds 1981 veel meer geld besteed hebben aan borstkankeronderzoek dan aan onderzoek naar prostaatkanker – een discrepantie die weer legitieme prioriteiten weerspiegelt, want prostaatkanker doodt gemiddeld tien tot vijftien jaar later dan borstkanker. Wat French evenmin vermeldt, is dat "de NIH-subsidie voor typisch mannelijke gezondheidsprojecten *minder dan 7 procent* van de totale uitgaven beslaat; 80 procent van het geld gaat naar onderzoek van ziekten die beide geslachten treffen" (1999: 76, cursivering in origineel).

De lijst van voorbeelden van echt of vermeend seksisme in de wetenschap is lang. Het maakt duidelijk dat wetenschap sociaal verankerd is en dat we ons daarom altijd bewust moeten zijn van mogelijke vormen van vooringenomenheid, zowel in traditioneel wetenschappelijk als in feministisch onderzoek.

De sociale inbedding van wetenschap

De geschiedenis van de wetenschap illustreert overvloedig hoe sterk verwachtingen een invloed kunnen hebben op de wijze waarop wetenschappers de wereld waarnemen. We kunnen dit met Lawton, Garstka en Hanks (1997) 'het masker van de theorie' noemen, een bril die wetenschappers dragen en die vervormd wordt door geschiedenis en cultuur. "Het masker van de theorie, dat niemand kan afzetten, maakt het ons soms moeilijk het gezicht van de natuur te zien, zelfs als we nauwkeurig kijken. De volledige betekenis van de gegevens die we verzamelen kan verborgen blijven voor ons, omdat het theoretische denkkader waarin we vragen stellen een beperking oplegt aan wat we zien en hoe we het interpreteren" (1997: 63-64).

Theorie kan beperken waarop we onze aandacht richten en ze kan bepalen wat we daadwerkelijk zien. De auteurs van een studie uit 1992 naar dominantierelaties bij de pinyongaai bleven bijvoorbeeld gevangen in een theoretisch kader dat bevestigd wilde zien 'wat iedereen weet', namelijk dat sociale organisatie steunt op mannelijke dominantiehiërarchieën, *zelfs nadat ze de mannetjes twintig jaar lang niet hadden zien vechten*. Het terugvinden van die 'alfamannetjes' vereiste dus enige experimentele vindingrijkheid. De onderzoekers bepaalden dat een 'dominante' vogel zich 'agressief' gedroeg tegen een 'onderdanige' vogel als die eerste zijn kop draaide en de ander aankeek. *Vrouwelijke* pinyongaaien vochten echter hevig in de late winter en vroege lente. Dat gedrag werd niet betrokken in de analyse van dominantierelaties, ondanks de sterke aanwijzingen dat het de zogenaamd mannelijke hiërarchie beïnvloedde. De reden was dat de auteurs niet openstonden voor andere verklaringen dan die welke hun theorie eiste (Lawton, Garstka & Hanks 1997).

Een ander voorbeeld vinden we in het belangrijke boek *The Woman that Never Evolved* (1981/1999) van sociobiologe Sarah Hrdy. Lange tijd werd infanticide bij primaten – het doden van niet-verwante jongen door mannetjes – beschouwd als een pathologische afwijking, omdat primaten in de beginperiode van de ethologie als vreedzaam en groepsgeoriënteerd golden. Door nauwgezette observatie van langoers kon Hrdy aantonen dat infanticide bij deze soort een terugkerend fenomeen is dat in feite de reproductieve belangen van het mannetje dient. Door een jong dat waarschijnlijk niet het zijne is te elimineren, decimeert een langoermannetje het nageslacht van een rivaal. De moeder die haar jong verliest wordt opnieuw seksueel ontvankelijk, waarna het mannetje haar zelf kan bevruchten.

Het duurde enige tijd voor Hrdy's ontdekking en verklaring van infanticide bij primaten ingang vond bij primatologen en sociale wetenschappers. Zelf merkt ze op: "De geschiedenis van onze kennis over infanticide bij primaten is op veel manieren een parabel voor de vooringenomenheid en feilbaarheid waar de observationele wetenschappen vatbaar voor zijn: we laten het onvoorstelbare buiten beschouwing en zien niet wat we niet verwachten. (...) Ik meen dat een van de belangrijke factoren die bepaalden of infanticide al dan niet werd opgemerkt, gewoon onze anticipatie was" (1999a: 89).

The Woman that Never Evolved was zo'n grensverleggend werk omdat het de eerste wetenschappelijke publicatie was die feminisme en evolutietheorie samenbracht. Met het boek wilde Hrdy "collega-sociobiologen overtuigen van de noodzaak ons gezichtsveld te verbreden: als we een omvattend inzicht in het evolutionaire proces wilden krijgen, moesten we er de belangen en perspectieven van beide seksen bij betrekken" (1999a: xvi). Vrouwelijke organismen golden in die tijd nog stereotiep als passief en seksueel terughoudend, maar dankzij de uitbreiding van het theoretische kader door auteurs als Hrdy ontdekte men dat het gedrag van vrouwtjes soms verrassend promiscue is (zie hoofdstuk 5).

Vrouwelijke wetenschappers hebben de biologische wetenschappen sterk veranderd, schrijft Hrdy (1999b). Tot de jaren zeventig lag de focus in antropologie, primatologie en evolutietheorie nog hoofdzakelijk op mannelijk gedrag. Door de genderverschuiving in de academische wereld groeide de inbreng van vrouwen en ontstonden nieuwe aandachtspunten en onderzoeksthema's, zoals de interne competitie tussen vrouwtjes en de actieve rol van moeders in het evolutionaire proces. Voordien richtten primatologen – en de sociale wetenschappers die zich op hun werk baseerden – zich voornamelijk op de vermeend grotere competitiviteit van mannetjes, op hun belang in de sociale organisatie en op de schijnbare onkunde van vrouwtjes om stabiele sociale systemen te handhaven. Nu blijkt dat hun modellen patriarchale fantasiebeelden waren.

Vrouwelijke perspectieven zijn nu een belangrijk onderdeel van evolutionaire wetenschap en van wetenschap in het algemeen. In veel gevallen waren er vrouwelijke of feministische onderzoekers voor nodig om gegevens zichtbaar te maken die er altijd geweest, maar door mannelijke onderzoekers nooit herkend waren (zie hoofdstuk 3). Waarschijnlijk zijn er nog altijd androcentrische theorieën en hypothesen in omloop, maar dat geldt evengoed voor gynocentrische theorieën en hypothesen. Beide seksen hebben nu het 'recht' op gendervooroordeel.

Het punt is dat individuele vooringenomenheid bij de studie van dierlijk en menselijk gedrag waarschijnlijk onvermijdelijk is, omdat we nu eenmaal een soort met twee geslachten zijn. Evolutionair psycholoog Geoffrey Miller stelt het als volgt:

> Je inzichten in de menselijke seksualiteit en menselijk gedrag hangen tot op zekere hoogte af van je eigen geslacht. Ik heb dit hele boek door geprobeerd allereerst als onderzoeker, daarna als mens en pas op de derde plaats als man te schrijven. Toch zijn sommige van mijn ideeën wel-

> licht nog te zeer beïnvloed door mijn eigen geslacht, ervaringen en intuïties. Het probleem is dat ik niet weet om welke ideeën het daarbij gaat (...). Misschien willen anderen zo goed zijn ze aan te wijzen. Een vrouw die een boek schreef over de evolutie door seksuele selectie van onze geest, zou wellicht andere dingen hebben benadrukt, en andere inzichten hebben gepresenteerd. En ik hoop ook zeker dat vrouwen zulke boeken zullen schrijven, zodat we de waarheid over de evolutie van de mens via die verschillende gezichtspunten des te beter kunnen bepalen. (Miller 2000b [2001]: 360)

Een gedeeltelijke oplossing voor het probleem van gendervooroordelen in de theorievorming ligt dus in het collectieve karakter van het wetenschappelijk bedrijf: mannen en vrouwen kunnen elkaars vooroordelen bijsturen, zoals we ook mogen veronderstellen dat leeftijd, etniciteit en klasse verschillende perspectieven zullen bieden. Komt dit hoofdstuk daarmee echter niet neer op een pleidooi voor wetenschappelijk relativisme? Wanneer hebben we er 'voldoende' perspectieven bij betrokken om vooroordelen uit te sluiten? En bewijst de geschiedenis van de wetenschap niet dat wetenschappelijke kennis 'maar een sociale constructie' is, veranderend naargelang het culturele klimaat?

Antwoorden op wetenschappelijk relativisme

Een deel van wat ooit als wetenschappelijke kennis gold, beantwoordt niet aan onze hedendaagse standaarden voor wetenschappelijkheid en is dus ondertussen verworpen. Ik wil aantonen dat dit allerminst een rechtvaardiging biedt voor het epistemologische sociaal-constructivisme dat tegenwoordig bon ton is in het academische feminisme, de filosofie en de sociologie van de wetenschap. Een paar voorbeelden. "In de psychologie beschikken we niet over feiten – we hebben alleen theorieën en wetenschappelijke gegevens, al denken we soms dat we feiten hebben. (...) Constructivisme (...) stelt dat mensen – wetenschappers inbegrepen – geen werkelijkheden ontdekken; ze construeren die of vinden die ten dele op basis van eigen ervaringen en vooroordelen" (Hyde 1996: 107). "Misschien kan 'de realiteit' slechts 'een' structuur hebben vanuit het valse universaliserende perspectief van de machthebber" (Jane Flax, geciteerd naar Harding 1986: 294). "De natuurlijke wereld speelt een kleine of onbestaande rol bij de constructie van wetenschappelijke kennis" (Harry Collins, geciteerd naar Cole 1996: 275).

Deze auteurs zijn er duidelijk van overtuigd dat waarheid maar een illusie is, of erger, een machtsgreep. Klopt dat? Neem Aristoteles' stelling dat vrouwen imperfecte mannen zijn, een denkbeeld dat wel degelijk een illusie *en* een machtsgreep bleek. Betekent dit dat een uitspraak 'waar' noemen niets meer is dan haar een retorisch zetje in de rug geven?

Wetenschapsfilosofe Susan Haack (1996a) wijst op de alomtegenwoordige verwarring tussen waarheid en waarheids*aanspraken*. Je kunt zeggen dat er veel waarheden bestaan, in de zin dat er verschillende maar compatibele beschrijvingen van de wereld bestaan die allemaal juist zijn. Als je echter denkt dat verschillende en incompatibele beschrijvingen van de wereld allemaal waar kunnen zijn, heb je het over waarheids*aanspraken*. Wat doorgaat voor waarheid, is dat lang niet altijd. Dat betekent niet dat het idee van objectief bewijs louter ideologische nonsens is:

> 'Waar' is een woord dat *wij gebruiken* voor beweringen waarover we het eens zijn, gewoon omdat, als we overeenkomen dat p het geval is, we argumenteren dat p waar is. Maar we kunnen ook instemmen dat p het geval is als p *niet* waar is. Dus 'waar' is geen woord dat *waarachtig van toepassing is* op alle of alleen die beweringen waarmee we instemmen; net zoals het 'waar' noemen van een bewering natuurlijk niet betekent dat we het over die bewering eens zijn. (Haack 1996a: 61, cursivering in origineel)

Volgens Haack is de oprechte wetenschapper erop uit om "diepgaand en onpartijdig de waarde van bewijzen en argumenten uit te zoeken en te testen, te erkennen, voor zichzelf en voor anderen, waar zijn bewijzen en argumenten het zwakst zijn en waar zijn formuleringen van een probleem of oplossing het vaagst zijn, het bewijsmateriaal te volgen, zelfs bij bevindingen die impopulair zijn of voorheen diepgewortelde overtuigingen ondermijnen, en om de ontdekking van een door hem gezochte waarheid toe te juichen als een ander ze vindt" (1996a: 58-59).

Sommigen zullen opwerpen dat dit ideaal van 'onpartijdige evaluatie van bewijsmateriaal' in de praktijk onbereikbaar is en wellicht hebben ze gelijk. Maar we kunnen in elk geval *proberen* ons denken niet al op voorhand door vastgeroeste denkbeelden van feiten en argumenten af te schermen, en hopen dat anderen onze vooroordelen vroeg of laat zullen corrigeren.

Haack (1996b) maakt komaf met de bewering dat wetenschap *louter* een sociale constructie is. Het feit dat wetenschappelijk onderzoek een sociale bezigheid is, kan leiden tot het dubbelzinnige besluit dat wetenschappelijke kennis 'sociaal geconstrueerd' wordt. Daaruit afleiden dat ze slechts het product van sociale onderhandelingen is, is echter onjuist en misleidend. Zoals Haack beklemtoont, komt wetenschappelijke kennis tot stand door het zoeken naar bewijsmateriaal en het controleren en afwegen ervan. Systematische kritiek en controle, het isoleren van variabelen, experimentele vindingrijkheid, instrumenten ter observatie, het gebruik van wiskundige en statistische modellen *en* het coöperatief en competitief engagement van velen over generaties heen: dat alles maakt de eigenheid van wetenschappelijk onderzoek uit. Het is dus een misvatting te denken dat het waarheidsstatuut van een wetenschappelijke stelling gewoon 'een kwestie van sociale afspraak' is. De legitimiteit van een wetenschappelijke gemeenschap om een bepaalde claim te aanvaarden, ligt niet in de legitimiteit die men *denkt* te hebben, maar in de kracht van het bewijsmateriaal.

Een gelijkaardig soort verwarring die Haack analyseert, is de stelling dat de objecten van wetenschappelijke kennis sociaal geconstrueerd zijn. Wetenschappelijke theorieën worden natuurlijk ontworpen en geformuleerd door wetenschappers. In dat opzicht kunnen we theoretische concepten als elektron, gen, kracht, enzovoort, als wetenschappelijke creaties beschouwen. Maar daaruit valt niet af te leiden dat elektronen, genen en krachten in het leven geroepen worden door de intellectuele activiteit van wetenschappers. Het klopt dat naarmate de wetenschap vordert het instrumentarium en de theorievorming almaar nauwer verweven raken, waardoor er steeds vaker stellingen opduiken die slaan op wat we 'laboratoriumfenomenen' kunnen noemen. Dat die fenomenen in het laboratorium opgewekt worden, betekent echter niet dat ze hun bestaan te danken hebben aan wetenschappelijke theorievorming. Evenmin bewijst het feit dat we de wereld niet kunnen beschrijven zonder taal dat de werkelijkheid een sociale constructie is. Het ene volgt niet uit het andere.

Sociale factoren beperken natuurlijk het bewijsmateriaal waartoe een onderzoeker toegang heeft en beïnvloeden de aard van zijn of haar vraagstelling. Niemand zal dit soort van 'constructie' ontkennen. Ook organisatorische en infrastructurele factoren kunnen de vooruitgang van wetenschappelijke kennis belemmeren, zoals externe en interne druk om politiek wenselijke resultaten te boeken, veronachtzaming van vragen die sociaal ontwrichtend overkomen, druk om prioriteit te schenken aan sociaal dringende problemen, de noodzaak om grote hoeveelheden tijd en energie te spenderen aan fondsenwerving, en materiële afhankelijkheid van organen die belang hebben bij bepaalde onderzoeksresultaten (Haack 1996b; Stengers 1997).

Omdat het wetenschappelijk bedrijf nu eenmaal afhangt van sociale, politieke en industriële belangen, is wetenschap zelden 'zuiver' in de zin van 'volledig belangeloos'. Dat betekent niet dat kennis onmogelijk objectief kan zijn. Belangeloosheid en objectiviteit zijn geen synoniemen. Een wetenschapper kan wel degelijk om uiterst persoonlijke, subjectieve redenen objectief aan onderzoek doen. En ook al kunnen de individuele passies en ambities van wetenschappers hun objectiviteit in de weg staan en ook al heersen er soms vooroordelen, dan nog zal de collectiviteit van het wetenschappelijk bedrijf, met haar inherente zelfkritiek, haar eliminatie van verkeerd gebleken theorieën en haar hoge maatstaven voor geldigheid uiteindelijk leiden tot relatief betrouwbare kennis.

Wetenschapssocioloog Stephen Cole (1996) meent dat sociaal-constructivisten nooit hebben kunnen aantonen dat sociale processen van invloed zijn op de eigenlijke cognitieve inhoud van een wetenschappelijke theorie in plaats van louter op de gekozen invalshoek of de mate van vooruitgang. Dat is een ietwat misleidende stelling. De veronderstelling dat primatenvrouwtjes niet competitief of seksueel assertief zijn maakte bijvoorbeeld lang deel uit van de 'eigenlijke cognitieve inhoud' van de evolutionaire wetenschappen, tot vrouwelijke primatologen dit vooroordeel corrigeerden in de jaren 1970. Het suggereert niet alleen dat wetenschap zowel aan vooroordelen onderhevig is als aan zelfkritiek doet, maar ook dat het bij diepgewortelde vooroordelen immens lang kan duren voor die zelfcorrectie plaatsvindt – iets wat blijkt uit de geschiedenis van de theorievorming over de seksen.

Ondanks haar gebreken is wetenschap, creatief en actief als ze is, echter nog altijd veruit de beste methode om de werkelijkheid te begrijpen, de beste kennisfilter die we ooit hebben uitgevonden. De wetenschappelijke methodologieën van de laatste vier eeuwen zijn net ontworpen om ons denken te behoeden voor allerlei dwalingen. Het is net omdat wetenschappers, net als andere mensen, geneigd zijn te zien wat ze willen zien, dat wetenschap zodanig ontworpen is dat ze op termijn zelfcorrigerend werkt. Ze beschikt over ingebouwde methodes om bewuste en onbewuste vooroordelen te ontwaren en daarin verschilt ze van alle andere kennissystemen en intellectuele disciplines. "Zonder dit zelfcorrigerende mechanisme had de wetenschap nooit de opmerkelijke vooruitgang geboekt die ze in haar 500 jaar oude geschiedenis gekend heeft" (Shermer 2001: 317). Wat klinkt als de grootste zwakte van wetenschap is tegelijk haar voornaamste sterkte. "Er is geen garantie op vooruitgang, maar wetenschap vertoont die wel meer dan de meeste andere menselijke ondernemingen" (Cronin 1991: 4). "De wetenschappelijke methode dient als tegengif tegen verborgen agenda's" (Campbell 2002: 22). "De invloed van culturele factoren op ons denken en voelen is onmiskenbaar. De kracht waarmee cultuur ons dicteert op welke feiten onze aandacht te richten en welke besluiten ons het meest moeten interesseren, is maar al te duidelijk. Toch zijn alle feiten evenzeer toegankelijk voor logisch redeneren" (Fishman 1996: 94-95).

Liberale feministen zullen instemmen met Shermer, Cronin, Fishman en Campbell, maar tal van feministen van andere strekkingen zullen wellicht veel kritiek hebben. Het volgende hoofdstuk gaat dieper in op de verschillende feministische opvattingen over wetenschap.

2

Feministische visies op wetenschap

> Ik stel voor dat een feministische wetenschapspraktijk politieke overwegingen in aanmerking neemt als relevante beperkingen bij het redeneren (...). Als we op een conflict tussen [politieke] engagementen en een bepaalde visie op de hersenen stuiten, laten we onze keuze sturen door de politieke engagementen.
>
> – Helen Longino, Science as Social Knowledge, 1990.[20]

Omdat enig inzicht in feministische visies op wetenschap nodig is om de vaak scherpe toon te snappen van feministische kritieken op evolutionaire mensbeelden, gaat dit hoofdstuk dieper in op die verschillende visies. Uitgangspunt van mijn overzicht is Sandra Hardings (1986) indeling van feministische epistemologische posities in (traditioneel) empirisme, (tamelijk radicale) standpunttheorie en (zeer radicaal) postmodernisme. Omdat dit boek vooral over feminisme handelt, laat ik andere (niet-feministische) kritieken op wetenschap buiten beschouwing.

In mijn ogen representeert het continuüm van traditionele naar uiterst radicale standpunten een geleidelijke verschuiving van constructieve wetenschapskritiek, waarbij haalbare alternatieve hypothesen en experimenten gesuggereerd worden, naar een destructieve aanval op de wetenschappelijke onderneming in haar geheel. Doordat grenzen tussen categorieën altijd vaag zijn, is mijn toekenning van bepaalde epistemologieën aan bepaalde feministische tradities natuurlijk slechts tentatief.

In dit hoofdstuk zal blijken dat de radicale wetenschapskritiek veel tegenstrijdigheden bevat[21] en dat de meeste feministische wetenschapsbijdragen uiteindelijk berusten op wat Sandra Harding een empirische positie noemt, namelijk de traditionele wetenschapsmethodologie. Het brengt ons weer bij de vraag of er werkelijk zoveel verschillende manieren zijn om aan wetenschap te doen. Is de verwerking van vrouwelijke perspectieven in verklaringsmodellen niet gewoon inherent aan de ontwikkeling van een wetenschappelijke discipline? En bestaat er dan wel zoiets als feministische wetenschap?

Empirisme: het geloof in gendervrije wetenschap

Het empirische standpunt houdt in dat mannen en vrouwen niet op een verschillende manier aan wetenschap doen. Niemand is neutraal of waardevrij, maar het collectieve karakter van het wetenschappelijke bedrijf maakt onbevooroordeeld onderzoek mogelijk, mits correcte toepassing van de wetenschappelijke methode. Nu feministen gendervooroordelen hebben blootgelegd, kunnen wetenschappers daar rekening mee houden. Vooral liberale feministen verdedigen het empirisme. De liberaal feministische combinatie van vertrouwen in de wetenschappelijke methode en hun typische overtuiging dat er geen inherente genderverschillen bestaan, impliceert dat vrouwen, eenmaal verlost van sociale beperkingen en discriminatie, 45% van de wetenschappers zullen uitmaken, want dat is hun aandeel in de beroepsbevolking. De wetenschappelijke methode zelf is niet aan herziening toe (Rosser 1997).

Primatologe en sociobiologe Sarah Hrdy beschouwt zichzelf als een liberale feministe, hoewel haar visie op de seksen darwinistisch geïnformeerd is (persoonlijke communicatie, 2001). Ze vertrouwt er dus op dat onderzoek naar sekseverschillen zich uiteindelijk van zijn problemen zal bevrijden:

> Er bestaan remedies tegen de al te menselijke dwalingen in onze studie van de natuurlijke wereld. Het gebruik van gezond verstand in je methodologie is daar een van. Niemand zal nog uitspraken over voortplanting bij primaten kunnen doen na het bestuderen van slechts één sekse of van alleen de opzichtige dieren. Het lokaliseren van bronnen van vooroordelen is een andere remedie. Als we bijvoorbeeld vermoeden dat identificatie met individuen van hetzelfde geslacht een rol speelt of dat sommige onderzoekers zich vereenzelvigen met de dominanten en anderen met de onderdrukten, kunnen we herhaalde onderzoeken en kritieken op heersende theorieën door uiteenlopende waarnemers aanmoedigen. We doen er ook goed aan expliciet het onderscheid te maken tussen datgene wat we weten en datgene waarvan we weten dat het slechts interpretatie is. En ja, eigenlijk is dat wetenschap zoals ze tegenwoordig gepraktiseerd wordt: omslachtig, vooringenomen, frustrerend,

> vol valse starts en valse sporen, maar desondanks gevoelig voor kritiek en zelfcorrectie, en daarom deugdelijker dan welk ook van de meer ongegeneerd ideologische programma's die men tegenwoordig verkondigt. (Hrdy 1986, geciteerd naar Segerstråle 1992: 227-228)

Men hoeft zich niet als liberale feministe te profileren om de verdiensten van standaardwetenschap te verdedigen. Zo erkent wetenschapshistorica Londa Schiebinger (1999), die sympatiseert met het postmodern feminisme, dat het feminisme in veel gevallen baat heeft gehad bij traditioneel wetenschappelijke methodes. Schiebinger hangt een wetenschappelijke epistemologie aan, tegelijk pleitend voor grondige structurele veranderingen binnen de wetenschappelijke cultuur, opdat vrouwen er beter zouden in gedijen.

Aanhangers van standpunttheorie en postmodernisme hangen meestal een van de meer radicale tradities binnen het feminisme aan.

Standpunttheorie: vragen bij de objectiviteit van wetenschap

Volgens standpunttheoretici zijn de aanspraken van onderdrukte individuen of groepen meer in overeenstemming met de werkelijkheid en dus objectiever dan wetenschappelijke waarheidsaanspraken. Veel socialistische feministen, zwarte feministen, lesbische feministen en radicaal-feministen verdedigen dit soort epistemologie. Ze menen dat de ervaringen en traditionele zorgtaken van vrouwen het fundament kunnen vormen voor een minder dominante, meer interactieve en holistische epistemologie. Hun onderzoek is erop gericht aan te tonen hoe belangen kennis beïnvloeden, seksistische terminologie bloot te leggen en alternatieve benaderingen te formuleren.[22] Standpunttheoretici zijn dus niet zozeer antiwetenschappelijk maar veeleer wetenschapsrevolutionair. Vraag is of het hier een potentieel vruchtbare revolutie betreft.

Als voorbeeld van feministische kritiek op verondersteld mannelijk taalgebruik neem ik *The Importance of Feminist Critique for Contemporary Cell Biology* (1989), een artikel van de hand van negen coauteurs die zichzelf 'The Biology and Gender Study Group' noemen. Ze schrijven dat het stuk zich richt op "de mogelijke bijdrage van feministische kritiek tot de biologie. Het geeft aan dat meerdere domeinen van de moderne biologie doordrongen zijn van gendervooroordelen en dat die vooroordelen een funeste invloed hadden op de discipline" (Beldecos et al. 1989: 173).

De groep wil aantonen hoe biologische beschrijvingen van de interactie tussen sperma en eicel vaak gemodelleerd zijn op hofmakerijgedrag. Op het eerste zicht lijkt dat inderdaad een voorbeeld van 'het masker van de theorie', maar dat verandert als we de aangehaalde voorbeelden nader bekijken. Al is het taalgebruik niet altijd emotioneel neutraal, er blijkt nergens uit dat "die vooroordelen een funeste invloed hadden op de discipline", zoals de auteurs staande houden. Neem volgende passage uit een boek voor zwangere vrouwen[23]:

> Zaadcellen (...) zwermen door de baarmoederholte tot in de eileider. *Daar liggen ze te wachten op de eicel.* Van zodra de eicel in de buurt van *het leger zaadcellen* komt, stormen die laatste, als waren ze *minuscule stukjes staal aangetrokken door een grote magneet, op de eicel af.* Eentje *penetreert*, slechts eentje. (...) *Zodra die ene binnendringt, sluit de deur zich voor alle andere kandidaten.* Dan beginnen alle deeltjes van de eicel (nu samengesmolten met het sperma) krachtige agitatie te vertonen, *alsof ze onder stroom staan.* (Russel 1977, geciteerd naar Beldecos et al. 1989: 175-176, cursivering toegevoegd door Beldecos et al.)

De interpretatie van de studiegroep lijkt nogal vergezocht:

> In het ene beeld zien we de bevruchting als een soort krijgshaftige groepsverkrachting, met de leden van het mannelijke leger op de loer liggend voor het passieve eitje. Een volgend beeld stelt de eicel voor als een hoer die de soldaten aantrekt als een magneet, een klassiek verleidingsbeeld dat als verantwoording voor verkrachting dient: de eicel heeft er duidelijk om gevraagd. Toch, eenmaal *gepenetreerd*, wordt de eicel een deugdzame dame die de deur sluit voor de andere *huwelijkskandidaten*. Pas dan wordt de eicel, door samen te smelten met een zaadcel, verlost uit haar lamlendigheid en wordt ze actief. De bevruchtende zaadcel is een held die overleeft waar anderen vergaan, een soldaat, een brok staal, een succesvol minnaar, en de motor van de eicel. De eicel is een passief slachtoffer, een hoer en ten slotte een preutse dame die haar vervulling bereikt. (Beldecos et al. 1989: 176, cursivering in origineel)

Bioloog Paul Gross en wiskundige Norman Levitt (1994) ontwaren in deze passage een ernstig geval van overinterpretatie. In de wetenschappelijke literatuur is nergens sprake van de eicel als 'preutse dame' of 'hoer'. Dat geldt evenzeer voor de andere voorbeelden van de auteursgroep: het taalgebruik van de originele citaten is veel gematigder dan de parafrase, vooral in passages ontleend aan wetenschappelijke literatuur.

Er is zeker niets verkeerd met het uiten van kritiek op ongepaste metaforen, maar nergens zijn de auteurs in staat om hun bewering hard te maken dat dit soort gendervooringenomenheid funest was voor de biologie. Hun stelling dat de eicel in de traditionele biologie nog steeds als passief afgeschilderd wordt, klopt niet. Gross en Levitt wijzen er op dat er tegenwoordig veel aandacht gaat naar de – actieve – inbreng van de eicel in verhouding tot de zaadcel, wetenschappelijke kennis die "in de laatste dertig jaar tot ontwikkeling kwam, onafhankelijk van feminisme of enig ander soort cultuurkritiek" (1994: 122).

Feministische taalkritiek richt zich ook op de evolutionaire theorievorming, bijvoorbeeld met de vraag naar niet-antropomorfe beschrijvingen van dierlijk gedrag, zoals 'gedwongen copulatie' in plaats van 'verkrachting'.[24] Vaak valt wel iets te zeggen voor dergelijke eisen, maar toch is het twijfelachtig of veranderd woordgebruik ooit de eigenlijke denkinhouden hervormd heeft. Feministische taalcritici gaan er impliciet van uit dat onze taal en haar categorieën aan de basis liggen van onze denkpatronen en van ons wereldbeeld. We lijken niet te kunnen denken buiten de letterlijke betekenis van concepten en zijn blind of achteloos voor alles wat onze taal niet classificeert. Het idee dat ons taalgebruik ons denken kan inperken klinkt niet echt vergezocht, maar toch zijn extreme versies ervan weerlegd (Brown 1991). In *The Blank Slate* (2002) legt cognitief psycholoog Steven Pinker uit dat vrijwel alle cognitieve wetenschappers en taalkundigen het er over eens zijn dat taal allerminst een gevangenis voor ons denken vormt. Evenmin is taal een noodzakelijke voorwaarde voor denkprocessen: de fundamentele categorieën van het denken (zoals objecten, ruimte, oorzaak, gevolg, hoeveelheid en waarschijnlijkheid) zijn aanwezig in de geest van zuigelingen en niet-menselijke primaten, al beschikken die niet over taal. Omdat de wereld voortdurend verandert, veranderen talen ook. Mensen lanceren nieuwe woorden en uitdrukkingen om de hiaten tussen denken en taal in te vullen. We gebruiken ook veel impliciete kennis over de wereld en over andere mensen om een tekst te begrijpen: onbewust vullen we talloze ongeformuleerde schakels in, interpreteren we dubbelzinnigheden, leiden we intenties af. Er zijn denkprocessen aan de gang die overduidelijk verder reiken dan taal (Pinker 2002).

Het ziet er dus naar uit dat feministische taalcritici de kracht van woorden overschatten. Sensibilisering omtrent misleidende metaforen is prima, maar als ernstige wetenschapskritiek zet de zoektocht naar seksistische terminologie weinig zoden aan de dijk.

En wat met standpunttheorie algemeen? Hilary Rose, sociologe en vooraanstaand standpunttheoretica, noemt wetenschap "een ideologie met een specifiek historische evolutie binnen de ontwikkeling van het kapitalisme" (1983: 274). Het burgerlijke en mannelijke karakter van wetenschap leidt volgens haar tot al te abstracte en onpersoonlijke kennis. De abstractie komt voort uit de arbeidsvervreemding door de kapitalistische productiewijze en uit de typische taakverdeling die vrouwen van betaalde arbeid weghoudt. Rose wil een 'hart' toevoegen aan die 'geest' en 'handen' door een nieuwe wetenschap en technologie te ontwerpen op basis van de zorgende kwaliteiten van vrouwen, waarbij ze de "sociale genese van de vrouwelijke zorgzaamheid" (1983: 276) benadrukt.

De analyse van Rose is een typisch voorbeeld van standpunttheorie. De aanhangers ervan willen de wetenschap heruitvinden, enerzijds door zich grotendeels te ontdoen van 'mannelijke' logica, rationaliteit en abstractie, anderzijds door het beklemtonen van subjectiviteit, concreetheid, verbondenheid en niet-seksistisch taalgebruik. Uiteindelijk doel is de ontwikkeling van 'vrouwelijke wetenschappen' zoals vrouwelijke logica, wiskunde, fysica, astronomie en filosofie.

De wetenschap heruitvinden is een behoorlijk spectaculair project. Het brengt dan ook heel wat problemen met zich mee, en de resultaten ervan zijn ambivalent.

Een eerste probleem is een inherente tegenstrijdigheid binnen de standpunttheorie. Als standaardwetenschap in wezen een product van de heersende klassen is, kunnen standpunttheoretische wetenschappers niet anders dan precies zich inlaten met die kapitalistische en patriarchale onderneming in een poging ze te corrigeren. Hilary Rose erkent dat "het probleem met een feministische wetenschap en technologie daarin ligt dat ze niet alleen integraal deel uitmaken van een kapitalistisch dominantiesysteem maar ook van een patriarchaal dominantiesysteem" (1983: 266). Omdat wetenschap onder die systemen bijzonder moeilijk in vraag te stellen is, waren het historisch gezien dan ook vooral vrouwen buiten de wetenschap, zoals schrijfster Virginia Woolf, die het aandurfden wetenschap als mannelijk te beschrijven, als onderdeel van een fallocentrische cultuur, voegt ze toe.

De reden waarom weinig wetenschapsters kritiek uiten op de conceptuele basis van wetenschap spreekt voor Rose voor zich: "Voor vrouwen binnen de wetenschap was protest veel moeilijker. Ze zijn met weinig en het ontwikkelen van een netwerk tussen geïsoleerde vrouwen is lastig" (1983: 266-267). Er bestaat echter een andere verklaring voor de bevinding dat zo weinig wetenschapsters hun broodwinning als een patriarchale constructie beschouwen: door hun vertrouwdheid met de wetenschappelijke methodologie *weten* ze dat die niet inherent mannelijk is. Veel feministische standpunttheoretici hebben alleen kennis van de wetenschappelijke praktijk via de publicaties van wetenschapssociologen. In de wetenschapssociologie viert constructivisme echter hoogtij, volgens Susan Haack (1996b) ten dele doordat slechts weinigen daar enige notie hebben van de wetenschappelijke methodologie. Vertrouwdheid met de wetenschappelijke theorievorming en bewijsvoering, stelt ze, is een basisvereiste voor degelijke wetenschapssociologie.

Gross en Levitt (1994) zijn het daarmee roerend eens: de critici zijn te weinig vertrouwd met het onderwerp van hun kritiek. Ze verzeilen zo ver van de essentie en hebben zo weinig te zeggen over de eigenlijke problemen waarmee wetenschappers zich bezighouden, dat die laatsten de kritieken meestal gewoon negeren. Alleen voor mensen die nauwelijks weten waarover ze praten, en voor een kleine groep ideologisch gemotiveerde wetenschappers, klinkt de radicale kritiek op standaardwetenschap redelijk. Je kunt geen diepgaande kritiek geven op een technisch onderwerp waarvan je niets afweet.

Een tweede probleem waarmee standpunttheorie moet afrekenen, is wetenschapsrelativisme. Sandra Harding (1986) vraagt zich bijvoorbeeld af of er niet ook Indiaanse, Afrikaanse en Aziatische wetenschappen en epistemologieën moeten zijn, op basis van de andere historische en sociale ervaringen van die groepen. Ze wijst hierbij op "de fatale complicatie voor die manier van denken – het feit dat de helft van die mensen vrouwen zijn en dat de meeste vrouwen niet-westers zijn" (1986-297). Inderdaad, op welke grond zouden feministische wetenschappen en epistemologieën superieur zijn aan die van andere onderdrukte groepen? Harding suggereert dat we ze allemaal op hun eigen manier als waardevol kunnen beschouwen, in plaats van de een als beter dan de ander te zien. Zo verglijdt standpunttheorie gemakkelijk in compleet relativisme, met één verschil: aan waarheidsaanspraken van 'onderdrukten' wordt sowieso meer waarde gehecht dan aan die van 'onderdrukkers'.

Hoewel de wetenschap haar wortels heeft in de Griekse Oudheid en de Middeleeuwse Arabische cultuur, ontstond de moderne wetenschappelijke methode in West-Europa en nergens anders. Toch is het misschien verkeerd te spreken van *westerse* wetenschap, omdat niets wijst op het bestaan van andere wetenschappen:

> Veeleer dan een attribuut van de westerse cultuur te zijn, overstijgt wetenschappelijk denken elke culturele context. Natuurlijk zijn wetenschappelijke beweringen doortrokken van culturele verwachtingen, maar wetenschap als geheel is een zelfcorrigerend proces waarbij het cultureel contingente na verloop van tijd plaats maakt voor het universele. Precies door die universaliteit kon de moderne wetenschap zich zo snel over de hele planeet verspreiden, wat een opmerkelijk kosmopolitisch wetenschappelijk project creëerde. (Lewis 1996-216)

Daarenboven, vervolgt Lewis, maakte West-Europa tot diep in de moderne periode gewoon deel uit van een reeks onderling verbonden Afro-Euraziatische beschavingen. West-Europa kan trouwens niet als enige aanspraak maken op rationaliteit. Historisch gezien kwamen zowel rede als redeloosheid in elke samenleving voor, in het Westen net als in het Oosten.

Sinds het eind van de achttiende eeuw zijn andere etniciteiten zoals Joden, Indiërs, Arabieren, Pakistani en Chinezen in toenemende mate vertegenwoordigd in de moderne wetenschap. Dat zorgde voor individuele bijdragen van hoog niveau, maar niet voor een nieuwe multiculturele wetenschap, stellen Gross en Levitt (1994). Het is trouwens onduidelijk hoe dat überhaupt zou kunnen. Neem nu Goethes strijd tegen Newton over het onderwerp kleur en licht. Voor Goethe was licht een fundamentele natuurlijke entiteit die niet ontleed mocht worden. Hij verzette zich tegen abstractie en experimenten en benadrukte de nabijheid tot en identificatie met de natuur. Het vervangen van logica, analyse en abstractie door intuïtie is een kenmerk van de romantische natuurfilosofie en ligt aan de basis van haar onvermogen om zinvolle wetenschap te produceren.

Het zogenaamd niet-dualistische wereldbeeld van het Oosten kon milieuverloedering niet voorkomen. Evenmin hebben traditionele, niet-westerse wereldbeelden vrouwen ooit behoed voor discriminatie; wel in tegendeel. In plaats van nadelig is correct uitgevoerde wetenschap, in combinatie met rationeel en open debat over haar bevindingen, veeleer een bevrijdende kracht voor vrouwen en andere verdrukte groepen. Veel liberale feministen beschouwen de verwerping van rationaliteit terecht als in strijd met vrouwelijke doelstellingen.[25]

Wetenschappelijke verdiensten van de standpunttheorie

Kunnen standpunttheoretici, met hun epistemologie van holisme, harmonie en zorgzaamheid, belangrijke wetenschappelijke bijdragen op hun naam schrijven? Volgens veel feministen strekt het werk van biologe Barbara McClintock tot voorbeeld.[26] In de jaren 1940 ontdekte McClintock dat stukjes DNA kunnen 'rondspringen' op chromosomen. Na gedurende decennia door het wetenschappelijk establishment te zijn genegeerd, werd haar ontdekking uiteindelijk bevestigd en kreeg ze in 1983 de Nobelprijs (Ridley 1999).

Zoals Evelyn Fox Feller (1982) en Sue Rosser (1992) het beschrijven, stemde McClintocks ontdekking niet overeen met de toen heersende visie op genen en DNA, respectievelijk gezien als onbeweeglijke kralen op een snoer en een 'meestermolecule' die alle instructies voor het ontwikkelen van een levende cel decodeert en doorstuurt. Het model van McClintock liet veel meer interactie toe. Ze beklemtoonde hoe belangrijk het is om "het materiaal tot jou te laten spreken" en om "een gevoel voor het organisme" te ontwikkelen, twee eigenschappen die Fox Keller als typisch vrouwelijk interpreteert (1982: 243). Vandaar dat Fox Keller McClintocks onderzoek als lichtend voorbeeld voor een nieuwe wetenschap voorstelt, "een wetenschap minder beperkt door de drang om te domineren" (1982: 245).

McClintock zelf heeft die interpretatie van haar werk als belichaming van een vrouwelijk perspectief echter nooit aanvaard. Voor haar heeft wetenschap niets met gender te maken; het is een plaats waar de genderkwestie – idealiter – wegvalt (Hoff Sommers 1994; Radcliffe Richards 1995). McClintocks werk is trouwens stevig gefundeerd in de abstracties van de genetica, en het beeld van DNA als 'meestermolecule' is gewoon een gemakkelijke manier om te verwijzen naar DNA als 'initiële informatiebron'. Het impliceert allerminst dominantie. Interactieve relaties zijn al meer dan 40 jaar een centraal aandachtspunt binnen de cellulaire en moleculaire biologie (Gross & Levitt 1994).

Misschien getuigt recenter feministisch onderzoek wel van een specifiek vrouwelijk kenvermogen? Om die vraag te beantwoorden is het belangrijk stil te staan bij het verschil tussen 'vrouwelijke bijdragen aan de wetenschap' en 'vrouwelijke wetenschap'. Het valt niet te ontkennen dat de wetenschappelijke praktijk door de ondervertegenwoordiging van vrouwen in de sociale en biologische wetenschappen, soms faalde of nog faalt in het toepassen van haar eigen standaardnormen. Die normen omvatten logische duidelijkheid, logische samenhang, algemene toepasbaarheid van principes en empirische geldigheid. Als medische of psychologische theorieën bijvoorbeeld onvoldoende getest worden op vrouwelijke proefpersonen, schieten ze te kort op het vlak van algemeenheid van principes en van empirische geldigheid. Het wetenschappelijk bedrijf kent nog meer pijnpunten. Zo komen laboratoria soms uiterst vrouwonvriendelijk voor de dag. Wetenschapsters merken soms dat hun werk minder ernstig wordt genomen dan dat van hun mannelijke collega's en dat informele communicatienetwerken voor hen gesloten blijven. Een Zweedse studie (Wennerås & Wold 1997) toonde aan dat vrouwen 2,5 keer meer moeten publiceren dan mannelijke onderzoekers om evenveel kans te krijgen op een postdoctorale beurs. Andere studies onthullen dat beide seksen een artikel met een verondersteld mannelijk auteur gunstiger beoordelen dan wanneer datzelfde artikel aan een vrouw wordt toegeschreven (Schiebinger 1999). Vrouwen kunnen dus nog wat veranderen in de wetenschappelijke wereld, nog los van het aanbrengen van nieuwe waardevolle perspectieven.

Dat is echter wat anders dan het ontwikkelen van een *vrouwelijke* wetenschap, met een nieuwe methodologie, nieuwe regels voor bewijsvoering en een andere interpretatie van objectiviteit. Tot nog toe zijn feministen er niet in geslaagd een alternatieve wetenschap te ontwikkelen en het is zeer de vraag of hun dat ooit zal lukken. Sue Rosser (1997) geeft voorbeelden van wetenschappelijke bijdragen binnen de verschillende feministische strekkingen. Bij *alle* feministische tradities die epistemologisch aansluiten bij empirisme of standpunttheorie komen de voorbeelden echter op hetzelfde neer: traditionele vrouwelijke wetenschappers zoals Sally Slocum, Sarah Hrdy en Jane Goodall[27] die lacunes in de antropologie en de primatologie aan het licht brachten. Dat wijst niet op een vrouwelijk kenvermogen maar gewoon op standaardwetenschap, ook al waren die onderzoeksters als vrouw sterker gericht op de studie van vrouwelijke organismen. Rossers voorbeelden getuigen alleen maar van de zelfcorrigerende aard van wetenschap.

Bij haar behandeling van het radicaal-feminisme en de tradities die zich volledig afzetten tegen de wetenschappelijke epistemologie moet Rosser dan weer toegeven dat een nieuwe vrouwelijke wetenschap duidelijk nog niet gevestigd is. "Wie weet wat er zou ontstaan als wetenschapsters leidinggevende posities zouden bekleden binnen het wetenschappelijke establishment, de regering en de academische wereld?" vraagt ze zich af (1997: 33-34), daarmee toegevend dat er tot vandaag alleen standaardwetenschap bestaat – al is dat waarschijnlijk niet wat ze wilde aantonen.

Volgens Gross en Levitt heeft feministische cultuuranalyse "nog geen enkele voordien onbekende tekortkoming blootgelegd in de logica of in de voorspellende kracht en toepasbaarheid van wiskunde, fysica, chemie of – niettegenstaande veel beweringen tot het tegendeel – biologie" (1994: 112). Of de vermelding van biologie in dit rijtje opgewassen is tegen nauwkeurig onderzoek, hangt volgens mij af van de precieze interpretatie van de termen 'voorspellende kracht' en 'toepasbaarheid'. Wijst de lange veronachtzaming in de ethologie van relaties tussen vrouwtjes op een gebrek aan voorspellende kracht en toepasbaarheid van de discipline? Misschien was dat inderdaad lang zo, tot vrouwelijke ethologen die tekortkoming bijstuurden. Evengoed kun je zeggen dat die bijsturing getuigt van de inherente neiging tot zelfkritiek van de wetenschap en dus van haar ultieme toepasbaarheid. Hetzelfde geldt voor onderzoek in de medische en biologische wetenschappen.

De psychologie lijkt evenmin beïnvloed door 'vrouwelijke' wetenschap. Psychologe Lynne Segal verwondert zich over de relatief kleine impact van het feminisme binnen de psychologie. Feministische kritiek op de statistische methodologie van de discipline bleef marginaal, "ondanks de opmerkelijke verschuiving van het aantal vrouwen daarin: momenteel studeren 400 % *meer* vrouwen dan mannen psychologie, in vergelijking met de 50% *minder* vrouwen dan mannen in 1969" (1999: 151, cursivering in origineel). Hoewel vrouwelijke psychologen dus ongetwijfeld nieuwe perspectieven en accenten hebben aangebracht, was hun invloed op de methodologie gering: logica, statistiek en abstractie blijven even waardevol als voordien.

De feministische ethologen Donna Holmes en Christine Hitchcock (1997) onderzochten de onderzoeksvoorkeuren van mannelijke en vrouwelijke wetenschappers binnen hun discipline, een vakgebied waarin vrouwen bijna gelijkwaardig vertegenwoordigd zijn. Het bleek dat zowel mannen als vrouwen het vaakst zoogdieren bestuderen, al is de tendens bij vrouwen iets sterker. De studie kon echter de hypothese dat vrouwen vaker focussen op vrouwtjesdieren en jongen, niet bevestigen, behalve in het geval van primaten: primatologen vertonen een opvallende tendens om dieren van hun eigen sekse te bestuderen. Weinig verbazingwekkend, volgens Holmes en Hitchcock, aangezien we voor primaten "waarschijnlijk allemaal een verhoogd vermogen tot empathie of een 'gevoel voor het organisme' hebben" (1997: 196). Vrouwen kiezen over het algemeen meer voor de studie van aspecten van sociaal gedrag en dan vooral ouderzorg, maar sociaal gedrag was een van de thema's die onderzoekers van beide geslachten het vaakst vermeldden.

We stellen dus (kleine) verschillen vast in de onderzoeksthema's van ethologen. De verschillen worden groter naarmate het onderzoek zich toespitst op dieren waarmee onderzoekers zich makkelijker kunnen identificeren: mannelijke primatologen neigen ertoe zich op mannetjes te concentreren, vrouwelijke primatologen op vrouwtjes. Een verhoogd 'gevoel voor het organisme' lijkt dus meer van het bestudeerde organisme af te hangen dan van het geslacht van de onderzoeker. Bij uitbreiding valt te verwachten dat identificatie met de eigen sekse nog sterker zal optreden bij de studie van mensen.

Dat bewijst opnieuw het belang van vrouwelijke onderzoekers *in disciplines waarin sekse inherent is aan het bestudeerde onderwerp*, met name in de biologische en sociale wetenschappen. In disciplines als wiskunde en fysica maakt het geslacht van de onderzoeker wellicht geen verschil. Er is geen enkele aanwijzing dat mannen en vrouwen wetenschap op een kwalitatief andere manier bedrijven.

De gegevens tonen dus aan dat de door sommige feministen als 'vrouwelijke wetenschap' bestempelde onderzoeken in feite neerkomen op standaardwetenschap bedreven door vrouwelijke onderzoekers. Dat was om louter logische redenen al te verwachten, zoals we zullen zien aan het eind van dit hoofdstuk.

Postmodernisme: het wetenschappelijk project in vraag gesteld

De postmoderne denktrant schetste ik al kort in de inleiding. Postmodernisten vinden standpunttheorie niet radicaal genoeg, want die blijft volgens hen gevangen in "typisch mannelijke patronen van in de wereld zijn" (Harding 1986: 294). Het postmodernisme impliceert de volledige verwerping van rationaliteit en van gedispassioneerde objectiviteit en lijkt zo de legitimiteit van pogingen om de wereld vanuit feministisch perspectief te beschrijven, te ondermijnen.

Postmoderne wetenschapscritici staan terughoudend tegenover elke universaliserende theorie, omdat ze vrezen dat die geen recht doet aan mogelijke nuances en tegenstrijdigheden in het materiaal. Een dergelijke epistemologie vinden we vaak terug bij aanhangers van *queer theory*, radicaal-feminisme, postmodern feminisme en sommige strekkingen van psychoanalytisch feminisme. Veel ecofeministen delen de volledige verwerping van 'mannelijke' rationaliteit. De grens tussen standpunttheorie en postmodernisme is echter vaag.

De contradictie in het hart van de postmoderne epistemologie luidt als volgt: als alle wetenschappelijke waarheidsaanspraken louter historische ficties zijn die als feiten worden voorgesteld ten dienste van de macht, hoe kunnen feministen dan aanspraak maken op kennis die *meer* waar zou zijn? Ook voor postmoderne feministen lijkt het antwoord zoek. Ze benaderen het probleem uiterst abstract: ze koesteren "niet de aloude droom van een gemeenschappelijke taal, maar van een sterke onbetrouwbare heteroglossia" (Haraway 1991d [1994]: 148-149) en praten over "gesitueerde en belichaamde kennispatronen", die de mogelijkheid ondersteunen van "netwerken rond relaties die solidariteit genoemd worden in de politiek en gedeelde conversaties in de epistemologie" (Haraway 1991e: 191). Wie zich afvraagt wat Haraway nu *precies* bedoelt, heeft de boodschap niet goed begrepen, want ze hoopt nu net "op een wereld die met elke illusie over transparantie en helderheid, elk ideaal omtrent de mogelijkheid van rationele communicatie heeft afgerekend" (Prins 1994). Radicaal-feministen zoeken soms hun heil in bewustzijnsverruimende groepsgesprekken waarin ze samen hun persoonlijke ervaringen onderzoeken om te bepalen wat geldige kennis is.

Wetenschapsfilosoof Mario Bunge zegt over cognitief constructivisten dat het "tegen de essentie van hun denken zou ingaan zelf duidelijke criteria van wetenschappelijkheid voor te stellen" (1996: 106). Maar hoe kun je de wetenschappelijke status van een idee of praktijk rationeel in vraag stellen zonder tenminste *een of andere* definitie van wetenschappelijkheid? Aan het eind van dit hoofdstuk ga ik dieper in op de logische inconsistentie van termen als 'feministische epistemologie'.

Moet wetenschap politiek progressief zijn?

Er heerst een diepe kloof tussen feministen die de mogelijkheid van waardevrije wetenschap erkennen en rationaliteit als een bron van emancipatie beschouwen, en zij die standaardwetenschap en rationaliteit expliciet afkeuren omdat ze inherent patriarchaal zouden zijn. Die laatste houding leidt tot de eis dat wetenschap zich moet laten leiden door politieke bekommernissen.

Het mag dan buitensporig klinken, toch volgt die eis vrij logisch uit het constructivistische denkkader. Omdat constructivisten er – in meerdere of mindere mate, naargelang de theoreticus – van overtuigd zijn dat wetenschap sowieso verbloemde ideologie is, willen ze die natuurlijk het liefst bezielen met politiek en ideologisch 'correcte' waarden. In hun ogen is wetenschap niet alleen in feite, maar ook idealiter, politiek met andere middelen. Het doel is niet langer waardevrije wetenschap.

Neem bijvoorbeeld de feministische biologe Anne Fausto-Sterling, die in haar invloedrijke boek *Myths of Gender* biologische theorieën over geslachtsverschillen analyseert. Ze omschrijft de bewijsstandaard die wetenschappers hanteren als "een standaard die op haar beurt door politieke overtuigingen gedicteerd wordt" (1992: 11). Ze vervolgt:

> Ik stel de hoogste eisen aan bewijzen voor, bijvoorbeeld, beweringen omtrent biologische ongelijkheid, eisen die rechtstreeks stammen uit mijn filosofische en politieke geloof in gelijkheid. (...) Dit boek is een wetenschappelijk statement *en* een politiek statement. Het zou niet anders kunnen zijn. Waarin ik me onderscheid van sommige van mijn opponenten is dat ik mijn politiek engagement niet ontken. (Fausto-Sterling 1992: 11-12, cursivering in origineel).

Haar boek wekt echter de indruk dat *geen enkel* wetenschappelijk onderzoek ooit aan haar strenge eisen zal beantwoorden. Ze veronderstelt a priori dat zowat alle verschillen tussen mannen en vrouwen sociaal geconstrueerd zijn. Aangezien haar politieke overtuigingen beslissen welke theorieën geldig zijn, is de kans klein dat ze ooit een theorie zal aanvaarden die niet in haar kraam past.

Zoals uit de vorige hoofdstukken bleek, bestaan er goede redenen om te geloven dat de sociaal-constructivistische epistemologie op drijfzand berust. Hiermee vervallen ook de argumenten voor een expliciet politieke wetenschap: als wetenschap als collectieve en cumulatieve onderneming (idealiter) waardevrij is, is er geen logische noodzaak haar door 'betere' waarden te laten bezielen.

Toch klinkt de suggestie om wetenschap aan te sporen onze maatschappij rechtvaardiger en politiek progressief te maken, aanlokkelijk. Wie is er nu tegen rechtvaardigheid en politieke vooruitgang? En aangezien het wetenschappelijk streven naar betrouwbare kennis momenteel toch al aan banden wordt gelegd door ethische codes in verband met proefdieren en proefpersonen en door sociale verantwoordelijkheden, waarom zouden we dan geen opening maken voor doelbewuste ideologische interventies?

Wat voor gevolgen zou dit constructivistische voorstel hebben voor wetenschappelijk onderzoek? Normaal gezien behoren de maatschappelijke toepassingen van wetenschappelijke resultaten niet tot het domein van de wetenschap, zoals wetenschapsfilosofe Noretta Koertge (1996a) argumenteert. Het is in de maatschappelijke context en in de keuze van prioriteiten dat sociale waarden en politiek hun rechtmatige plaats hebben. Natuurlijk is extreme voorzichtigheid geboden bij toepassingen van voorbarige of potentieel schadelijke onderzoeksresultaten. Constructivisten gaan echter veel verder door te stellen dat het onderzoek zelf verboden moet worden als het politiek gevaarlijke implicaties kan hebben. Vandaar hun poging om publicaties of conferenties over mogelijke biologische verklaringen voor misdaad, intelligentieniveau of seksuele oriëntatie te dwarsbomen. Zo introduceren ze politieke en ideologische overwegingen in het hart van de rechtvaardiging van wetenschappelijk onderzoek. We zouden bijvoorbeeld de sociale constructie van seksisme moeten bestuderen, niet sekseverschillen, en homofobie moeten analyseren, niet de oorzaken van homoseksualiteit.

Een ideologische filter zou het aantal mogelijke onderzoeksthema's dus ernstig inperken. Bovendien komt het binnen de wetenschap zo gekoesterde ethos van vrij onderzoek in het gedrang. En er is een nog belangrijker reden om het constructivistische voorstel te verwerpen. Censuur van specifieke onderwerpen zou de inhoud van wetenschappelijke bevindingen niet echt verstoren, maar als ideologie ook het proces van *hypothesevorming* aantast, iets wat feministische constructivisten voorstaan, dan wordt een dergelijke vervorming wel degelijk mogelijk. De geschiedenis leert ons echter dat zo'n strategie futiel is, stelt Koertge (1996a):

> De verkettering van de theorie van Copernicus bracht de katholieke kerk meer schade toe dan het heliocentrisme ooit had gekund. Het Lysenkoïsme[28] hielp landbouwers geen stap vooruit bij de optimalisering van hun landbouwmethoden en het belemmerde de invoering van westerse hybriden. Vrouwen hebben op lange termijn geen baat bij het stopzetten van onderzoek naar biologische verschillen. (Koertge 1996a: 271)

Een constructivistische epistemologie kan alleen maar nadelig zijn voor vrouwen. Pogingen om standaardwetenschap tegen te houden, zijn een verspilling van tijd en energie. Bovendien weerhouden ze vrouwen ervan aan wetenschap te doen en zo aan invloed te winnen.

Bestaat feministische wetenschap?

In haar artikel *Why Feminist Epistemology Isn't* (1995) onderzoekt filosofe Janet Radcliffe Richards wat 'feministische kennis' en 'feministische epistemologie' eigenlijk betekenen. Feminisme, zo toont ze aan, kan op zich geen rechtvaardiging bieden voor het aanvaarden of verwerpen van een bepaalde theorie. Elke wetenschappelijke theorie, of ze zich nu feministisch noemt of niet, wordt uiteindelijk geëvalueerd op basis van dezelfde epistemologische maatstaven die *iedereen* gebruikt, hoewel niet iedereen dat beseft. Het is gewoon logisch onmogelijk de standaardepistemologie van tafel te vegen.

Feministische epistemologie, stelt Radcliffe Richards, wordt verondersteld compleet onverzoenbaar te zijn met traditionele epistemologie, maar toch delen ze dingen met elkaar. De keuze voor feminisme houdt immers in dat je een visie hebt over hoe de dingen *zijn*, zoniet zou je niet tot de overtuiging komen dat er iets mis is met de positie en behandeling van vrouwen. Die opvattingen over hoe de dingen zijn, worden ondersteund door empirische vaststellingen, die vaak wetenschappelijk van aard zijn. Dat betekent dat je uitgaat van een onderliggende visie op epistemologie en wetenschappelijke methodologie, want elke opvatting over de werkelijkheid hangt af van veronderstellingen over hoe men die werkelijkheid kan achterhalen.

Hetzelfde geldt voor de vraag naar waarden. Elke klacht over de positie van vrouwen doet beroep op morele maatstaven van goed en kwaad. Het geloof in die maatstaven impliceert op haar beurt opvattingen over meta-ethiek, over de manier om tot ethische besluitvorming te komen.

Als feministe doe je dus noodzakelijk beroep op traditionele maatstaven van ethiek, epistemologie, wetenschappelijkheid en logische inferentie om tot de conclusie te komen dat er iets mis is met de positie van vrouwen. Hier zijn feministische overtuigingen dus nog niet feministisch in die zin dat er voor feministen ook maar één reden meer zou zijn om ze aan te hangen dan voor niet-feministen. De feministe kan bijvoorbeeld tot het besluit komen dat we traditionele ideeën over vrouwen niet kunnen rechtvaardigen vanuit de heersende epistemologische standaarden, en dat kan ze aantonen aan elke onbevooroordeelde onderzoeker.

Radcliffe Richards vervolgt met een belangrijk inzicht: je inzichten kunnen veranderen door het feminisme, in die zin dat je je anders niet met die vragen had ingelaten, maar dat betekent niet dat ze veranderen door het feminisme in die zin dat feminisme de rechtvaardiging voor de verandering vormt. Feminisme kan onderzoekers op het spoor van nieuwe ontdekkingen zetten en het feministische programma kan zich als gevolg daarvan uitbreiden, maar dat is geen reden om de nieuwe inzichten zelf als feministisch te bestempelen.

De nieuwe inzichten steunen dus op maatstaven van wetenschap en rationaliteit die op zich niet feministisch zijn. De vraag is nu: hoe kan de feministe *op basis van haar feminisme* die traditionele ideeën over rede en wetenschap verwerpen om er uiteindelijk radicaal andere aan te hangen?

Feminisme stelt natuurlijk per definitie een aantal traditionele ideeën in vraag. Radcliffe Richards legt echter uit dat kennisstandaarden in hiërarchieën komen en dat we veel veranderingen kunnen aanbrengen op tussenniveaus zonder aan de grondslagen van rationaliteit en epistemologie zelf te raken. Het is vooral essentieel in te zien dat veranderde opvattingen over de werkelijkheid potentieel kunnen leiden tot veranderde maatstaven, omdat die opvattingen over de wereld altijd de basis vormen voor het evalueren van andere, minder gevestigde overtuigingen. Met behulp van de forensische wetenschap kunnen we schuld momenteel bepalen aan de hand van onze fundamentele inzichten in bloedgroepen of DNA. Lang voor het ontstaan van de forensische wetenschap werd schuld echter vastgesteld door, bijvoorbeeld, het al dan niet blijven drijven van de beschuldigde in water. Het is dus waarschijnlijk dat ook feminisme aanleiding zal geven tot een omvattende herziening van maatstaven op dit tussenniveau. Als bijvoorbeeld het idee dat vrouwen alleen binnen het huwelijk geluk kunnen vinden in vraag wordt gesteld, zal dat leiden tot een fundamenteel andere benadering van vrouwen die zich ongelukkig voelen.

Een ander voorbeeld. Stel dat vrouwen inderdaad over manieren van kennen beschikken die genegeerd zijn door de heersende wetenschapsprocedures. Als feministisch geïnspireerd onderzoek zou aantonen dat die vrouwelijke kennistechnieken niet alleen bestaan maar ook efficiënt zijn, dan zou dat de roep om een verandering van kennisstandaarden sterk ondersteunen – maar slechts op *intermediair* niveau. Er zou geen reden zijn om onze epistemologie of onze fundamentele wetenschappelijke attitudes volledig overboord te gooien. Het tegendeel is waar: of die vrouwelijke kennisvaardigheden al dan niet als betrouwbaar worden gezien, *hangt volledig af* van het aanvaarden van meer fundamentele standaarden van wetenschap en epistemologie. Als ze betrouwbaar zijn, zullen ze gewoon ingelijfd worden bij de traditionele wetenschapsprocedures.

Om aan te tonen dat er werkelijk fundamentele veranderingen nodig zijn in onze criteria voor wetenschappelijk succes, moet je je voorstellen dat vrouwen *onsuccesvol* zouden zijn volgens de huidige normen – ze ontwikkelen theorieën waarvan tests blijven aantonen dat die nergens toe leiden, doen voorspellingen die meestal falen, enzovoort – en dan stellen dat de criteria moeten aangepast worden om *dit* als goede wetenschap te laten gelden. Het is moeilijk je in te beelden wat dergelijke criteria dan wel zouden zijn of dat er ook maar één feministe achter zou staan. Radcliffe Richards vervolgt met een stelling analoog aan die van Susan Haack (1996a):

> Het is een ernstige fout te beweren dat, als die waarheidsaanspraken door de traditionele epistemologie verkeerdelijk als kennis voorgesteld zijn, er iets mis moet zijn met die epistemologie. Dat is niet alleen overhaast; het verleent ook veel te veel krediet aan de patriarchale man. Impliciet erken je immers dat elke aanspraak die hij op kennis maakt, ook werkelijk kennis is, zodat je die alleen kunt ontkrachten door complexe revolutionaire epistemologieën die zijn kennis herleiden tot fallocentrische kennis of anderszins ontkrachten. Het is meestal veel eenvoudiger – en, zou je denken, veel feministischer – uit te gaan van het vermoeden dat datgene wat *gesteld of aanvaard* is als kennis helemaal geen kennis is, niet eens fallocentrische kennis, maar gewoonweg, volgens de eigen epistemologische standaarden van de patriarchale man, ordinaire (misschien patriarchale) *vergissingen*. (1995: 377, cursivering in origineel)

Het feit dat geclaimde bewijzen fout kunnen zijn, toont niet in het minst aan dat er iets fundamenteel fout is met traditionele ideeën van kennis. Radcliffe Richards vermoedt dat het feministisch engagement in de epistemologie en wetenschapsfilosofie grotendeels voortvloeit uit een verwarring van dit onderscheid tussen, enerzijds, de epistemologische maatstaven zelf en, anderzijds, een verkeerde toepassing ervan.

Een aanwijzing dat die niveauverwarring problemen geeft, is de typische verschuiving in feministische publicaties van kritiek op een bepaald aspect van wetenschap of haar toepassingen naar een globale conclusie over het wetenschappelijk bedrijf, zonder systematisch aan te tonen hoe die verschillende niveaus met elkaar verband houden. Radcliffe Richards beschrijft bijvoorbeeld hoe ze vaak versteld staat van "de manier waarop feministen, die zich (terecht) opwinden over de mannelijke overname van de verloskunde, eerst het overmatig gebruik van medische instrumenten beschrijven als 'de onderwerping van vrouwen aan mannelijke wetenschap', om dan verder te gaan met de interpretatie als zou dit de belichaming zijn van de globale, vrouwonderdrukkende mannelijkheid van de wetenschap in haar geheel" (1995: 378).

Haar essentiële punt is het volgende: je kunt logisch gezien onmogelijk de traditionele epistemologie verwerpen *en* tegelijk vasthouden aan eerdere conclusies over de positie en behandeling van vrouwen die gebaseerd waren op die verworpen epistemologie. Je moet er criteria voor deugdelijke behandeling en evaluatie op nahouden voor je kunt zeggen dat de huidige stand van zaken daar niet aan beantwoordt. Feministische theorieën zijn *op elk niveau* afhankelijk van meer fundamentele ideeën die volledig losstaan van het feminisme. Geen enkele opvatting over feiten en geen enkele theorie over ethiek, epistemologie of wetenschap kan door het feminisme worden opgeëist, want alle feministische conclusies zijn er op gebaseerd.

Zelfs het argument dat we de zogenaamd feministische epistemologie moeten aannemen omdat de vooruitgang van vrouwen ervan afhangt, stelt voorop dat epistemologie pas na ethiek komt, wat op zich een epistemologische theorie is. Wie meent te weten wat vrouwen ten goede komt, denkt bovendien automatisch ook iets over de werkelijkheid te weten en gaat zo uit van een andere epistemologie dan diegene die hij of zij verondersteld wordt te verdedigen.

De conclusie van Radcliffe Richards is duidelijk: er bestaan geen *feministische redenen* om overtuigingen van welk soort ook aan te hangen. Feminisme kan geen rechtvaardiging bieden voor het verkiezen van de ene theorie boven de andere. Als een theorie die onder feministische vlag de ronde doet wetenschappelijk aanvaardbaar blijkt, wordt ze standaardwetenschap. *Het feit dat een bepaalde overtuiging wordt aangehangen door een feministe, maakt het niet tot een feministische overtuiging.* Feminisme kan een aanzet zijn tot bepaalde vragen, maar het kan de antwoorden niet bepalen. De waarde van ideeën moet onafhankelijk van hun beweerde connectie met feminisme geëvalueerd worden.

Als je echt wil strijden tegen onderdrukking van vrouwen, bestaat er volgens Radcliffe Richards maar één manier:

> Als je eenmaal hebt vastgesteld hoe traditionele stellingen over de aard en de positie van vrouwen altijd onvoldoende door bewijzen ondersteund en vaak verkeerd waren, hoe directe en subtiele obstakels hen belemmerden in hun streven naar kennis en hoe hun mogelijkheden nooit onpartijdig werden ingeschat of hun prestaties nooit erkend, dan wijst dit je de weg voor je feministische politiek. Je moet daarom actief ingaan tegen elke beweging die vrouwen ertoe aanmoedigt om net die filosofische en wetenschappelijke ideeën waarvan je wilde garanderen dat vrouwen de volle kans krijgen om ze te verwerven, als patriarchaal te verwerpen. Je moet ingaan tegen elke beweging die de opgedrongen onwetendheid die je probeert te verhelpen wil erkend zien als bijzondere manieren van kennis (...). En als een dergelijke beweging zich fe-

> ministisch noemt, reden te meer om haar met verdubbelde inzet aan de kaak te stellen. (1995: 392)

De kwalificatie 'feministisch' met betrekking tot wetenschap en epistemologie is dus onnodig en zelfs misleidend.

Nu de kwestie van feministische kennis en feministische wetenschap hopelijk wat opgehelderd is, kan ik verdergaan met de geschiedenis van de evolutionaire theorievorming. Bij elke verwijzing naar 'feministische kritieken' op Darwin, doel ik op kritieken 'geformuleerd door feministen'. We zullen zien dat die kritieken, als ze (volgens de traditionele epistemologische en wetenschappelijke criteria) goed gefundeerd bleken, vroeg of laat in de evolutionaire theorievorming werden opgenomen – ook al gebeurde dat vaker laat dan vroeg.

De geschiedenis van het darwinisme ondersteunt het argument van Janet Radcliffe Richards: de enige productieve manier waarop vrouwen mannelijke vooroordelen in de wetenschap kunnen corrigeren, is niet de wetenschappelijke methode als 'patriarchaal' verwerpen, maar er zich zelf in engageren.

3
De seksen sinds Darwin

> Als we de seksen binnen elke soort levende wezens vergelijken, van de kleinste tot de grootste, ontdekken we dat ze altijd equivalent zijn – gelijkwaardig, maar niet identiek, in hun ontwikkeling en de relatieve aanwezigheid van alle normale krachten. Dit is een hypothese waarover we de feiten moeten laten beslissen.
>
> – Antoinette Brown Blackwell,
> *The Sexes Throughout Nature*, 1875: 11.

Zoals in dit hoofdstuk zal blijken, heerst er weinig twijfel over dat Charles Darwin (1809-1892) in zijn theorievorming over de seksen beperkt werd door zijn Victoriaanse wereldbeeld. Dat neemt niet weg dat zijn stelling over de vrouwelijke rol in seksuele selectie voor die tijd revolutionair was. Feministische beschrijvingen van Darwins theorie wekken echter de indruk dat veel feministen weigeren deze actieve rol van vrouwelijke organismen in Darwins geschriften te erkennen.[29]

Zo vat Josephine Donovan (2000) Darwins hoofdwerk over seksuele selectie, *De afstamming van de mens en selectie in relatie tot sekse* (1871), in één zin samen: het boek "verkondigt een doctrine van mannelijke superioriteit" (2000: 58). Nu valt niet te ontkennen dat Darwin inderdaad schreef "zo is de man uiteindelijk superieur geworden aan de vrouw" (Darwin 1871 [2002]: ii.328), maar bij de beoordeling van zijn visie op vrouwen lijkt het oneerlijk om hem alleen op zijn fouten af te rekenen. Bovendien doet de bevinding dat hij het binnensluipen van Victoriaanse waarden in zijn theorievorming niet kon verhinderen, niets af van de uiteindelijke wetenschappelijke waarde van veel van zijn inzichten. Antoinette Brown Blackwell, de eerste vrouw die een kritiek publiceerde op Darwins en Herbert Spencers visie op de seksen, zei het al in het begincitaat: de precieze relatie tussen de seksen moet uitgemaakt worden op basis van feiten.

Het duurde echter meer dan een eeuw voor Blackwells hypothese ernstig onderzocht werd, een triest gegeven dat de feministische achterdocht tegenover wetenschap niet echt zal doen afnemen. Het is dus niet geheel zonder reden dat veel feministen een evolutionaire benadering van de psychoseksuele verschillen tussen man en vrouw als seksistisch afdoen.[30] Maar hoe begrijpelijk die negatieve reactie ook mag zijn, samen met andere darwinistische feministen ben ik ervan overtuigd dat het feminisme hiermee een waardevol middel tot een beter begrip van seksisme weggooit.

In dit hoofdstuk schets ik de geschiedenis van de evolutionaire biologie vanaf de negentiende eeuw tot de periode net voor de officiële geboorte van de sociobiologie in 1975. Ik geef geen algemeen overzicht maar schrijf vanuit een darwinistisch feministische invalshoek: met een focus op (het gebrek aan) aandacht voor vrouwelijke organismen in de evolutionaire theorievorming en met een evaluatie van feministische kritieken op de discipline.

Evolutie door natuurlijke selectie

In de eenentwintigste eeuw, met evolutietheorie stevig in het zadel in het grootste deel van de westerse wereld, kunnen we ons het leven in een predarwinistische wereld nog maar moeilijk voorstellen. Natuurkunde viel toen grotendeels samen met de natuurtheologie, die stelde dat God alle soorten schiep zoals beschreven in de bijbel. Men beschouwde soorten als onveranderlijk, met een door God geschapen 'essentie'. In dat statische en essentialistische wereldbeeld had evolutie geen plaats. Vanaf de achttiende eeuw waren er wel evolutionaire ideeën in omloop, maar zonder veel invloed (Braeckman 2001).

Tegen het midden van de negentiende eeuw begon het idee van evolutie langzaam door te dringen. Evolutionisten waren echter niet in staat het achterliggende mechanisme van verandering vast te pinnen. Ze beriepen zich op bewust ontwerp of verloren zich in vaagheid. Het was Darwins grote triomf dat hij een mechanisme ontdekte dat functionele, adaptieve complexiteit – de schijnbaar naadloze inpassing van een plant of dier in zijn omgeving – kan verklaren. Bovendien loste Darwins evolutietheorie ook het vraagstuk op van het samengaan van de verbazingwekkende diversiteit en de fundamentele overeenkomsten binnen groepen van organismen (Cronin 1991).

Darwin noemde dit mechanisme 'natuurlijke selectie', en hij beschreef de werking ervan in *Over het ontstaan van soorten door middel van natuurlijke selectie* (1859). Natuurlijke selectie omvat drie essentiële ingrediënten: variabiliteit, erfelijkheid en selectie. Er is altijd variatie onder organismen. Sommige van die variaties kunnen erfelijk doorgegeven worden, andere niet. Als een blinde en niet-intentionele kracht zal natuurlijke selectie als een soort zeef inwerken op erfelijke variaties. Een organisme met een eigenschap die dat organisme beter aangepast maakt aan zijn omgeving, zoals een vink met een ietwat grotere bek, waardoor het dier gemakkelijker bepaalde voedzame zaden kan openen, zal in vergelijking met minder goed aangepaste soortgenoten meer succes kennen op vlak van overleving en voortplanting. Het zal dus relatief meer nakomelingen nalaten, die allemaal dat gunstige kenmerk erven en op hun beurt evolutionair succesvol zijn. Daarenboven blijft het proces van variatie en selectie zich telkens weer herhalen: er blijven toevallige variaties op hetzelfde kenmerk optreden, waarvan sommige gunstig zullen zijn. Die laatste blijven behouden en stapelen zich op. Zo kon het gebeuren dat er zich uit één voorouderpopulatie van vinken op de Galápagoseilanden verschillende vinkensoorten ontwikkelden, elk met een andere vorm of grootte van bek, een adaptatie aan de verschillende soorten zaden waarvan elke vinkensoort leeft op elk eiland. Zo kon ook, via een geleidelijk proces van accumulatie, een complex orgaan als het oog ontstaan. Het kenmerk zal zich almaar sneller over de daaropvolgende generaties verspreiden, tot het uiteindelijk een soortkenmerk wordt – dit op voorwaarde dat de omgevingsomstandigheden niet zodanig veranderen dat het kenmerk het organisme schade begint toe te brengen. Zo'n kenmerk noemen we een adaptatie: een geëvolueerde oplossing voor een specifiek probleem van overleving of voortplanting (Darwin 1859).

Het proces van seksuele selectie komt in *Het ontstaan van soorten* slechts kort aan bod. Dit aspect van Darwins theorie beschrijft niet de strijd om overleving, maar om voortplanting. Voor een volledige uitwerking van de theorie van seksuele selectie was het wachten tot 1871, met de publicatie van *De afstamming van de mens en selectie in relatie tot sekse*.

Aanvankelijk stuitte Darwins theorie van natuurlijke selectie op veel weerstand, ook bij biologen. Men verweet hem bijvoorbeeld – terecht – de afwezigheid van een coherente erfelijkheidstheorie. De fusie van darwinisme met de genetica zou pas in de jaren 1930 plaatsvinden. Vandaag is de moderne darwinistische evolutietheorie echter de unificerende en vrijwel universeel aanvaarde theorie binnen de biologische wetenschappen (Buss 1999).

Feministische kritiek op Darwin richt zich vooral op het aspect van seksuele selectie. Sommigen hebben echter geprobeerd zijn wetenschappelijke geloofwaardigheid te ondermijnen door te wijzen op gelijkenissen tussen de evolutietheorie en de competitieve waarden van het burgerlijke Victoriaanse Engeland.[31] Zo suggereert Ruth Bleier (1985) dat we de theorie niet kunnen loskoppelen van haar ontstaan in een kapitalistische samenleving en dat ze bijgevolg geen neutrale wetenschap kan zijn:

> Wetenschapshistorici hebben gedocumenteerd hoe de concepten, taal en metaforen van de natuurwetenschappen en de heersende socio-economische orde met elkaar verstrengeld raakten. Concepten als 'strijd om het bestaan' en 'overleving van de best aangepaste' – essentieel voor darwinistische theorieën van natuurlijke selectie – stonden ook centraal in de laisser-faire filosofie van een opkomend en competitief kapitalisme. (Bleier 1985: 21)

In haar boek *Why Feminism?* (1999) wijdt psychologe Lynne Segal een volledig hoofdstuk aan darwinisme en vooral aan evolutionaire psychologie ("Weinig is voor mij deprimerender dan te moeten schrijven over de huidige heropleving van darwinistisch fundamentalisme", merkt ze op pagina 80 op.) Ze beroept zich op de postmoderne verwerping van universele gegevenheden om de "monetaristische retoriek" van het neodarwinistische "verhaal" aan te vallen (1999: 101). Hilary Rose van haar kant beschrijft Darwins theorievorming als "een onderdeel van zijn tijd – de vernieuwing ligt enkel in de overheveling van een sociale theorie naar een biologisch discours" (2000: 109).

De sociale theorie waarnaar Rose verwijst is de populatietheorie van econoom en demograaf Thomas Malthus. In zijn *Essay on the Principle of Population* (1798) bekritiseerde Malthus het optimistische geloof van zijn tijd dat een bevolkingstoename automatisch meer welvaart betekent. Omdat het aantal mensen veel sneller toeneemt dan de hoeveelheid voedsel, zullen er volgens hem onvermijdelijk problemen ontstaan. De bevolking zal automatisch uitgedund worden door een tekort aan voedsel. Malthus' *Essay* en vooral zijn observatie dat ook planten en dieren meer nakomelingen voortbrengen dan er ooit kunnen overleven, waren cruciaal in de ontwikkeling van Darwins evolutionisme (Braeckman 2001).

Hebben Rose en anderen daardoor gelijk met hun insinuatie dat Darwin niet meer dan een ideoloog was? Bioloog John Maynard Smith stelt dezelfde vraag: moeten socialisten het darwinisme afwijzen omwille van de formele parallellen met het kapitalistische samenlevingsmodel? Zijn antwoord: "Darwin verwerpen omdat sommige van zijn inzichten stammen uit een analogie met onze kapitalistische samenleving, is nu net het soort reactie waartoe onze vooroordelen ons niet mogen leiden" (1997: 523).

De echte vraag is natuurlijk of de darwinistische theorie, ongeacht haar inspiratiebronnen, een wetenschappelijke verklaring kan bieden voor de fenomenen die ze onder de loep neemt. En dat kan ze. Natuurlijke selectie was niet zomaar een inductie op basis van empirische feiten, maar evenmin een loutere belichaming van het competitieve ethos van het Victoriaanse kapitalisme. Zowel wetenschappelijke als niet-wetenschappelijke factoren speelden een rol bij de ontwikkeling van Darwins ideeën. Hij haalde inspiratie uit meerdere bronnen en synthetiseerde die tot een uniek verklaringsmodel voor het ontstaan van adaptaties en van soorten. Door zijn enorm creatieve omgang met wetenschappelijke en culturele inspiratiebronnen ontwierp hij een theorie die zijn tijdgenoten ver overtrof in verbeeldingskracht (Braeckman 2001).

De fundamentele processen die ten grondslag liggen aan evolutie door selectie zijn vaak geobserveerd in laboratoria en in de vrije natuur en zijn nog nooit weerlegd door ook maar één studie of bevinding, zodat de meeste biologen evolutie door selectie beschouwen als een feit. De theorie bezit die kenmerken die wetenschappers van een wetenschappelijke theorie verlangen: ze organiseert gekende feiten over organisch leven, ze leidt tot nieuwe voorspellingen en ze doet dienst als leidraad voor belangrijke wetenschappelijke onderzoeksdomeinen (Buss 1999).

De evolutietheorie is dus een stevig gevestigde wetenschappelijke theorie die niet in diskrediet kan worden gebracht door te wijzen op parallellen met kapitalisme of andere waardesystemen. Dat betekent niet dat iedereen het eens is over de details ervan. De darwinistische theorievorming onderging in de loop van de twintigste eeuw belangrijke wijzigingen en er woeden nog altijd hevige debatten over, bijvoorbeeld, de rol van natuurlijke selectie in verhouding tot andere motoren van evolutionaire verandering.[32] Dat getuigt weer maar eens van de zelfcorrigerende en zelfkritische aard van de wetenschappelijke onderneming. De meer technische debatten rond evolutietheorie vallen echter buiten het opzet van dit boek.

Sociaal-darwinisme

Een vergelijkbare en soms gelijktijdig ingezette feministische strategie om Darwins theorie in diskrediet te brengen, is haar gelijk te schakelen aan sociaal-darwinisme, hier geïnterpreteerd als de visie dat sociale ongelijkheden tussen seksen, klassen of etnische groepen het product zijn van natuurlijke en seksuele selectie en daarom goed zijn. Maatregelen om ongelijkheid te reduceren belemmeren volgens die visie de vooruitgang van de soort en zijn dus te mijden. De functie van vrouwen is vooral het baren van kinderen.

Het simpele antwoord op de stelling dat darwinisme neerkomt op sociaal-darwinisme, is dat het twee zeer verschillende concepten betreft. De eerste is een wetenschappelijke theorie: ze tracht te verklaren hoe de natuurlijke wereld werkt. De tweede is een ideologische doctrine: ze wil kolonialisme en laisser-faire conservatisme rechtvaardigen en doet dat op een manier die minder met Darwin te maken heeft dan sommigen lijken te denken. De toonaangevende theoreticus van het sociaal-darwinisme, filosoof Herbert Spencer, combineerde neolamarckistische ideeën, die uitgingen van de erfelijkheid van verworven eigenschappen, met darwinistische en beweerde dat evolutie altijd vooruitgang betekent, iets waar Darwin het niet mee eens was. Eigenlijk zou 'sociaal-spencerisme' of 'sociaal-lamarckisme' een betere term zijn dan 'sociaal-darwinisme'. Darwin beschouwde het werk van Spencer als veel te speculatief en obscuur, en distantieerde zich van diens geschriften, op het ontlenen van de term 'survival of the fittest' na (Browne 2002).

Een complexer antwoord luidt dat voor Victoriaanse wetenschappers de relevantie van biologie voor sociale theorieën vanzelfsprekend was. De term 'sociaal-darwinisme' zou Darwin met verstomming hebben geslagen (Paul 2000). Sociaal-darwinisme staat in die brede betekenis gewoon voor de zoektocht naar de sociale en politieke implicaties van evolutietheorie. In de laat-negentiende eeuw kon je daarvoor terugvallen op Darwin, die het belang van natuurlijke en seksuele selectie benadrukte, maar ook op neolamarckistische theorieën en op het werk van Herbert Spencer. Wie sociaal gedrag wilde koppelen aan evolutie koos uit deze en andere theorieën die aspecten die hem of haar ideologisch aanspraken en stelde zo een eigen theoretisch kader samen (Hermans 2003). Daarnaast waren Darwins uitspraken soms nogal ambivalent en kan zijn werk strikt genomen *elke* politieke argumentatielijn ondersteunen, naargelang men samenwerking dan wel competitie benadrukt. Aan het eind van de negentiende eeuw sprak het zowel socialisten als verdedigers van laisser-faire aan, wat betekent dat ook socialisten sociaal-darwinisten in de brede betekenis van het woord waren.

Darwin distantieerde zich van sociaal-darwinisme in strikte zin. Rose (2000) erkent dat, maar Bleier vervolgt haar uitspraak over darwinisme en kapitalisme als volgt:

> De andere kant van de medaille – de implicatie dat zwakken, minderwaardigen of 'gedegenereerden' een rampzalige invloed uitoefenen op het overleven en de kracht van de soort of, zoals vaker voorkomt, van het 'ras' – diende in de negentiende en twintigste eeuw als wetenschappelijke basis voor eugenetische programma's in de Verenigde Staten en Engeland, en in de jaren 1930 en 1940 als uitgangspunt voor het ultieme uitroeiingsprogramma van inferieure (namelijk niet-Arische) volkeren in Europa. (Bleier 1985: 21)

Bleier trekt hier een rechte lijn van Darwin naar het fascisme, zonder dit soort 'logica' ook maar ergens te verantwoorden. Een nuchtere lectuur van Darwins werk maakt duidelijk dat het veel verbeeldingskracht vergt om de verantwoordelijkheid voor de wandaden van het fascisme in Darwins schoenen te schuiven. Wat eugenetica betreft, maakt Bleier nergens duidelijk dat het niet Darwin was die dit programma introduceerde, maar zijn neef Francis Galton, en dat hijzelf zich daar niet kon in vinden.

Dit soort misleidende argumentatie kunnen we op dezelfde manier als het 'Malthus-argument' benaderen: een wetenschappelijke theorie moet beoordeeld worden op haar wetenschappelijke merites. Niemand heeft er baat bij als het darwinisme gelijkgeschakeld wordt aan een verderfelijke ideologie, noch feministen, die hun intellectuele geloofwaardigheid verliezen in de ogen van geïnformeerde mensen, noch hun misleide publiek, dat de wetenschap bijgevolg misschien de rug toekeert.

Evolutie door seksuele selectie

Seks, het combineren van genen uit meerdere bronnen, bestaat bij virussen, bacteriën en alle hogere organismen. Bij hogere organismen vinden we over het algemeen twee verschillende types die genetisch materiaal leveren: mannetjes en vrouwtjes. Van belang is te onthouden dat biologische sekse bepaald wordt door de grootte van geslachtscellen: de individuen met de grotere geslachtscellen (eicellen) noemen we vrouwtjes, die met de kleinere geslachtscellen (zaadcellen) noemen we mannetjes (Birkhead 2000).

Organismen die zich seksueel voortplanten, moeten dus minstens één lid van de andere sekse zien te overtuigen seks met hen te hebben, zoniet sterven ze uit. Zo ontstaat seksuele selectie, door Darwin in *De afstamming van de mens* gedefinieerd als selectie op basis van de reproductieve competitie tussen leden van dezelfde sekse en soort. Zoals hij observeerde, concurreren bij de meeste zich seksueel voortplantende soorten de leden van het ene geslacht, meestal de mannetjes, onderling om seksuele toegang tot leden van het andere geslacht. Dat gebeurt met behulp van dreigementen, gevechten of wapens zoals geweiën, scherpe klauwen en sterke spieren, maar kan ook op een minder intimiderende manier: door esthetisch vertoon – het pronken met mooie kleuren, met opvallend gedrag of met ingewikkelde zangpatronen. Die gedragingen en fysieke kenmerken zijn vaak zo opvallend dat ze de overleving van de mannetjes in het gedrang brengen. Darwin verklaarde het schijnbaar onlogische bestaan van dergelijke eigenschappen door seksuele selectie.

De evolutie van bijvoorbeeld de exuberante staart van de pauwenhaan en van het opvallend mannelijk geparadeer voor vrouwtjes, valt moeilijk te verklaren door natuurlijke selectie. Die kenmerken vergen zoveel energie en maken het dier zo kwetsbaar voor natuurlijke vijanden dat natuurlijke selectie ze normaal al in een vroeg evolutionair stadium zou hebben weggeselecteerd. De reden waarom dat niet gebeurde is volgens Darwin vrouwelijke kieskeurigheid: mannelijke ornamentatie en competitie voor vrouwtjes konden evolueren omdat vrouwtjes er steevast voor kozen te paren met de sterkste en best uitgedoste mannetjes. Zo beïnvloedt vrouwelijke keuze de loop van evolutie: de uitverkoren mannetjes kennen een groter reproductief succes dan hun onsuccesvolle mededingers, waardoor hun typerende kenmerken zich sneller en steeds opvallender over de populatie zullen verspreiden (Darwin 1871).

De 'prijs' van de winnaar in de seksuele strijd is dus niet overleving, maar het nalaten van meer nakomelingen. In extreme gevallen van seksuele selectie, zoals bij zeeolifanten, is het aantal verliezers enorm en het aantal winnaars uiterst beperkt: 5 procent van de mannetjes verwekt 85 procent van alle nakomelingen per broedseizoen (Buss 1999).

Darwin had gelijk met zijn observatie van vrouwelijke kieskeurigheid bij de meeste zich seksueel reproducerende soorten, al had hij geen antwoord op de vraag waarom er kieskeurigheid bestaat en waarom net de vrouwtjes over het algemeen het kieskeurigst zijn. Pas met het werk van evolutiebioloog Robert Trivers (1972) werd dit probleem opgelost. Alvorens de precieze oorzaak van vrouwelijke kieskeurigheid aan te snijden, wil ik echter eerst ingaan op de problemen met Darwins visie op vrouwelijke organismen.

Darwin en het 'preutse' vrouwtje

Darwins bewering dat vrouwelijke keuze doorheen de evolutionaire geschiedenis een sterke invloed op mannelijke ornamenten en gedrag heeft uitgeoefend, was eigenlijk behoorlijk revolutionair – los van het al revolutionaire karakter van Darwins theorie in zijn geheel. Zijn evolutionair geïnspireerde tijdgenoten aanvaardden mannelijke competitie probleemloos, maar het idee van vrouwelijke voorkeuren als drijvende kracht achter het evolutionaire proces vond moeilijker ingang. Het verzet ertegen ging zo ver dat de theorie na Darwins dood bijna een eeuw lang nagenoeg in de vergeethoek belandde. De weinigen die de waarde ervan erkenden, zoals geneticus en wiskundige Ronald Fisher, kregen zware kritiek te verduren (Miller 2000b). De redenen voor die veronachtzaming zijn divers, maar het onbehagen veroorzaakt door het idee van vrouwelijke partnerkeuze speelde een grote rol. De vrouwelijke sekse werd verondersteld passief te zijn in het paarproces. Opvallende mannelijke trekken ontwikkelden zich alleen met het oog op soortherkenning, dacht men.

Pas in de jaren 1970 zouden wetenschappers het belang van vrouwelijke keuze in de dierenwereld gaan erkennen, en het zou tot de jaren tachtig duren eer men begon met het documenteren van de actieve strategieën die vrouwen van onze soort hanteren in het kiezen van en concurreren om seksuele partners (Buss 1994). In de tussentijd was de daadkracht die Darwin aan vrouwtjes had toegekend – hoe onbetekenend ook in vergelijking met de huidige theorievorming rond seksuele selectie – grotendeels vergeten.

Wat schreef Darwin over vrouwelijke keuze en over de aard van de seksen? Enkele representatieve citaten maken duidelijk wat Sarah Hrdy bedoelt als ze opmerkt: "Gedreven door een theorie die niet alleen krachtig was, maar grotendeels correct, bezat Darwin een buitengewone gave om het anekdotische kaf van het koren te scheiden in de studie van de natuur (...), maar als het op vrouwelijke organismen aankwam, en in het bijzonder op vrouwelijke keuze, beperkten oogkleppen van Victoriaanse vooroordelen zijn gezichtsveld" (1997: 8):

> [W]anneer er zintuigen of voortbewegingsorganen (...) hoger ontwikkeld zijn bij de ene (sekse) dan bij de andere, is het bijna onveranderlijk het mannetje, voorzover ik kan nagaan, dat zulke organen heeft behouden, of ze het meest ontwikkeld heeft, en dit toont aan dat het mannetje het actievere lid is bij de hofmakerij van de seksen. Het wijfje daarentegen is, op de zeldzaamste uitzonderingen na, minder vurig dan het mannetje. (...) zij is terughoudend, en men kan dikwijls zien hoe zij gedurende lange tijd haar best doet om aan het mannetje te ontkomen. (...) het wijfje, hoewel betrekkelijk passief, (maakt) over het algemeen een bepaalde keuze, en aanvaardt eerder het ene mannetje dan het andere. (...) Het maken van een bepaalde keuze van de kant van het wijfje schijnt een bijna even algemene wet te zijn als de vurigheid van het mannetje. (Darwin 1871 [2002]: i.272-i.273)
>
> De man is moediger, strijdlustiger en energieker dan de vrouw en heeft een meer vindingrijke aanleg. (1871 [2002]: ii.316-ii.317)
>
> De vrouw schijnt van de man te verschillen in mentale aard, hoofdzakelijk door haar grotere tederheid en geringere zelfzuchtigheid (...). De man is de rivaal van andere mannen; hij geniet van competitie (...). Algemeen wordt aanvaard dat bij de vrouw de vermogens van intuïtie, van snelle waarneming, en misschien van imitatie markanter zijn dan bij de man; maar op zijn minst zijn sommige van deze vermogens kenmerkend voor de lagere rassen, en daarom voor een verleden en lagere staat van beschaving. Het hoofdonderscheid in de intellectuele vermogens van de twee seksen is daarin zichtbaar dat de man, wat hij ook onderneemt, een hoger niveau bereikt dan de vrouw bereiken kan – of dit nu diep nadenken, rede of fantasie vereist, of louter het gebruik van de zinnen en handen.(1871 [2002]: ii.326-327)
>
> Zo is de man uiteindelijk superieur geworden aan de vrouw. (1871 [2002]: ii.328)

Zowel voor als na Darwin zijn er meer verlichte visies op de vrouw neergepend, om het zacht uit te drukken. Hij slaagde er op dit vlak duidelijk niet in zijn wetenschappelijke houding te scheiden van zijn sociale vooringenomenheid. Het minste wat hij als wetenschapper had moeten doen, was stilstaan bij de manieren waarop de vrijheid en mogelijkheden van vrouwen sociaal aan banden werden gelegd. Anderzijds is het zo dat, door de situatie van vrouwen als vanzelfsprekend te aanvaarden, Darwin zich gewoon voegde naar de traditionele wijsheden van zijn tijd en klasse. Zonder feministische voorspraak was het blijkbaar moeilijk de eeuwenoude vooroordelen over vrouwen in vraag te stellen.

Tegenwoordig weten we dat Darwins opvatting over vrouwelijke keuze en seksuele selectie bij niet-menselijke en menselijke dieren veel te eng was. Zo meende hij dat de seksuele keuze in moderne samenlevingen bij mannen ligt, niet langer bij vrouwen, en hij beschouwde dat als een teken van vooruitgang. De huidige theorievorming stelt vrouwelijke keuze ook veel actiever voor. Vrouwelijke partnerkeuze en onderlinge competitie tussen mannetjes blijken trouwens niet de enige mechanismen van seksuele selectie; er is ook nog mannelijke partnerkeuze, onderlinge competitie tussen vrouwtjes, gedwongen copulatie, de agressieve conditionering van vrouwelijk gedrag, en postcopulatoire strategieën als spermacompetitie en spermakeuze.[33] Hoofdstuk 5 belicht de huidige visie op de seksen en de belangrijke rol die vrouwelijke onderzoekers daarin speelden.

De precieze mate waarin een vrouwtje volgens Darwin een keuze uitoefent is niet helemaal duidelijk: ze "maakt over het algemeen een bepaalde keuze", maar is eveneens "betrekkelijk passief" (1871 [2002]: i.272-i.273). Wat betekent dat? Darwinistische feministen verschillen in hun interpretatie. Hrdy (1997) verklaart de tegenstrijdigheid door te stellen dat Darwin zich aansloot bij de Victoriaanse wijsheid over vrouwen, namelijk dat hun seksuele gevoelens niet veel voorstelden. Volgens Laurette Liesen (1995a) spelen vrouwtjes voor Darwin slechts een bijrol in de verklaring van mannelijke kenmerken, aangezien ze pas kunnen kiezen nadat mannetjes onderling geconcurreerd hebben. Patricia Gowaty (1992) denkt dan weer dat vrouwelijke keuze voor Darwin even belangrijk was als mannelijke competitie en ze beschouwt de jarenlange theoretische verwaarlozing van vrouwelijke keuze ten voordele van mannelijke competitie als een van de potentieel meest misleidende tendensen in de evolutionaire biologie.

Hiemee sluit Gowaty zich aan bij wat ik al suggereerde: Darwin kende aan vrouwtjes een veel gewichtiger evolutionaire rol toe dan evolutiebiologen dat tot een eeuw na zijn dood zouden doen. De notie van vrouwelijke keuze verdween naar de achtergrond, terwijl de opvatting van het passieve, preutse vrouwtje in de daaropvolgende honderd jaar een onbetwist dogma werd.

Zelfs vandaag is de moeilijk te vertalen term *coy* (preuts, koket, op een valse manier terughoudend) soms nog te vinden in evolutionaire beschrijvingen van de vrouwelijke seksualiteit. Wat is er mis mee? Wel, vooreerst klopt het gewoon niet. Onderzoek van de voorbije drie decennia, onder meer door sociobiologe Sarah Hrdy, toonde aan dat de vrouwtjes van de meeste zich seksueel voortplantende soorten allerminst preuts of seksueel passief zijn. Wel zijn ze kieskeuriger dan mannetjes, wat iets anders is dan het niet waardevrije *coy*. Dat is de tweede reden waarom de term verkeerd is: hij is beladen met culturele waarden en betekenissen en hoort als dusdanig niet thuis in wetenschappelijk taalgebruik. Zoals filosofe Helena Cronin (1991) zich terecht afvraagt: welke term zou men gebruiken indien de sekserollen omgekeerd waren? Zou men mannen ook preuts noemen of zouden ze voorzichtig, verantwoordelijk, verstandig zijn?

Antoinette Brown Blackwell: de niet ingeslagen weg

Antoinette Blackwell was de eerste vrouw die een kritiek publiceerde op *The Descent of Man* vier jaar na het verschijnen daarvan. Darwin (en Spencer), argumenteert ze in *The Sexes Throughout Nature* (1875), besteedt niet genoeg aandacht aan de rol van vrouwelijke organismen in natuurlijke en seksuele selectie. Hij beschrijft wel gedetailleerd hoe mannelijke organismen hun typisch mannelijke eigenschappen verkregen, maar staat er niet bij stil dat vrouwelijke organismen misschien wel overeenkomstige vrouwelijke kenmerken hebben ontwikkeld. Ze weet dat men haar als verwaand zal beschouwen omdat ze het als vrouw aandurft de evolutietheorie te bekritiseren, maar ze ziet geen alternatief. Enkel een vrouw, stelt ze, kan het onderwerp vanuit een vrouwelijk standpunt benaderen en er zijn slechts beginnelingen onder hen op dat vlak. Hoe groot hun achterstand echter ook moge zijn, de situatie zal er niet op verbeteren door te wachten.

Blackwell wijst dus Darwins beperkte perspectief als man als een van de voornaamste tekortkomingen van de seksuele selectietheorie aan. Voor elk mannelijk kenmerk dat hij beschrijft bestaat er, zo redeneert ze, een evenwaardig vrouwelijk kenmerk. Hoe complexer een organisme, hoe groter de arbeidsverdeling tussen de seksen. Het netto-effect is echter seksuele gelijkheid.

Blackwells beeld van de seksen was net als dat van Darwin beïnvloed door Victoriaanse waarden, maar minder oppervlakkig wat vrouwen betreft. Volgens haar staan tegenover de grotere mannelijke seksuele passie en agressie en het hogere mannelijke constructieve intellect de diepere vrouwelijke affectie, de hogere mate van intellectueel inzicht van vrouwen en hun grotere vaardigheid in het omgaan met details. Ze schuift die kwaliteiten echter vooral hypothetisch naar voren. Voor de feiten is nauwgezet onderzoek vereist, stelt ze. Blackwell gaat dus op een wetenschappelijk verantwoorde manier tewerk; ze denkt logisch na en evalueert het bewijsmateriaal. Hoewel een deel van haar ideeën foutief blijkt, zoals haar geloof dat evolutie vooruitgang betekent, steekt haar redeneermethode goed in elkaar. Het is daarom uiterst jammer dat haar kritiek volledig over het hoofd werd gezien. Volgens Sarah Hrdy (1999a) ontstond hier een kloof tussen feminisme en evolutiebiologie die nog altijd niet gedicht is. Het Victoriaanse vrouwbeeld zou de volgende honderd jaar standhouden, met vrouwtjes die zich angstvallig seksueel inhouden tot het juiste mannetje langskomt, om zich daarna volledig aan het moederschap te wijden.

Antoinette Blackwell zag in de evolutietheorie een argument om meer rechten voor vrouwen te eisen. De evolutie, schreef ze, zorgde voor een steeds complexere mate van vrouwelijke ontwikkeling en die kan zich niet uiten in het huishouden. Er is een breder leven daarbuiten, dat de vrouw moet binnentreden en waarvan ze een deel van de verantwoordelijkheden op zich moet nemen.

Blackwell toonde wellicht als eerste aan dat het mogelijk is evolutionaire kennis te gebruiken op een manier die bevrijdend is voor vrouwen, precies omdat er geen direct verband bestaat tussen feiten en waarden. Wie toch een directe overgang maakt van de gang van zaken in de natuur naar ethische en politieke beslissingen, bezondigt zich aan de naturalistische drogredenering: de veronderstelling dat wat zogenaamd natuurlijk is ook goed is. Dat die veronderstelling fout is, betekent echter niet dat er geen enkel verband is tussen 'wat is' en 'wat zou moeten zijn'. Het ligt voor de hand dat, als we aanvaardbare ethische beslissingen en efficiënte politieke maatregelen willen nemen, we kennis nodig hebben van de menselijke natuur, van de menselijke neigingen en behoeften. Een politieke ideologie is trouwens *altijd* impliciet of expliciet gebaseerd op een bepaald mensbeeld, zelfs als dat beeld inhoudt dat het de natuur van de mens is geen natuur te hebben. Er is dus wel een *indirect* verband tussen feiten en waarden. Het is net doordat de behoefte aan respect en aan menselijk gezelschap tot onze natuur behoort, bijvoorbeeld, dat we opzettelijke vernederingen en eenzame opsluiting als onethisch beschouwen.

Bij het zien van de manier waarop enkele feministische auteurs verslag uitbrengen van Blackwells kritiek valt echter weer op hoe moeilijk ze het hebben om het onderscheid te maken tussen het wetenschappelijke en het ideologische karakter van een theorie. De feministische biologe Sue Rosser (1992) vermeldt dat Blackwell, Alfred Russel Wallace[34] en Darwin zelf twijfels koesterden over enkele kernaspecten van de seksuele selectietheorie. Waarom hield Darwin er dan toch zo aan vast, vraagt ze zich af, concluderend dat het om ideologische redenen moet geweest zijn. De theorie was nodig om het verschil tussen mannen en vrouwen zo groot mogelijk te maken, stelt ze. Seksuele selectie verzekert een scheiding tussen de seksen in twee verschillende sferen die elkaar alleen raken in de voortplanting.

Zou Rosser uit het verzet tegen het concept van vrouwelijke keuze ook afleiden dat Darwin er alleen maar aan vasthield om ideologische redenen? Het getuigt van een vreemde logica te stellen dat, als een wetenschapper problemen heeft met enkele aspecten van zijn theorie, hij haar maar meteen moet verwerpen, en dat zijn weigering dat te doen betekent dat de hele theorie een ideologische constructie is.

Het verslag van Anne Fausto-Sterling (1997) is van vergelijkbare aard. Goedkeurend beschrijft ze hoe Blackwell Darwin op de vingers tikt en vooral haar besluit dat de evolutie dicteert dat mannen het eten moeten bereiden. Vervolgens citeert ze een andere vrouwelijke Victoriaanse auteur, Eliza Gamble, die in haar boek *The Evolution of Women: An Inquiry into the Dogma of her Inferiority to Man* (1893) argumenteerde dat de evolutie de vrouwelijke superioriteit aantoont. Fausto-Sterling ontdekt sporen van Victoriaanse waarden in het werk van Gamble, maar lijkt voor de rest geen enkele moeite te hebben met de afleidingen die Gamble en Blackwell maken op basis van de evolutietheorie.[35] Hoewel ze elke sociobiologische benadering van menselijk gedrag fel veroordeelt ("de benadering lijkt me op zijn best verkeerd, op zijn slechtst sociaal schadelijk"), uit ze geen woord van kritiek als vrouwen die benadering voor eigen doeleinden gebruiken. Ze noemt dat "tactiek" (1997: 48).

Het roept de vraag op hoe dit soort van inconsequentie in de feministische theorievorming ooit constructief kan zijn. Als een theorie slechte wetenschap is, waarom er dan geen betere wetenschap van maken, in plaats van haar te verwerpen als een ideologische constructie maar er wel gebruik van te maken als dat je toevallig goed uitkomt?

De jaren 1930 en de opkomst van de ethologie

In de periode 1930-1940 werd de theorie van evolutie door natuurlijke selectie op een steviger grondslag geplaatst met de 'moderne synthese', het samenbrengen van de evolutietheorie en de ontdekking van genetische erfelijkheid. In de jaren 1930 ontstond dan de eerste belangrijke discipline die gedrag benaderde vanuit een evolutionair kader: de ethologie, de studie van dierlijk gedrag vanuit evolutionair perspectief. Darwin beschouwde zijn theorie immers als evenzeer van toepassing op gedrag als op lichaamskenmerken. Dat gedrag niet aan de vormende hand van evolutie ontsnapt, wordt onder andere gesuggereerd door het feit dat elk gedrag onderliggende fysiologische structuren vereist en dat we soorten kunnen kweken op bepaalde gedragskenmerken (Buss 1999).

Een van de eerste fenomenen die deze nieuwe tak van de evolutionaire biologie optekende was inprenting ('imprinting'). Jonge eendjes hechten zich aan het eerste bewegende object dat ze na de geboorte onder ogen krijgen – meestal de moeder – en volgen dat overal. Inprenting is duidelijk een voorgeprogrammeerde vorm van leren en maakt deel uit van de geëvolueerde biologische structuur van het jonge eendje. Ethologen bestudeerden de proximale of directe *en* de ultieme of evolutionaire mechanismen van gedrag. Proximale mechanismen zijn bijvoorbeeld de beweging van de moeder en de gebeurtenissen die het leven van het eendje beïnvloeden. De ultieme of adaptieve functie van dit gedrag is het eendenkuiken dicht bij de moeder te houden, zodat zijn overlevingskansen stijgen (Buss 1999).

Ethologen gingen echter niet altijd even ver in het verklaren van gedrag. Vaak beperkten ze zich tot de beschrijving van observeerbaar gedrag, zonder de onderliggende ontstaansmechanismen daarvan te onderzoeken, en ze ontwikkelden geen rigoureuze criteria voor het identificeren van adaptaties (Buss 1999). Zoals we zagen in hoofdstuk 2 was de studie van dierlijk gedrag in die tijd bovendien sterk mannelijk gericht: de focus lag op mannelijke dominantiehiërarchieën, die verondersteld werden de spil van de sociale organisatie te vormen. Men beschouwde vrouwtjes niet als bijzonder interessant. Nu we meer weten over de receptie van Darwins seksuele selectietheorie, is het makkelijker te begrijpen waarom vrouwtjes aan de aandacht van (mannelijke) ethologen ontsnapten: na Darwins dood was vrouwelijke daadkracht verdwenen uit 'het masker van de theorie'. Het hoeft ons evenmin te verwonderen dat het vooral dankzij het werk van vrouwelijke *primatologen* was dat die selectieve blik eindelijk bijgestuurd werd in de jaren 1970. Zoals aangegeven in hoofdstuk 2 lijken primaten immers de enige niet-menselijke dieren die bij de onderzoeker zoveel empathie opwekken dat hij of zij geneigd is zich meer toe te spitsen op de eigen sekse. Met de opkomst van vrouwen in de primatologie waren grondige theoretische verschuivingen dus meer te verwachten dan bijvoorbeeld met de opkomst van vrouwen in de entomologie – de studie van insekten.

Vrouwen in de primatologie

Omwille van de belangrijke rol die vrouwen spelen in de primatologie, hemelen sommige feministen de discipline op en bestempelen haar zelfs als feministische wetenschap.[36] Primatologe Linda Fedigan (1997) vraagt zich echter af of die liefde wel wederkerig is, want maar weinig vrouwelijke primatologen erkennen feministe te zijn of feministische doeleinden na te streven.

Is de primatologie een feministische wetenschap? In hoofdstuk 2 bleek al dat feministische wetenschap eigenlijk niets meer is dan standaardwetenschap uitgevoerd door feministen, wat de term 'feministisch' overbodig maakt. Een betere vraag luidt: hoeveel had het feminisme te maken met die focusverandering in de primatologie (en bijgevolg in de sociobiologie)? Het antwoord is: veel, maar vooral *indirect*. Als belangrijkste bijdrage van het feminisme geldt dat het ervoor zorgde dat meer vrouwen biologie gingen studeren en een bijdrage leverden tot de discipline. Het feminisme leidde eveneens tot een wereld waarin mannen zich geconfronteerd zagen met vrouwen die hun leven zelf in handen namen, waardoor het concept 'vrouwelijke keuze' minder vergezocht klonk (Miller 2000b). Met de grote instroom van vrouwen in de primatologie verruimde het theoretische kader: er kwam meer aandacht voor vrouwelijke belangen en strategieën. Aangezien in de primatologie sekse intrinsiek deel uitmaakt van het onderzoeksobject, viel dat te verwachten. Op dit niveau lijkt feminisme op zich slechts een geringe rol te spelen.

Darwinistisch feministe Sarah Hrdy ziet het als volgt:

> Het feminisme maakt deel uit van het verhaal, maar niet omdat vrouwelijke primatologen en biologen andere gevoeligheden hebben dan mannelijke wetenschappers of omdat feministen op een andere manier aan wetenschap doen. Veeleer is het zo dat vrouwelijke veldonderzoekers geneigd waren meer aandacht te schenken aan 'onverwacht' gedrag van vrouwtjes. Als bijvoorbeeld een vrouwelijke lemuur of bonobo een mannetje domineerde of als een vrouwelijke langoer haar groep verliet om vreemde mannetjes te verleiden, was een vrouwelijke veldonderzoekster eerder geneigd haar te volgen, te observeren en zich erover te verwonderen, dan het als een toevallige gril af te doen. Vrouwen hadden ook meer kans beïnvloed te zijn door het feministisch gedachtegoed. Mijn eigen interesse in moederlijke strategieën groeide rechtstreeks uit een empathische identificatie met mijn studieobjecten. (...) Vrouwelijke wetenschappers waren minder geneigd zich te identifice-

> ren met autoriteit en met de wetenschappelijke status quo. Vrouwelijke veldonderzoekers (...) stonden waarschijnlijk meer open voor onorthodoxe ideeën over sekserollen (...) Maar het feminisme op zich had weinig te maken met de conclusies die ik bereikte. (Hrdy 1999a: xviii-xix)

Fedigan (1997) twijfelt. Ze beklemtoont dat we de invloed van vrouwen op de ontwikkeling van ons huidig model van vrouwelijke primaten, met zijn nadruk op vrouwelijke seksuele assertiviteit, vriendschappen tussen vrouwtjes, vrouwelijke competitie en vrouwelijke sociale strategieën, niet mogen onderschatten. Toch is ook zij niet zeker dat we ons beter inzicht in vrouwelijke primaten werkelijk aan feministische ideologie te danken hebben:

> Sommige ontwikkelingen in de primatologie (...), zoals de ontwikkeling van een vrouwelijk zowel als een mannelijk perspectief en de beweging van reductionisme en dualisme naar steeds complexer en verfijnder verklaringsmodellen, kunnen we aantoonbaar toeschrijven aan het intrinsieke groeiproces van wetenschappelijke disciplines. Mogelijk moet elke nieuwe wetenschap eerst door een aantal fasen waarin relatief mechanische en simplistische veronderstellingen worden gemaakt. Naarmate de wetenschap volwassen wordt, verwacht je een vordering naar geraffineerder modellen, die complexer, dynamischer en minder eenzijdig zijn. Het opzet van diegenen die in de primatologie een betere en meer volwassen wetenschap nastreven, gaat zo soms hand in hand met het opzet van diegenen die een feministische wetenschap aspireren. (Fedigan 1997: 70)

De jaren 1960 en de inclusieve fitnesstheorie

In de vroege jaren 1960 formuleerde evolutiebioloog William Hamilton de theorie van inclusieve fitness of verwantschapsselectie. Het veranderde het volledige veld van de biologie. In essentie betekende het een verschuiving van een op het organisme gerichte visie naar een visie vanuit het gezichtspunt van genen. De klassieke darwinistische verklaringen van voor de jaren zestig gingen ervan uit dat natuurlijke selectie op het niveau van de groep of het organisme werkt; vandaar hun aandacht voor overleving en reproductie vanuit het perspectief van het individu of van de groep. Het moderne darwinisme daarentegen focust op 'zelfzuchtige' genen, zoals Richard Dawkins (1976) ze noemde. In de praktijk betekent natuurlijke selectie op genetisch niveau echter vaak hetzelfde als 'op het niveau van het organisme', omdat een succesvolle strategie voor een zelfzuchtig gen waarschijnlijk ook het overleven en de voortplanting van het gastorganisme zal promoten (Cronin 1991).

Hamilton toonde aan hoe natuurlijke selectie die eigenschappen bevoordeelt die bijdragen tot het doorgeven van genen aan de volgende generaties, *ongeacht of de nakomelingen rechtstreeks geproduceerd worden*. De genen van een organisme komen immers ook bij zijn genetische verwanten voor: een organisme stemt genetisch gezien voor 50% overeen met broers en zusters, voor 25% met grootouders en kleinkinderen, voor 12,5% met volle neven en nichten, enzovoort. Je kunt je fitness dus niet alleen verhogen door op directe wijze nakomelingen te produceren, je kunt de reproductie van je genen ook verzekeren door verwanten te helpen met hun overleving en voortplanting. Hamilton noemde de som van beide soorten reproductief succes 'inclusieve fitness'. Genen die door succesvolle adaptaties hun reproductief succes vergroten, zullen andere genen verdringen en zo evolutie bewerkstelligen (Buss 1999).

Natuurlijk zijn genen niet echt zelfzuchtig: ze beschikken niet over zelfbewustzijn of doelgerichtheid. Het is gewoon een metafoor die Dawkins passend leek. Het genetisch perspectief overheerst nu binnen de evolutionaire biologie en blijkt uitermate productief. Het geeft ons oplossingen voor vragen als hoe het leven ontstond, waarom er cellen zijn, waarom er lichamen bestaan, waarom er seks is, waarom dieren sociaal gedrag vertonen en waarom er communicatie bestaat. Het is onmisbaar geworden bij onderzoek naar dierlijk gedrag (Pinker 1997).

De jaren 1970 en de ouderlijke investeringstheorie

Zoals eerder beschreven leidde de negatieve ontvangst van Darwins seksuele selectietheorie ertoe dat vrouwelijke daadkracht lang aan de aandacht van de veelal mannelijke onderzoekers ontsnapte. Toch was het een man die het concept van vrouwelijke keuze terug op de theoretische voorgrond bracht, namelijk evolutiebioloog Robert Trivers. Zijn artikel *Parental Investment and Sexual Selection* uit 1972 slaagde erin te verklaren waarom de vrouwtjes van de meeste soorten seksueel kieskeuriger zijn dan de mannetjes en bracht een ommekeer teweeg in het evolutionaire denken over vrouwelijke organismen.

Trivers' grote inzicht was dat ouderzorg en seksuele selectie onlosmakelijk met elkaar verbonden zijn. Het is de mate van investering in het nageslacht door beide seksen die bepaalt welke sekse het meest te winnen heeft bij een strategie van kieskeurigheid. Aan de basis daarvan ligt anisogamie (van het Griekse *aniso*, ongelijk, en gameten, geslachtscellen; ongelijke geslachtscellen dus). Herinner je dat vrouwtjes per definitie de sekse zijn met de grootste geslachtscellen, eicellen genaamd. Eicellen zijn zo groot in verhouding tot sperma doordat ze naast DNA veel voedzame stoffen bevatten. Spermacellen daarentegen bevatten – buiten een voortbewegingsapparaat dat niet deelneemt aan de bevruchting – weinig meer dan DNA en zijn daardoor piepklein.

Een gevolg van die grotere voedzaamheid van eicellen is dat het relatief veel meer energie kost om ze aan te maken, waardoor er veel minder geproduceerd worden dan zaadcellen. Een nog belangrijker gevolg is dat in die soorten waarbij zich interne bevruchting ontwikkelde – iets wat zich vele keren onafhankelijk van elkaar in de evolutie voordeed – die vrijwel altijd in het vrouwtje plaatsvond. Dit legde de basis voor de evolutie van zwangerschap en lactatie in zoogdieren. De reproductie van een vrouwelijk zoogdier wordt niet alleen ingeperkt door haar kleine voorraad eitjes, maar ook door de tijd en energie die ze moet steken in zwangerschap en zogen. In een klasse zoals de zoogdieren doen vrouwtjes een grotere ouderlijke investering dan mannetjes, zoals Trivers het uitdrukte. Met ouderlijke investering bedoelde hij elke investering van een van de ouders in een individueel jong die de overlevingskans (en dus voortplantingskans) van dat jong doet toenemen, ten koste van het vermogen van de ouders te investeren in andere nakomelingen. Dat betekent dat voor een vrouwelijk zoogdier de *minimale kost* bij een succesvolle voortplanting een grote investering van tijd en energie in zwangerschap en zogen is. Het mannetje kan soms dezelfde mate van voortplantingssucces hebben door de bijdrage van niet meer dan wat sperma. Hieraan komt natuurlijk geen enkele bewuste overweging te pas; het punt is dat gedragingen die het voortplantingssucces van een organisme verhogen in verhouding tot het voortplantingssucces van anderen, zich doorheen de populatie zullen verspreiden en zo evolutionair succesvol worden.

Trivers toonde aan dat uit die asymmetrie in de initiële ouderlijke investering een aantal sekseverschillen volgen. Voor mannetjes meer dan voor vrouwtjes wordt het voortplantingssucces beperkt door de hoeveelheid vruchtbare partners waarmee ze paren. Voor vrouwtjes meer dan voor mannetjes is de bron van beperking de hoeveelheid tijd en energie die vereist is om jongen voort te brengen. Mannetjes zullen daardoor relatief meer gericht zijn op paren met elk vrouwtje dat mogelijk vruchtbaar is, terwijl vrouwtjes kieskeuriger zullen zijn omdat er voor hen meer op het spel staat. Zij zullen zich richten op die mannetjes die goede genen, voedsel, bescherming of vaderzorg met zich meebrengen. (Opnieuw: dit alles veronderstelt geen bewuste overwegingen of keuzen.) Die basisasymmetrie opent de deur voor de evolutie van mannelijke uitbuiting van de vrouwelijke reproductieve inspanningen, want een mannelijk organisme kan er na de bevruchting vandoor gaan om andere partners te zoeken.

Door die vrouwelijke seksuele kieskeurigheid zullen mannetjes onderling concurreren om de gunsten van het vrouwtje te winnen. Resulterende mannelijke adaptaties bestaan niet alleen uit wapens, zoals geweien, maar ook uit fysieke en gedragskenmerken die de genetische kwaliteit van het mannetje tonen. Opvallende secundaire geslachtskenmerken zoals een sierlijke staart of felle kleuren blijken inderdaad tekens van genetische kwaliteit, net zoals symmetrie dat is (zowel bij niet-menselijke als bij menselijke dieren). Dat komt doordat schadelijke genetische mutaties, parasieten en voedselgebrek de normale ontwikkeling van een organisme verhinderen. Door symmetrisch gebouwd te zijn demonstreert het mannetje aan het vrouwtje dat hij gezond is, zo gezond dat hij zich die kostbare kenmerken kan veroorloven (Etcoff 1999). Vrouwelijke voorkeuren hebben dus een adaptieve verklaring, wat betekent dat seksuele selectie uiteindelijk binnen het domein van natuurlijke selectie valt. Het is door natuurlijke selectie dat seksuele selectie werkt zoals ze werkt.

Hoewel Trivers vrouwelijke keuze opnieuw introduceerde, ontsnapte ook hij niet volledig aan het bevooroordeelde vrouwbeeld van zijn tijd. Hij voorspelde bij sociaal monogame soorten (soorten die langdurige paarvorming kennen) een gemengde seksuele strategie *voor de mannetjes*. Mannetjes zouden een paar vormen met een vrouwtje, maar daarnaast, als de kans zich voordeed, ook nog met andere vrouwtjes paren. Vrouwtjes zouden zich eerder monogaam gedragen, dacht hij, omdat ze weinig te winnen hebben bij promiscuïteit: paren met één mannetje volstaat voor een maximum aantal nakomelingen. Ondertussen weten we dat de vrouwtjes van de meeste sociaal monogame soorten eveneens promiscue zijn. Pas in de laatste decennia zijn de evolutionaire voordelen van vrouwelijk promiscue gedrag duidelijk geworden (zie hoofdstuk 6).

De puzzelstukjes van natuurlijke en seksuele selectie lijken dus samen te vallen. Eén vraag blijft: wat is het bewijs dat het anisogamieprincipe – de veronderstelling dat de productie van eicellen energieverslindend is en die van zaadcellen goedkoop – correct is? Het gaat om een belangrijke vraag, want volgens de evolutiebiologie ligt het principe aan de basis van alle psychologische en gedragsverschillen tussen de seksen, ook bij mensen.

Dure eitjes en goedkoop sperma: klopt dat wel?

De geldigheid van het anisogamieprincipe wordt in de feministische literatuur nogal eens betwist. Daar is vanzelfsprekend niets verkeerds aan; het is vaak door het in vraag stellen van de interpretatie van vroeger onderzoek dat de wetenschap vooruitgang boekt. Laten we dus eens kijken naar de opmerkingen van de critici.

"Deze premisse", schrijft biologe Zuleyma Tang-Martinez, "heeft dogmatische proporties aangenomen in de evolutiebiologie" (1997: 129). Net als Ruth Hubbard (1990), Anne Fausto-Sterling (1992, 1995, 2000a) en Charles Snowdon (1997) argumenteert ze dat het principe verkeerd is, omdat men de energetische kosten van een eicel niet moet vergelijken met die van een zaadcel, maar van een volledig ejaculaat, dat *tien- tot honderdtallen miljoenen* zaadcellen bevat. Een terechte kritiek, zo lijkt. Bovendien, merkt ze op, moeten de kosten voor een mannetje dat een territorium verdedigt en met andere mannetjes vecht om te kunnen paren, enorm zijn. Dat klinkt opnieuw plausibel. Vervolgens stelt ze dat het grootste deel van het huidige bewijsmateriaal aangeeft dat een basisstelling van de hedendaagse evolutionaire en sociobiologische theorievorming, namelijk kostelijke eicellen en goedkope zaadcellen, gebaseerd is op ongeldige veronderstellingen. Wetenschappers die beïnvloed waren door de seksuele dynamiek van moderne westerse maatschappijen (preutse, terughoudende vrouwen en seksueel agressieve mannen), konden zich blijkbaar niet voorstellen dat de vrouwtjes en vrouwen van andere soorten en culturen zich misschien anders gedragen, schrijft ze. "Daarom ontwikkelden ze een theoretisch kader (kostbare eicellen en goedkope zaadcellen) dat hun vooroordelen rationaliseerde" (1997: 130-131).

Dat klinkt nogal voortvarend. Als het zou kloppen, valt niet te verklaren waarom het anisogamieprincipe nog altijd standhoudt. De meeste evolutionaire wetenschappers erkennen de vrouwelijke seksuele assertiviteit nu immers. Een aantal van hen, waaronder Patricia Gowaty, Sarah Hrdy, Neil Malamuth, Barbara Smuts en Marlene Zuk, zijn bovendien gedreven feministen. Hrdy (1999a) schrijft over de kritieken dat ze geldig zijn in die zin dat het principe te deterministisch werd toegepast en te weinig rekening hield met uitzonderingen, zoals de sprinkhanen en vlinders waarbij sperma vergezeld wordt van voedzame stoffen, of de vogels en zoogdieren waarbij vaderzorg essentieel is voor het overleven van de nakomelingen. Toch schatten de critici volgens haar niet in hoe moeilijk het is om in de natuur de hulpbronnen te vinden die nodig zijn voor de voortplanting. Op zijn extreemst stellen de critici de energetische kosten van eicelproductie, zwangerschap en zelfs zogen voor als triviaal. Zulke kritieken veronderstellen een oneindige voorraad aan hulpbronnen en zijn niet pertinent als het om de evolutie van zoogdieren gaat.

Hrdy schreef dit echter oorspronkelijk in 1981. Misschien wees het bewijsmateriaal vijftien jaar later werkelijk in een andere richting? Fausto-Sterling (1995) suggereert dat zeker als ze schrijft dat haar kritiek de nagel op de kop sloeg en dat weinig dingen haar meer hebben geplezierd dan de bevestiging dat er iets mis was met het argument van anisogamie. Hiermee verwijst ze naar een artikel[37] dat aangeeft dat studies van onder meer primaten de idee van goedkoop en ongelimiteerd sperma aan het wankelen brengen. De productie van sperma zou alleen goedkoop zijn in verhouding tot de productie van eicellen. Gedragsecoloog Tim Birkhead (2000) bevestigt die bevinding, toegevend dat we voor de meeste soorten geen idee hebben hoeveel energie de aanmaak van sperma kost. Studies geven aan dat de kosten niet onaanzienlijk zijn en dat ze misschien wel op zijn minst de kosten van hofmakerij, paren en het bevechten van rivalen evenaren, stelt hij.

Rechtvaardigt die opmerking het besluit van Fausto-Sterling? Het lijkt van niet. Hrdy (1999b) zegt met betrekking tot mensen – maar het argument gaat op voor alle zoogdieren – dat wat kostbaar is niet zozeer de eicel is, en zelfs niet de bevruchte eicel, maar de *zorg* die nodig is om een menselijk wezen groot te brengen. Het anisogamieprincipe slaat niet alleen op eicellen en zaadcellen, maar ook op de tijd en energie die nodig zijn voor zwangerschap en zogen. Als we alle kosten voor beide seksen optellen, is de ouderlijke investering nog altijd asymmetrisch. De conclusie blijft dus geldig dat vrouwtjes meer van hun reproductieve energie spenderen aan ouderschap en mannetjes meer aan de poging tot paren.

Wat zijn de aanwijzingen dat de anisogamietheorie het bij het rechte eind heeft, ook al is de situatie vermoedelijk complexer dan aanvankelijk gedacht? Ten eerste was ze uitermate succesvol in het voorspellen van de mate van seksueel verschil bij de verschillende soorten (Buss 1999). Ten tweede is er het bestaan van soorten met 'omgekeerde sekserollen'. Dat klinkt als een tegenargument maar is in feite een nadrukkelijke *bevestiging* van de theorie.

De ouderlijke investeringstheorie van Trivers, gebaseerd op het principe van anisogamie, doet twee belangrijke voorspellingen. De leden van de sekse die de grootste ouderlijke investering levert (meestal, maar niet altijd, de vrouwtjes) zullen kieskeuriger zijn bij het paren, en de leden van de minder investerende sekse zullen met elkaar concurreren om seksuele toegang tot de meer investerende sekse (Trivers 1972).

Er bestaan diersoorten waarbij de mannetjes intrinsiek meer investeren dan de vrouwtjes, omdat zij het zijn die het voedsel leveren of de eieren uitbroeden. In die soorten zijn de mannetjes kieskeurig bij het paren, terwijl de vrouwtjes met elkaar concurreren om mannetjes. Dat is het geval bij onder meer de mormoonse krekel, het zeepaardje, de zeenaald en de pijlgifkikker. Een vrouwelijk zeepaardje legt haar eitjes in de buidel van het mannetje. Hij bevrucht ze en 'baart' na een poos meer dan duizend kleine zeepaardjes. Zij gaat er direct na het leggen van haar eitjes vandoor om nieuwe eitjes aan te maken (Hrdy 1999b). Bij plevierachtigen zoals jassana's en franjepoten broeden de mannetjes de eieren uit en zorgen voor de jongen. Bij de vrouwtjes heerst competitie om mannetjes en die laatste maken hun keuze uit de vrouwtjes. Als een gevolg van seksuele selectie zijn hier de vrouwtjes de grootste, agressiefste en kleurrijkste sekse. Dit patroon kon ontstaan doordat zij elke week een lading eieren kunnen produceren, terwijl de broedperiode voor mannetjes drie weken bedraagt. Reproductief is het voor een vrouwtje beter meteen na het leggen een ander mannetje te zoeken, iets wat ze ook doet (Geary 1998).

Soorten met omgekeerde sekserollen tonen dus de juistheid aan van Trivers' principe dat de sekse die het meest in de nakomelingen investeert het kieskeurigst zal zijn. Geen enkele biologische wet dicteert dat het de vrouwtjes moeten zijn, maar in de vierduizend zoogdiersoorten, waaronder meer dan tweehonderd primatensoorten, zijn het wel zij en niet de mannetjes die inwendige bevruchting en zwangerschap kennen (de mannetjes komen dus niet in aanmerking om de ouderrollen om te keren). In meer dan vijfennegentig procent van die soorten is het vrouwtje in staat op haar eentje alle nodige ouderzorg te verschaffen en doet ze dat ook. Een hoge mate van zorg door beide ouders vinden we alleen als de voedselbronnen zo schaars of verspreid zijn dat de inspanning van beiden vereist is opdat de jongen blijven leven. Bij veel vogelsoorten is dat het geval (Geary 1998).

Het principe van anisogamie wordt momenteel door verschillende onderzoeksgroepen aan strenge tests onderworpen, zowel bij soorten met omgekeerde rolpatronen als bij soorten met conventionele rollen. De resultaten wijzen er tot nog toe op dat het basisprincipe correct is, maar dat er intrigerende complexiteiten zijn. In het zaadvocht van fruitvliegjes zijn bijvoorbeeld proteïnen aangetroffen die de periode verlengen waarin een vrouwtje wacht alvorens een ander mannetje met haar te laten copuleren. Dat kan er op wijzen dat vrouwelijke fruitvliegjes zich niet altijd onthouden uit kieskeurigheid, maar omdat ze gemanipuleerd worden door een mannelijke proteïne (Birkhead 2000; Knight 2002).

Een andere complicatie is bijvoorbeeld de ontdekking van reusachtige zaadcellen (bijna zes centimeter!) bij meerdere soorten fruitvliegjes. Toch houdt de algemene conclusie stand dat het principe van anisogamie gewoonlijk leidt tot een mannelijke voortplanting die hoofdzakelijk door beperkte toegang tot wijfjes aan banden wordt gelegd en tot een vrouwelijke voortplanting die intrinsiek vooral gelimiteerd wordt door beperkte toegang tot middelen als voedingsstoffen en nestplaatsen (Birkhead 2000; Gowaty 1997b).

Verre van een 'poging tot rationalisering van westerse vooroordelen' blijkt de theorie van ouderlijke investering als motor van seksuele selectie stevig wetenschappelijk gefundeerd. Dat ze om verdere verfijning vraagt is geen aanwijzing van haar incorrectheid, maar is typisch voor de wijze waarop wetenschap werkt: na het uiteenzetten van de grove lijnen kan men zich toespitsen op de details. "Selecteer je diersoort en scoor je politiek punt", schamperde Anne Fausto-Sterling naar aanleiding van de bevinding van omgekeerde seksepatronen in sommige soorten (Hillbery 1994). Wat zij blijkbaar, als biologe nochtans, niet ziet of weigert te zien, is dat de variatie in de dierenwereld niet willekeurig is, maar de reflectie van de werking van algemene wetten en principes, die zijn blootgelegd door de evolutionaire wetenschappen.

In dit hoofdstuk behandelde ik de basisprincipes van natuurlijke en seksuele selectie en de feministische kritieken erop. Vooraleer verder te gaan met de toepassing van evolutiebiologische inzichten op de menselijke geest, lijkt het mij goed de aandacht te richten op de biofobie van veel feministen.

4
Biofobie in het feminisme

> Mensen afzonderen van zelfs onze naaste dierlijke verwanten als de enige soort die niet beïnvloed is door haar biologie, is suggereren dat we inderdaad over een vastomlijnde 'essentie' beschikken, namelijk onze unieke en miraculeuze vrijheid van de biologie. Het resultaat is een ideologische visie die gevaarlijk overeenkomt met religieus creationisme.
>
> – Barbara Ehrenreich en Janet McIntosh,
> The New Creationism: Biology Under Attack, 1997: 12.

Kritiek leveren op het feminisme houdt risico's in. Zelfs toegewijde feministen als Christina Hoff Sommers en Cathy Young worden beschuldigd van 'feminism bashing' als ze het aandurven de heersende doctrines binnen het academisch feminisme in vraag te stellen. Die doctrines gaan uit van een sociaal-constructivistische visie op kennis en, zoals we in dit hoofdstuk zullen zien, van een extreem omgevingsbepaalde visie op de 'constructie' van sekseverschillen – eveneens sociaal-constructivisme, maar in een andere betekenis. Verwijzingen naar de biologie ter verklaring van menselijke eigenschappen worden nogal eens afgedaan als 'reductionistisch', 'biologisch deterministisch' en 'politiek gevaarlijk', niet alleen in het academisch feminisme, maar in de sociale wetenschappen in het algemeen.[38]

Sommige feministen erkennen de continuïteit tussen mens en dier. Enkelen doen dat omdat ze op de bres staan voor dierenrechten en antropomorfisme aan de kaak willen stellen, zoals de Nederlandse antropologe Barbara Noske (1989). Anderen, zoals de Amerikaanse wetenschapsjournaliste Natalie Angier in haar boek *Woman: An Intimate Geography* (1999), geloven dat we door de studie van ons biologisch erfgoed veel over onszelf kunnen leren, omdat we een diersoort onder alle andere zijn. Toch vallen zowel Noske als Angier heftig uit tegen de toepassing van evolutionaire principes op de studie van menselijk gedrag en de menselijke geest. Noske wijst een evolutionaire benadering van de mens zonder meer af. Angier is iets consequenter: zij verwerpt de sociobiologische of evolutionair psychologische invalshoek alleen als ze mannelijke vooringenomenheid meent te ontdekken. Het probleem met Angier is dat ze zich te vaak baseert op (androcentrische) theorieën die voor ze haar boek schreef al als achterhaald geboekstaafd stonden.

Feministische biofobie heeft veel facetten en complexe oorzaken. Hoewel een deel van de feministische kritiek op sociobiologie en evolutionaire psychologie terug te voeren is tot antiwetenschap, tonen intelligente en stimulerende boeken als dat van Angier dat het feministisch wantrouwen tegen een biologische benadering van de seksen veel te maken heeft met de androcentrische traditie binnen de wetenschappen. Pas met de massale instroom van vrouwen in de academische wereld werd hiertegen een dam opgeworpen. Dat betekent niet dat mannelijke vooroordelen in wetenschappelijke theorieën daarmee tot het verleden behoren, maar wel dat ze, als ze opduiken, kritisch zullen worden geanalyseerd door vrouwelijke onderzoekers.

Helaas maakt het androcentrisme soms ook plaats voor vrouwelijke vooringenomenheid. Christina Hoff Sommers (1994, 2000), Daphne Patai (1998) en Cathy Young (1999) wijzen op het soms armzalige wetenschappelijke niveau van bepaalde feministische onderzoeken, te wijten aan de gepolitiseerde invalshoek ervan. Studies naar seksuele intimidatie worden bijvoorbeeld soms op maat gesneden van het radicaal-feministische interpretatiekader van seksuele intimidatie als patriarchaal onderdrukkingsmiddel. Het leidt onder andere tot een gebrek aan ernstig onderzoek naar de gangbaarheid van valse aanklachten tegen mannen (Patai 1998).

Theorieën ontwikkeld door vrouwen, of ze zich nu feministisch noemen of niet, moeten even kritisch benaderd worden als die van mannen. Vrouwen kunnen er alleen maar baat bij hebben als ze in hun evaluatie van onderzoek hoge standaarden van rationaliteit en wetenschappelijkheid hanteren in plaats van zich te laten leiden door ideologische motieven. Bijgevolg denk ik dat de feministische biofobie, hoe begrijpelijk ook, uiteindelijk contraproductief is – niet alleen wetenschappelijk onhoudbaar, maar ook onwenselijk vanuit consequent feministisch opzicht.

Feministisch biologe Lynda Birke (1999) verdedigt hetzelfde argument, maar wel om volledig andere redenen: volgens haar moeten feministen zich richten op het lichaam om te onderzoeken hoe fysiologische concepten sociaal en cultureel geconstrueerd zijn. Birke breekt een lans voor een niet-mechanische en meer beschrijvende benadering, niet alleen omdat ze meent dat mechanisme slechts een beperkt inzicht in ons lichaam biedt, maar ook "om meer politieke redenen, omdat zo'n kijk op de biologie tot determinisme leidt" (1999: 136). "De meeste feministen hebben een grondige afkeer van het idee dat we slechts passieve marionetten zijn, volledig onder controle van onze genen of organen," schrijft ze (1999: 164-165). Maar waar zijn de biologen die zulke zaken beweren? Birke gaat voorbij aan het huidige interactieve model binnen de biologische wetenschappen, waarschijnlijk omdat ze het praten over beperkingen aan menselijk kunnen verwart met reductionisme en determinisme.

Angst voor sekseverschillen

Uitdrukkingen van een sociaal-constructivistische visie op gender vinden is niet moeilijk; binnen het feminisme is ze alomtegenwoordig. Een paar voorbeelden:

> Gender is sociale praktijk die voortdurend verwijst naar lichamen en naar wat lichamen doen, het is niet sociale praktijk gereduceerd tot het lichaam. (...) Gender bestaat precies voor zover de biologie het sociale *niet* determineert. Het is een scharnierpunt waar biologische evolutie plaats ruimt voor historische processen als vorm van verandering. (Connell 1995: 45, cursivering in origineel)

> Biologie kan niet worden gebruikt om transculturele claims over 'vrouwen' of 'mannen' te funderen. (Nicholson 1994: 89)

> Gender verwijst naar het feit dat mannen en vrouwen, mannelijkheid en vrouwelijkheid sociale constructies zijn. Het feit van (biologisch) als man of vrouw geboren te worden, zegt nog niets over de vorm die de mannelijkheid of vrouwelijkheid zal krijgen. (Michielsens & Billet 1999: vii)

Tegelijk wordt de zoektocht naar biologisch gefundeerde sekseverschillen ideologisch verdacht gemaakt. Zo schrijft Sue Rosser (1992) dat een samenleving vrij van seksuele ongelijkheid onderzoek naar sekseverschillen waarschijnlijk niet wetenschappelijk waardevol zou achten, suggererend dat dergelijk onderzoek dient om de socio-economische ongelijkheid tussen mannen en vrouwen in stand te houden. Ook biologe Ruth Hubbard (1990) meent, net als Lynda Birke (1999), dat sekse- en genderdichotomieën functioneren als sociale controlemechanismen en dat onze preoccupatie met seksualiteit verantwoordelijk is voor het feit dat evolutietheorie rond seks en voortplanting draait. In weerwil van hun beweringen is aandacht voor de verschillen tussen man en vrouw echter een universeel menselijke neiging (Brown 1991).

Sommigen opperen dan weer dat de verschillen tussen de seksen zo miniem zijn dat we ze gerust kunnen negeren. Anne Fausto-Sterling ziet bijvoorbeeld het nut van verder onderzoek naar cognitieve sekseverschillen niet in: "Eventuele verschillen zijn zo gering dat ze in het niets verzinken bij interseksuele variatie" (1992: 221).

Inderdaad, waarom sekseverschillen niet gewoon negeren? Volgens neuropsychologe Doreen Kimura (1999) ligt het antwoord voor de hand: omdat ze er nu eenmaal zijn. Daarenboven leidt onderzoek naar de onderliggende mechanismen ervan, bijvoorbeeld de structuur van het brein of hormonale niveaus, tot meer inzicht in de verschillen tussen individuen van hetzelfde geslacht. De overlapping tussen de geslachten, vervolgt ze, is inderdaad veel groter dan de verschillen, maar als we het criterium van *geen enkele onderlinge overeenkomst* als noodzakelijke voorwaarde voor verschil toepassen, kunnen we in geen enkel domein nog gegevens over gedrag aanvaarden. Neem de invloed van ouderdom op het geheugen. Vanzelfsprekend overlappen de scores van ouderen en jongeren, maar toch kunnen we stellen dat het geheugen bij ouderen gemiddeld minder goed is. Waarom zouden we met sekseverschillen anders moeten omgaan dan met andere verschillen?

Vanuit feministisch oogpunt ligt het antwoord voor de hand: omwille van politieke motieven.[39] Die gedachtegang bezit een zekere logica: als wetenschap inderdaad, zoals veel feministen beweren, onvermijdelijk een politieke agenda heeft, weerhoudt niets je ervan die agenda op je eigen politieke doeleinden af te stemmen. We hebben echter gezien dat het bestaan van slechte of gepolitiseerde wetenschap allerminst de conclusie rechtvaardigt dat wetenschap als collectieve onderneming onvermijdelijk politiek gemotiveerd is. Die redenering is dus onhoudbaar.

Beweren dat sommige feministen vandaag in dogmatisme vervallen zijn, is een zware aanklacht, maar het is de beste omschrijving van de feministische weigering om de mogelijkheid dat gender iets met biologie te maken heeft ernstig in overweging te nemen. Ik ben natuurlijk niet de eerste om daarop te wijzen. Barbara Ehrenreich en Janet

McIntosh noemen de tendens binnen onder meer de antropologie en de sociologie tot het ontkennen van transculturele biologisch gebaseerde gegevenheden een "nieuw creationisme" (1997: 11). Volgens hen gaat het niet zomaar om een ontsporing van goedbedoelde politiek, maar om een ernstig onbegrip van biologie en wetenschap.

De auteurs beschrijven hiermee een tendens in de Angelsaksische wereld, met nadruk op de Verenigde Staten. Maar op het Europese vasteland, waaronder België en Nederland, is de situatie evenmin rooskleurig. Ook hier blinken feministische beschouwingen nogal eens uit door een totale veronachtzaming van biologisch onderzoek naar sekseverschillen en door een gebrek aan kennis van de wetenschappelijke methode en de darwinistische benadering. Zo omschrijft Xandra Schutte in haar vernietigende bespreking van het boek *A Natural History of Rape: Biological Bases of Sexual Coercion* (Thornhill & Palmer 2000) het evolutionaire proces als volgt: "dieren met eigenschappen die overleving en voortplanting bevorderen, passen hun genen aan; de anderen sterven uit" (2000: 61). Ook uit de rest van haar recensie blijkt dat zij absoluut niets van het boek begrepen heeft – een geïnformeerd lezer vraagt zich af of ze het überhaupt heeft ingekeken.[40] Een wetenschappelijke analyse moet er echter naar streven *alle* relevante feiten in rekening te brengen, niet alleen degene die men sociaal wenselijk acht.

Intellectuele ontwikkelingen aan het eind van de negentiende eeuw

Tegen het einde van de negentiende eeuw ontwikkelden de psychologie en de sociologie zich tot zelfstandige wetenschappen. De grondlegger van de sociologie, August Comte, pleitte voor de toepassing van de evolutietheorie op de studie van de menselijke samenleving en ook psycholoog William James beriep zich op Darwins theorie ter verklaring van mentale eigenschappen als bewustzijn. Die beloftevolle start zou echter snel verwateren. Rond de eeuwwisseling maakte de aanvankelijke aantrekkingskracht van de evolutietheorie plaats voor scepticisme ten aanzien van de verklarende kracht van natuurlijke selectie en van de toepasbaarheid ervan op mensen. Met de opkomst van genetica in het eerste decennium van de twintigste eeuw kregen de darwinistische ideeën een nieuwe klap, omdat men veronderstelde dat genetica het darwinisme zou vervangen als verklaring voor evolutionaire verandering. Het conceptuele huwelijk tussen evolutietheorie en genetica zou zich pas in de jaren dertig voltrekken. Rond de eeuwwisseling en in het begin van de twintigste eeuw stond het darwinisme zwak (Plotkin 1997). Voeg daarbij de negatieve connotaties ten gevolge van het ideologische misbruik ervan door sociaal-darwinisten en de ommezwaai naar een radicaal sociaal-constructivisme wordt begrijpelijker. Het was voor sociale wetenschappers niet langer opportuun om de als besmet ervaren evolutietheorie openlijk te omarmen (Lopreato en Crippen 1999). Zo gingen de evolutionaire banden gesmeed door de vroege sociologen en door William James al snel en voor lange tijd verloren.

Het was Emile Durkheim, een andere grondlegger van de sociologie, die de toekomstige koers van de discipline bepaalde. Hij argumenteerde dat sociale fenomenen een autonoom systeem vormen en dus alleen vanuit andere sociale fenomenen verklaard kunnen worden. Ook de grondleggers van de antropologie, zoals Alfred Kroeber en Franz Boas, gingen daarvan uit. Door de psychologie te onttrekken aan de biologie stapten de sociale wetenschappen uit het proces van wetenschappelijke integratie dat sinds de Renaissance aan de gang was (Tooby & Cosmides 1992).

De opkomst van het behaviourisme

Het behaviourisme werd het dominante paradigma binnen de wetenschappelijke psychologie, vooral in de Verenigde Staten. De geboorte van die stroming, die het evolutionaire denken binnen de psychologie bijna een halve eeuw lamlegde, wordt meestal gedateerd in 1913, met de publicatie van John Watsons artikel *Psychology as the Behaviorist Views It*. Watson verwierp elke verklaring van gedrag die steunt op niet-observeerbare oorzaken als mentale toestanden of bewustzijn, omdat die volgens hem subjectief en onmeetbaar zijn. De psychologie moest zich beperken tot de studie van concreet gedrag en de invloed van externe stimuli daarop. Volgens Watson, B.F. Skinner en andere behaviouristen liggen de oorzaken van gedrag niet binnen het organisme, maar in de externe wereld. De enige aangeboren eigenschap van de mens bestaat uit een algemene vaardigheid om te leren door associatie en door beloning en straf. Volgens hen bestaat de menselijke natuur eruit dat mensen geen natuur hebben, waardoor we ze tot om het even wat kunnen conditioneren.

In 1959 kwamen de veronderstellingen van het behaviourisme voor het eerst onder druk te staan, met een kritiek van Noam Chomsky op Skinners werk over taalverwerving. In 1971 toonden experimenten van Harry Harlow aan dat babyaapjes die in isolatie opgegroeid zijn, bescherming zoeken bij een zachte, stoffen nepmoeder en niet bij de moeder van ijzerdraad die hun van voedsel voorzag. Het bewees dat de externe omgeving niet de enige determinant is van gedrag. Deze en andere experimenten leidden uiteindelijk tot de neergang van het behaviourisme (Buss 1999; Pinker 2002; Plotkin 1997).

Culturele antropologie: naar tropische paradijzen en terug

De veronderstelling in de psychologie en de sociologie dat mensen geen aangeboren natuur hebben, leek bevestigd te worden door de ontzagwekkende culturele variatie die antropologen aantroffen. Hun bevindingen leken erop te wijzen dat het menselijk brein inderdaad een onbeschreven blad is, haast oneindig kneedbaar, waarbij alle psychologische fenomenen, zoals emoties, sociaal geconstrueerd zijn. Het meest invloedrijk was wellicht Margaret Mead, een studente van Franz Boas. Voor de meeste Boasianen waren politiek en antropologie onlosmakelijk met elkaar verbonden. Als ze culturen zonder competitie, verkrachting en moord konden vinden, konden ze anderen bewijzen wat ze zelf geloofden: dat al onze problemen voortkomen uit het kapitalisme, de westerse seksuele moraal en westerse waarden.

In haar bestseller uit 1928, *Coming of Age in Samoa*, beweerde Mead een samenleving ontdekt te hebben zonder stress, competitie, puberteitsproblemen, geweld, oorlog, verkrachting, seksuele jaloezie en seksuele bezitterigheid, dat alles dankzij het leven in communes. In *Sex and Temperament in Three Primitive Societies* (1935) beschreef ze culturen waarin de westerse seksepatronen op hun kop stonden. Bij de Chambri waren de vrouwen dominant, terwijl mannen emotioneel afhankelijk waren, make-up droegen, schilderden en dansten, schreef ze. Bij de Arapesh waren de mannen warm en vredelievend, dankzij hun liefdevolle opvoeding. Analoog hiermee stelde Ruth Benedict, een andere invloedrijke Boasiaan, in *Patterns of Culture* (1934) dat cultuur de persoonlijkheid willekeurig kan kneden.

Daaropvolgende onderzoekers ontdekten echter dat veel van die oorspronkelijke beschrijvingen van exotische culturen op wensdenken steunden. Arapeshmannen bleken gewelddadige koppensnellers die hun vrouwen overheersten. De gezichtsverf van Chambrimannen bleek geen vrouwelijke make-up, maar een ereteken dat aangaf dat ze een tegenstander hadden omgebracht. Het schilderen van totempalen en de rituele inwijdingsdansen waren prominent mannelijke activiteiten, vrouwen werden niet toegelaten. Antropoloog Derek Freeman ontdekte dat Samoa een uiterst autoritaire, hiërarchische en patriarchale samenleving was, met relatief hogere moord- en verkrachtingscijfers dan de Verenigde Staten. Bovendien waren de mannen uitermate seksueel jaloers. Toen Freeman de resultaten van zijn veertigjarige studie van Samoa presenteerde in *Margaret Mead and Samoa: The Making and Unmaking of an Anthropological Myth* (1983), veroorzaakte dat een storm van protest. Hij kreeg zware kritiek te verduren vanuit de sociale wetenschappen, waar de bevindingen van Mead en gelijkgezinde culturele antropologen gretig in de armen gesloten waren. Verder onderzoek bevestigde echter Freemans bevindingen en legde het bestaan bloot van talloze menselijke universalia, waaronder verliefdheid, gezichtsuitdrukkingen en mannelijke seksuele jaloezie.[41]

Hoe is het mogelijk dat Mead zich zo liet misleiden? Wel, in tegenstelling tot Freeman had ze niet de tijd gehad om voor haar vertrek de taal te leren. Op Samoa verbleef ze negen maanden in een comfortabel huis bij blanken, terwijl Freeman onder de Samoanen zelf leefde, gedurende een periode van, alles samen, zes jaar. Ze consulteerde niet de beschikbare archieven over het leven op Samoa. Haar enige informanten waren pubermeisjes, die nadien verklaarden haar maar wat op de mouw te hebben gespeld. Kortom, Meads wetenschappelijke niveau was abominabel. Aan het eind van de jaren zestig werd het collectieve falen van haar en de andere Boasianen duidelijk, maar ondertussen had de studentenbeweging hun theorieën wel enthousiast overgenomen. De Boasiaanse ideeën over de bijna grenzeloze kneedbaarheid van de menselijke natuur zouden nog een tijdje meegaan, niet omdat ze wetenschappelijke gefundeerd waren, maar omwille van hun politieke aantrekkingskracht (Brown 1991; Torrey 1992).

Epistemologisch sociaal-constructivisme, omgevingsverklaringen en politiek links

Het culturele relativisme verdween niet met het blootleggen van de wetenschappelijke tekortkomingen ervan, want een nieuwe ontwikkeling kwam het ter hulp: epistemologisch sociaal-constructivisme. De stelling dat objectieve waarheid niet bestaat en dat wetenschap niets is dan een westerse, blanke, mannelijke methode ter overheersing van alles wat 'anders' is, kwam uitermate van pas voor hen die zich geconfronteerd zagen met wetenschappelijke gegevens die ze niet wilden aanvaarden, zoals aanwijzingen van een universele menselijke natuur. Weinig verassend dus dat epistemologisch sociaal-constructivisme vaak hand in hand gaat met een exclusieve focus op omgevingsverklaringen in veel feministische strekkingen.

Hoe ontstond die visie? Een van de belangrijkste invloeden was wellicht het boek *The Structure of Scientific Revolutions* (1962) van wetenschapsfilosoof Thomas Kuhn. Kuhn argumenteerde dat de geschiedenis van de wetenschap geen rechte lijn van gestage vooruitgang naar de Waarheid kent, wel lange periodes van paradigmatische stilstand, occasioneel onderbroken door omwentelingen in het gedeelde wereldbeeld, wat leidt tot een andere interpretatie van de natuur. Het boek leek de visie te ondersteunen dat wat we beschouwen als 'de natuur' gewoon een kwestie van sociale afspraken is, al verwierp Kuhn die constructivistische interpretatie in de tweede editie van het werk. Het is weinig verwonderlijk dat feministen nogal eens naar hem verwijzen.[42]

Dat vooral zelfverklaarde linkse intellectuelen het epistemologisch sociaal-constructivisme ontwikkelden en omarmden, is eigenlijk vreemd. Een snelle blik op de geschiedenis leert ons immers dat de wetenschap, ondanks haar fouten, komaf maakte met heel wat mythen over menselijke eigenschappen die lang een basis voor discriminatie waren, zoals de vrouwelijke natuur, ras en seksuele oriëntatie. In contrast daarmee is het moeilijk in te zien hoe het sociaal-constructivisme criteria kan bieden die betrouwbare kennis onderscheiden van vooroordelen over de behoeften van andere wezens.

Volgens sociologe Ullica Segerstråle (2000) is het verband tussen sociaal-constructivisme en progressieve politieke opvattingen historisch toeval. In het begin van de twintigste eeuw beriepen immers zowel conservatieven als progressieven zich op erfelijkheidsverklaringen ter ondersteuning van de door hen verdedigde beleidsmaatregelen. Progressieve denkers hoeven trouwens niet te vrezen dat evolutiebiologen en evolutiepsychologen rechtse rakkers zijn: net als in de rest van de academische wereld is ook in die disciplines de meerderheid links of centrum-links, stelt Segerstråle. Twee van de belangrijkste evolutionaire theoretici, John Haldane en John Maynard Smith, waren leidende figuren binnen de Britse communistische partij. Robert Trivers was als een van de enige blanken actief binnen de radicale Black Panter-beweging van de jaren zestig. Als er al sprake was van een politieke samenzwering binnen de sociobiologie, grapte sociobioloog Pierre van den Berghe, dan was het er een van communistische aard.

Het klopt echter dat veel eugenetici hun geloof in de genetische bepaaldheid van menselijk gedrag koppelden aan een geloof in de morele ongelijkheid van mensen en aan een antidemocratische houding. Met de escalatie van nazistische sterilisatiepraktijken verloor de eugenetische beweging elk aanzien, kregen erfelijkheidsverklaringen een kwalijke bijklank en verschoof de focus in de studie van sociaal gedrag naar omgevingsverklaringen. Het finale keerpunt kwam er in 1952, toen het pas opgerichte UNESCO omgevingsverklaringen officieel als de politiek en intellectueel correcte benadering proclameerde, om zo wetenschap voor eens en altijd te behoeden voor racisme (Rose & Rose 2000b).

Gross en Levitt (1994) zien verschillende redenen waarom een linkse politieke positie vaak met epistemologisch sociaal-constructivisme gepaard gaat: men beschouwt wetenschap onkritisch als een handlanger van het kapitalisme of heeft alleen oog voor haar ideologische ontsporingen. De belangrijkste reden is volgens hen de ontgoocheling over het humanisme na de Verlichting: ondanks alle vooruitgang heerst in de westerse samenleving niet minder wreedheid en zelfzucht dan in andere tijden en op andere plaatsen.[43] Wetenschap wordt gezien als medeplichtige aan die wreedheden (bijvoorbeeld de wapenindustrie) en is zo verworden tot "een onweerstaanbaar mikpunt voor alle westerse intellectuelen die de draagwijdte van hun eigen erfgoed als een ondraaglijke morele last ervaren" (1994: 220). De auteurs doen een cruciale vaststelling:

> We koesteren de waarden van de Verlichting – de universaliteit van morele principes, de onschendbaarheid van de individuele wil, de afkeer van onverantwoord geweld – maar kunnen tegelijk niet anders dan een vonnis vellen over de samenleving die deze waarden heeft voortgebracht, een samenleving die doorheen de tijd een spoor van pijn, dood, chaos en vernieling van inheemse stammen en regenwouden heeft achtergelaten. *Maar opnieuw: de voorwaarden voor die aanklacht kunnen we alleen formuleren in de taal van die waarden.* Dit, en niet de geaffecteerde woordspelletjes van deconstructivisten, is wat tot perplexiteit leidt. De beschuldigde is tevens aanklager en rechter. (Gross & Levitt 1994: 218, cursivering toegevoegd)

We kunnen niet ontsnappen aan de waarden van de Verlichting, evenmin als aan de traditionele maatstaven van rationaliteit en logica. Volgens Gross en Levitt houdt de antiwetenschappelijke attitude van veel links-intellectuele academici ook verband met de rebelse neiging om heterodoxie en het onconventionele per definitie als waardevoller te zien dan gevestigde instellingen. Het is een verre maar vervormde echo van de oppositiecultuur van de jaren zestig, waaraan disciplines als vrouwenstudies en etnische studies hun ontstaan te danken hebben.

Dat alles leidt ons tot de volgende conclusies: (1) het is onmogelijk om traditionele maatstaven van epistemologie en ethiek *volledig* achterwege te laten, en (2) mensen die dat toch proberen, zoeken in feite naar ingewikkelde manieren om hun politieke doelen te bereiken, *terwijl dat helemaal niet nodig is om zover te raken.* Men hoeft wetenschap niet af te schilderen als een willekeurige sociale constructie om de soms desastreuze gevolgen ervan af te wijzen of om respect te vragen voor de gebruiken en overtuigingen van niet-westerse volkeren – tenminste, voor zover die niet flagrant in strijd zijn met fundamentele mensenrechten. Men hoeft niet aan te nemen dat mannen en vrouwen identiek zijn om ervoor te zorgen dat ze gelijke kansen krijgen en gelijk behandeld worden voor de wet (al zal er discussie bestaan over de juiste invulling van de term 'gelijkheid' – gelijke kansen en niets meer of tegemoetkomingen voor specifiek vrouwelijke elementen als zwangerschap?).

Van een vrij beloftevolle interdisciplinaire start van de sociologie en de psychologie bij het begin van de twintigste eeuw zijn we dus beland bij het intellectuele isolationisme dat sinds de jaren vijftig politiek correct werd. In het volgende hoofdstuk ga ik dieper in op de tekortkomingen van het sociaal-constructivistische mensbeeld, maar eerst behandel ik drie misvattingen waaronder dergelijke omgevingsverklaringen vaak lijden: de valse tweedeling tussen natuur en cultuur, de mythe van het genetisch determinisme en de naturalistische drogredenering.

De natuur-cultuurcontroverse

Hoewel al talloze keren aangetoond werd dat de dichotomie tussen natuur en cultuur onjuist en achterhaald is[44], duurt de misvatting hardnekkig voort. In haar meest eenvoudige versie luidt die dat menselijke gedragsuitingen *ofwel* biologisch gebaseerd *ofwel* cultureel geconstrueerd zijn. (Donovan 2000; Nicolson 2000). Complexere versies maken een keurig onderscheid tussen de twee, waarbij cultuur overneemt waar natuur eindigt. De hamvraag wordt dan: waar eindigt het ene en begint het andere? (Brouns 1995b). Het vaak gehoorde verwijt van biologisch of genetisch determinisme aan het adres van evolutionaire wetenschappers getuigt van deze (soms bewuste?) misvatting. Voeg daar de (correcte) nuance aan toe dat onze perceptie van de natuur altijd beïnvloed wordt door culturele betekenissen en waarden en je krijgt het overijlde postmoderne besluit dat de natuur, en dus ook het lichaam, een culturele constructie is.[45]

Dat is natuurlijk één manier om de natuur-cultuurdichotomie achter zich te laten, alleen geeft wetenschappelijk onderzoek iets anders aan (zie volgend hoofdstuk). Bovendien steunen alle bovenstaande opvattingen op een fundamenteel verkeerde opvatting van wat biologie is. Veel mensen schakelen biologie ten onrechte gelijk aan haar subdisciplines, zoals genetica, endocrinologie en neurologie. Daarbij interpreteren ze biologische invloeden ook nog eens als intrinsiek en onveranderlijk. Van hier is het inderdaad nog maar een kleine stap om biologische invloeden te beschouwen als tegengesteld aan extrinsieke en beïnvloedbare sociale invloeden.

Strikt genomen is biologie echter de studie van de eigenschappen van levende wezens, en aangezien alleen levende wezens sociaal kunnen zijn, behoort de studie van sociaal gedrag tot haar domein. Ontwikkelings-, ervarings- en omgevingsafhankelijke variaties in gedrag maken inherent deel uit van het biologische verklaringsmodel. Elk aspect van elk levend wezen is dus *per definitie* biologisch.[46] Bovendien is al wat biologisch is sowieso het resultaat van een interactie tussen genen en hun omgeving. Zelfs een individuele cel is het resultaat van genetische en omgevingsfactoren (zoals chemische stoffen). En omdat elke eigenschap en elk gedrag input uit de omgeving nodig heeft om zich te kunnen manifesteren, kunnen we ze ook veranderen door één of meer relevante ontwikkelingsfactoren te manipuleren.

De tweedeling tussen natuur en cultuur zoals we ze vaak terugvinden in het werk van feministen en sociale wetenschappers dateert uit de jaren 1950, toen ethologen beweerden dat adaptief gedrag 'instinctief' is, terwijl psychologen het belang van leren en opvoeding benadrukten. De huidige wetenschappelijke inzichten zijn veel verfijnder: we weten nu dat leren *op zich* adaptief gedrag is. Door voorbije selectiedruk ontstaan neurale structuren die ervoor zorgen dat de individuen van een soort de voor hen irrelevante informatie zullen wegfilteren en die dingen zullen leren die nodig zijn voor hun overleving en voortplanting (Plotkin 1997). Cultureel leergedrag heeft dus veel te maken met biologie: net als alle andere eigenschappen is ook leervaardigheid het product van een interactie tussen genen en omgeving. Natuur en cultuur zijn onlosmakelijk met elkaar verbonden. Zo leren we bijvoorbeeld gemakkelijk angst voor spinnen en hoogtes aan, maar niet voor auto's en stopcontacten ook al vormen die laatste tegenwoordig een veel reëler risico voor ons. Ze zijn te recent uitgevonden; psychologische adaptaties kunnen maar ontstaan onder druk van eeuwen- en eeuwenlange selectie.

Hetzelfde geldt voor cultuur. Je kunt niet beweren dat sommige gedragsuitingen biologisch zijn en andere cultureel en dus niet-biologisch. Sommige *verschillen* in gedrag kunnen we inderdaad volledig aan culturele invloeden toeschrijven, maar dat betekent niet dat cultureel beïnvloed gedrag volledig door de omgeving bepaald is. Cultureel gedrag is altijd een product van een interactie tussen genen en omgeving. En je kunt niets aanleren zonder onderliggende adaptaties voor leren.

Een goed voorbeeld hiervan is taal. Het aanleren van een specifieke taal is een sociale en culturele aangelegenheid, maar je kunt geen enkele taal leren zonder daartoe gespecialiseerde onderliggende hersenstructuren. Ultiem evolueerden die structuren (taalmodules) door natuurlijke selectie, maar op proximaal niveau krijgen ze vorm door de complexe interactie van genen en omgeving tijdens het leven van een individu. Taal is dus evenzeer cultureel als biologisch (Pinker & Bloom 1992; Pinker 1997). Als we menselijk gedrag willen begrijpen, moeten we analyseren hoe de menselijke cognitieve architectuur interageert met de wereld. Evolutietheorie gaat dus *evenveel* over het belang van de omgeving in de ontogenese (de ontwikkeling van het individu) en de fylogenese (de evolutie van de soort) als over biologisch verankerde neigingen en vaardigheden. Adaptaties kunnen zich maar ontwikkelen als ze passende omgevingsstimuli ontmoeten, en een verandering van omgeving zal op lange termijn evolutionaire verandering teweegbrengen.

De mythe van het genetisch determinisme

Niemand beweert dat genen in hun eentje ontwikkeling en gedrag bepalen. Vaak is het uit onvermogen om dit interactionisme volledig te vatten dat veel feministen de evolutiepsychologie met valse en zinledige aantijgingen van genetisch of biologisch determinisme bestoken. Evolutionaire mechanismen worden zonder meer gelijkgesteld aan onflexibel gedrag, terwijl het fundamentele inzicht van de evolutionaire psychologie net is dat organismen geëvolueerd zijn om zich flexibel te gedragen naargelang de omgeving en toestand waarin ze zich bevinden.

De moderne genetica bevestigt dat genen ontworpen zijn om te reageren op prikkels uit de omgeving. Ons hele leven blijven ze actief, reageren ze op ervaring, switchen ze aan en uit, laten ze ons toe te leren, te onthouden, te imiteren en cultuur te absorberen. Ze drijven ons naar doelen die zorgen voor fysiek en emotioneel welbehagen: voedsel, sociale status en affectie – zaken die adaptief waren in ons evolutionaire verleden. Kleine genetische verschillen tussen individuen zullen door de omgeving worden uitvergroot. Sportief aangelegde kinderen willen sport beoefenen, intellectueel aangelegde kinderen willen lezen, en hoe meer tijd ze besteden aan datgene waarvan ze genieten, des te beter ze er in worden. Net als iedereen creëren ze hun eigen omgeving en zoeken ze de stimuli op die hen uiteindelijk tot de unieke individuen maken die ze zijn. Je levenswijze bepaalt mee welke genen zich uiten (Jacob 1997; Ridley 2003).

We hoeven statusverschillen tussen de seksen dus niet zomaar te aanvaarden als 'natuurlijk' en onvermijdelijk. Noch 'biologie', 'evolutie', 'de samenleving' of 'de omgeving' leiden rechtstreeks tot gedrag zonder tussenkomst van een immens lange en complexe ketting van andere oorzaken. Bij elke schakel van de ketting is er interventie mogelijk die de finale uitkomst kan veranderen.

Daarbij komt de vraag waarom de invloed van genen zoveel onvermijdelijker zou zijn dan die van de omgeving. Evolutiebioloog Richard Dawkins wijst erop dat genetische invloeden en omgevingsinvloeden in principe weinig van elkaar verschillen: sommige zijn moeilijk bij te sturen, andere niet. Zo kan een kind wiens achterstand in wiskunde genetisch bepaald is toch opbloeien onder invloed van de juiste leraar. Ernstige verwaarlozing in de kindertijd kan dan weer onafwendbaar negatieve gevolgen hebben voor iemands latere emotionele ontwikkeling (Radcliffe Richards 2000).

Als iemand verlegen is omwille van negatieve ervaringen als kind, zijn die ervaringen trouwens niet minder deterministisch dan wanneer die verlegenheid een genetische basis heeft. We zijn allemaal het product van de vele determinanten die ons gevormd hebben tot de personen die we zijn. De echte fout bestaat erin om determinatie – door de genen, de omgeving of welke factoren ook – gelijk te schakelen met onvermijdelijkheid. Determinatie gaat over de oorzaken van een bepaalde situatie, niet over de gevolgen. Het hebben van een sterke neiging of emotie, ongeacht haar oorsprong, dwingt mensen nooit tot bepaalde daden (Ridley 1999). En ook als karaktereigenschappen grotendeels sociaal bepaald zijn, zouden we moeten te weten komen hoe ze te controleren. Historische pogingen om door grootschalige politieke reorganisatie de menselijke natuur te veranderen bleken totnogtoe weinig succesvol.

De naturalistische drogredenering

Blijft de vraag *waarom* een haast oneindig kneedbare menselijke natuur sommigen politiek zo aantrekkelijk in de oren klinkt. Vormt dat niet precies het gedroomde uitgangspunt voor autoritaire regimes, opdat ze mensen, ongeacht hun eigen belangen, gemakkelijk tot gehoorzaamheid kunnen kneden? Erger nog, het betekent dat we geen objectieve basis zouden hebben om onrecht aan de kaak te stellen. De menselijke natuur is een maatstaaf voor het afmeten van kwaad. Als mensen geen inherente behoeften, neigingen en verlangens hebben, wat is er dan op tegen om vrouwen aan te leren dat het aangenaam is verkracht, geslagen en onderdrukt te worden? Alleen al de buitensporigheid van dit voorstel wijst op de grove inconsistentie binnen het radicaal sociaal-constructivisme.

Zoals we zagen is het echter niet vreemd dat het idee van sociaal geconstrueerde sekseverschillen feministen sterk aansprak: biologische factoren dienden lang als rechtvaardiging van vrouwenonderdrukking. De enthousiaste feministische receptie van werken als Simone de Beauvoirs *Le deuxième sexe* (1949), dat expliciet een omgevingsvisie verdedigt, was een uiterst begrijpelijke tegenreactie daarop. Je zou echter verwachten dat die hevige reactie vervolgens bekoelt en plaats ruimt voor een meer uitgebalanceerde visie op de seksen. Dat lijkt totnogtoe weinig het geval. Androcentrische vooroordelen en een gebrek aan theoretische verfijning in de evolutionaire wetenschappen en de vroege sociobiologie hebben wellicht veel feministen weggejaagd – iets wat, opnieuw, begrijpelijk is. Wanneer we zien hoe sociobioloog David Barash vrouwelijkheid gelijkstelt aan noncompetitiviteit, bijvoorbeeld (1979: 113), begint een alarmbel te rinkelen. De vrouwvriendelijkheid en verklarende kracht van de huidige evolutionaire theorievorming zouden er echter moeten in slagen feministen aan te spreken. Dat is niet het geval. Doreen Kimura wijst een mogelijke verklaring aan:

> Het vooroordeel tegen biologische verklaringen wortelt blijkbaar in egalitaire ideologieën die het westerse concept van gelijke behandeling voor de wet – de seculiere toepassing van het idee dat 'alle mensen gelijk geschapen zijn' – verwarren met de bewering dat alle mensen ook werkelijk gelijk zijn. Mensen komen echter niet ter wereld met gelijke krachten, gezondheid, temperament of intelligentie. Dat is een vaststaand feit dat geen zinnig mens kan ontkennen. We hebben gekozen voor een politiek beleid dat elk individu *ondanks dergelijke ongelijkheden* evenveel recht geeft op een faire behandeling voor de wet en op gelijke kansen. (Kimura 1999: 3, cursivering in origineel)

De verwarring van beide concepten is een voorbeeld van de naturalistische drogredenering. Die misvatting kan veel vormen aannemen, maar in de feministische theorievorming gaat het meestal om de veronderstelling dat je uit feiten waarden kunt afleiden: wat zou moeten zijn, wordt bepaald door wat is, vooral door wat natuurlijk is. We vinden de naturalistische drogredenering onder andere terug bij Margo Brouns: "[W]e kunnen geen uitspraken doen over het 'zijn' van vrouwen (...), zonder dat dit ook impliciet een uitspraak is over het 'moeten' van vrouwen" (1995b: 44).

Er zijn echter geen dwingende redenen om vanuit 'hoe het is' af te leiden 'hoe het zou moeten zijn' – denk maar aan ziekte, overlijden in het kraambed of natuurrampen. Altijd al hebben mensen hun 'wetenschappelijke' inzichten gebruikt om de harde omgeving waarin ze zich geplaatst zagen, comfortabeler te maken: door vuur te maken beschermden ze zich tegen kou en roofdieren; wapens maakten het jagen veel efficiënter. Het is precies omdat we onze natuurlijke kwetsbaarheden wilden overwinnen dat we wetenschap en technologie ontwikkelden. Ondanks haar tekortkomingen en occasioneel politiek misbruik blijft wetenschap in de eerste plaats een zoektocht naar hoe de wereld werkt. Waarom wordt een evolutionaire benadering van de menselijke natuur dan afgedaan als "een gids voor moreel gedrag en voor politieke agenda's" (Nelkin 2000: 20), en waarom schrijft Zuleyma Tang-Martinez dat dergelijke benadering "alleen maar dient om de onderdrukking van vrouwen te rechtvaardigen en te bevorderen" (1997: 117)? Waarom werden bioloog Randy Thornhill en antropoloog Craig Palmer ervan beschuldigd verkrachting te rechtvaardigen en de schuld in de schoenen van het slachtoffer te schuiven met de publicatie van *A Natural History of Rape* (2000)?[47]

Volgens Thornhill en Palmer (2000) ligt één oorzaak erin dat sociale wetenschappers in hun werk vaak zelf de naturalistische drogredenering begaan, waardoor ze veronderstellen dat ook evolutionaire theorieën bedoeld zijn om een standpunt in te nemen over hoe de wereld zou moeten zijn. Ik wees er al op dat die veronderstelling een zekere logica bezit: wie meent dat "*alle* wetenschappelijke geschriften politieke agenda's belichamen" (Fausto-Sterling 1995: 171, cursivering in origineel), gaat ervan uit dat ook evolutionaire wetenschappers zich aan politieke uitspraken bezondigen. En het blijkt dat feministen niet altijd op spoken jagen, al geven evolutionisten dat zelden toe in hun weerleggingen van de naturalistische drogredenering. Sarah Hrdy (1999a) haalt bijvoorbeeld de tot 1980 terug te vinden suggestie aan dat verschillen in competitiviteit tussen jongens- en meisjesatleten behouden moeten worden 'omdat ze adaptief zijn voor de soort' – een duidelijk voorbeeld van de naturalistische drogredenering. Socioloog

Steven Goldberg pende dan weer volgende uiting van genetisch determinisme neer: "[h]et hormonale systeem van mannen en vrouwen verschilt. (...) In elke maatschappij vinden we het patriarchaat, mannelijke dominantie en mannelijk prestatiedrang weer. Ik verdedig hier de stelling dat het hormonale het sociale onvermijdelijk maakt" (Goldberg 1973, zoals geciteerd in Fausto-Sterling 1992: 91).

De bevinding van een aantal dubieuze redeneringen rechtvaardigt echter niet de manipulatie en zelfs fabricatie van citaten van anderen. Hilary Rose (2000: 116) schrijft aan sociobioloog David Barash volgende uitspraak toe: "[a]ls de Natuur seksistisch is, geef haar zonen dan niet de schuld".[48] Die zin is nergens in het boek van Barash terug te vinden. Hij benadrukt integendeel meermaals dat het feit dat bepaalde gedragsuitingen natuurlijk zijn, niet betekent dat ze ook goed zijn of als goed beschouwd moeten worden.

Mijn hierboven aangehaalde voorbeelden van de naturalistische drogredenering en van genetisch determinisme dateren van enkele decennia geleden en zijn niet representatief voor huidige publicaties. Ik veronderstel dat iedereen het onfair zou vinden de huidige evolutionaire theorievorming af te rekenen op basis van fouten uit het verleden of van (onvermijdelijke?) misstappen van sommige onderzoekers. Voorbeelden als deze, zeker in combinatie met het androcentrisme in vroege sociobiologische visies op sekseverschillen, verklaren echter deels waarom feministen op hun hoede zijn voor mogelijk politieke bedoelingen achter evolutionaire theorieën. Veel prominente critici (bijvoorbeeld Anne Fausto-Sterling, Hilary Rose, Lynne Segal) lijken zo'n afkeer van de vroege sociobiologie te hebben ontwikkeld dat ze niet meer in staat zijn de huidige evolutionaire mensvisies relatief onbevooroordeeld te benaderen.

De harde kritieken van (darwinistische) feministen zowel als nietfeministen op de vroege sociobiologie hebben de discipline geholpen om volwassener, verfijnder en wetenschappelijk steviger gefundeerd te worden. Voor veel feministen lijkt de zaak echter gesloten. In 1997 maakte Fausto-Sterling een update van haar denken over de sociobiologie. Haar lijst met referenties bevat echter nauwelijks publicaties uit de jaren negentig. Toch beweert ze zonder verpinken dat "biologische beweringen over sociale verschillen wetenschappelijk ongeldig zijn" (1997: 58). In haar bijdrage tot het boek *Alas, Poor Darwin* (2000a) presteert ze geen gram beter.

Met betrekking tot de naturalistische drogredenering bestaat het gevaar inderdaad dat evolutionaire inzichten aangewend worden om een conservatieve politieke agenda te legitimeren. Begrijpelijk als de feministische angst voor een biologische rechtvaardiging van traditionele genderrollen dus mag zijn, zou je toch denken dat feministen hun tijd en energie beter zouden besteden aan het informeren van het publiek over de heersende misvattingen omtrent biologie dan die te versterken door het schrijven van dingen als "evolutionaire principes impliceren genetische voorbestemming" (Nelkin 2000: 22).

Ten tweede is er het gevaar dat misdadigers vrijspraak zouden krijgen op basis van evolutionaire argumenten (Fausto-Sterling 1992). Misbruik van wetenschappelijke argumenten door advocaten beperkt zich echter niet tot evolutionaire argumenten. Denk maar aan verwijzingen naar hersenstructuren, hormonen en allerlei klinische afwijkingen, maar ook aan de verwijzing naar omgevingsfactoren: verwaarlozing of misbruik als kind, onvoldoende kansen, drugsverslaving: stuk voor stuk worden ze als verzachtende omstandigheden naar voren geschoven. Het probleem is hier niet de evolutionaire theorievorming, maar wel – zoals bij alle vragen over de oorzaken van gedrag – het bredere filosofische vraagstuk van verantwoordelijkheid en vrije wil. "Het verschil tussen gedrag verklaren en gedrag excuseren is een oud thema bij morele redeneringen, en ligt besloten in de zegswijze 'Begrijpen is iets anders dan vergeven'" (Pinker 1997 [1998]: 62).

Daarenboven behandelen evolutionaire theorieën alleen statistische waarschijnlijkheden. Ze kunnen niet in detail verklaren waarom dit specifieke individu in die specifieke omstandigheden zo handelde. Het lijkt onwaarschijnlijk dat criminelen ooit zullen worden vrijgesproken op basis van evolutionaire argumenten.

Huidige socialisatietheorieën

Feministen verklaren genderverschillen meestal louter vanuit theorieën over socialisatie.[49] Nu zal geen enkele onderzoeker ontkennen dat socialisatiepraktijken inderdaad een rol spelen bij het in banen leiden van mannelijk en vrouwelijk gedrag. Gedragsecologe Bobbi Low (1989) toonde bijvoorbeeld aan hoe de mate waarin jongens en meisjes verschillend worden opgevoed intercultureel op voorspelbare wijze afhangt van het soort samenleving waarin ze leven: al dan niet sociaal gestratificeerd, polygyn of monogaam, patrilokaal of matrilokaal.

De evolutionair gebaseerde benadering van Low, die uitgaat van een wisselwerking tussen genotype en omgeving, verschilt sterk van de dichotomische manier waarop sekseverschillen doorgaans behandeld worden in traditionele feministische beschrijvingen. Die laatste zijn vaak weinig doordacht en steunen nog op het behaviouristische beeld van de menselijke geest als onbeschreven blad. Bovendien lijken ze de geest te beschouwen als een entiteit die volledig losstaat van het lichaam. Dat cartesiaanse onderscheid tussen het lichaam als een fysiek organisme en de geest als niet-fysieke entiteit is echter volledig achterhaald. Het bewijs is overweldigend dat ons mentale leven volledig berust op patronen van biochemisch-elektrische activiteit in ons brein, dat al in de baarmoeder zijn basisstructuur krijgt. Mensen geboren met variaties op die typische structuur vertonen ook afwijkingen in de manier waarop hun geest werkt. Hoewel leren en oefening wel degelijk invloed hebben op de hersenstructuur – ze resulteren in het veranderen van verbindingen tussen hersencellen – menen de meeste neurowetenschappers niet dat het brein oneindig kneedbaar is door ervaring (Pinker 2002).

Antonia Abbey en haar collega's geven ons een typisch voorbeeld van een feministische socialisatietheorie:

> Van bij hun geboorte worden meisjes en jongens verschillend behandeld door ouders, leeftijdsgenoten en leerkrachten, wat hun reacties op gendertypische wijze vormgeeft (...). Door directe bekrachtiging en door imitatie leren de leden van een cultuur zich te gedragen op een manier die als passend voor hun gender geldt en genderconsistente zelfschema's te internaliseren. (Abbey et al. 1996: 139)

Vaak worden pornografie en de massamedia aangehaald als belangrijke manieren waarop genderpatronen gevormd en in stand gehouden worden.[50] Soms vind je vage verwijzingen naar "het patriarchaat", de "genderverdeling van de arbeid" en de "praktijken die [heteroseksuele] verlangens vorm geven en realiseren" (Connell 1995: 46-47). Anderen gaan zo heteroseksualiteit te omschrijven als een "geërotiseerd machtsverschil", zonder enige biologische basis (Sheila Jeffreys 1990[51], geciteerd naar Patai 1998: 130). Sommigen, beseffend dat seksetypische socialisatie onmogelijk de alomtegenwoordigheid van dezelfde genderpatronen over de hele wereld kan verklaren, grijpen naar psychoanalytische theorieën ter verklaring van dit fenomeen en van het frequente falen van de vorming van typische genderidentiteiten.[52]

Sommigen verwijzen wel naar het lichaam, maar dan zoals hierboven beschreven: met een geest die los van dat lichaam zweeft. Zo wijzen psychologen Alice Eagly en Wendy Wood (1999) op de grotere gestalte en kracht van mannen en het vermogen tot baren en zogen van vrouwen, fysieke verschillen die volgens hen tot een specifieke rolverdeling leiden en zo psychologische verschillen veroorzaken. Ze zien echter over het hoofd dat die door evolutionaire selectiedruk ontstane lichaamsverschillen *noodzakelijk ook* gedragsverschillen en psychologische verschillen met zich meebrengen. Fysieke eigenschappen ontstaan niet uit het niets. Onze opgerichte lichaamshouding impliceert tweebenige voortbeweging, ons spijsverteringssysteem weerspiegelt de voedingsgewoontes van onze prehistorische voorouders. Melkklieren in borsten konden niet evolueren zonder de gelijktijdige evolutie van gedragspatronen zoals het plaatsen van een kind aan de borst. De grotere spiermassa in het mannelijk bovenlijf kon zich niet ontwikkelen zonder de gelijktijdige evolutie van gedrag zoals slaan en vastgrijpen. De evolutie van die gedragspatronen impliceert bovendien psychologische adaptaties, zowel cognitief als emotioneel, om die gedragingen te sturen. Zonder inherente doelen en drijfveren zou een organisme nooit tot handelen overgaan (Thornhill & Palmer 2000).

Verwijzingen naar het patriarchaat en naar seksetypische arbeidsverdeling zijn slechts beschrijvingen van bestaande fenomenen; ze *verklaren* niets. Psychoanalytische theorieën helpen ons evenmin verder als we willen dat onze verklaringen van genderverschillen wetenschappelijk stevig gefundeerd zijn.[53] De andere bovenvermelde socialisatietheorieën steunen zwaar op het achterhaalde concept van de geest als een onbeschreven blad dat vorm krijgt door bekrachtiging (behaviourisme) en imitatie (sociale leertheorie). Niemand betwijfelt dat bekrachtiging gedrag kan beïnvloeden en dat imitatie een centrale eigenschap van primaten is, maar de vraag is of die effecten sterk genoeg zijn om de wereldwijde patronen van sekseverschillen te verklaren.

Onderzoek uit een veelheid aan disciplines, waaronder de biologische en evolutionaire wetenschappen, geeft aan dat de oorsprong van sekseverschillen elders ligt. Toch gelden binnen het feminisme socialisatietheorieën nog steeds als enig verklarend kader. Evolutiepsychologen John Tooby en Leda Cosmides (1992) doopten dit verklaringsmodel het 'standaardmodel van de sociale wetenschappen', omdat het al een eeuw het dominante intellectuele referentiekader is binnen de cultuur- en gedragswetenschappen. Simpel gesteld houdt het in dat de aangeboren mentale uitrusting van pasgeborenen uiterst rudimentair is: een ongeorganiseerde set van basisdrijfveren (honger, dorst...), een algemene vaardigheid tot leren en dat is het zowat. Het is de sociale en culturele wereld die vervolgens zorgt voor mentale organisatie. Dit socioculturele niveau wordt beschouwd als een autonoom veld. Het standaardmodel van de sociale wetenschappen ontkent dat de menselijke natuur een bron van betekenisvolle structuren in het menselijk bestaan kan zijn. Ze is er wel een noodzakelijke voorwaarde voor, maar alleen als belichaming van het vermogen tot cultuur. Het concept van ongerichte en algemene leervaardigheid staat centraal.

Evaluatie van enkele sociaal-constructivistische stellingen

Critici van onderzoek naar de biologische basis van sekseverschillen stellen typisch veel hogere eisen aan dit soort onderzoek dan ze ooit aan socialisatietheorieën zouden stellen. Ze vitten op details, komen aanzetten met alternatieve, vergezochte verklaringen en negeren het ondersteunende bewijsmateriaal uit andere disciplines.

Anne Fausto-Sterlings *Myths of Gender* (1992), een belangrijk referentiewerk voor veel feministen, is zo'n studie. Nauwgezette kritiek op bestaand onderzoek is essentieel voor goede wetenschap, maar het werk van Fausto-Sterling is helaas niet altijd even betrouwbaar – iets waar haar gepolitiseerde houding waarschijnlijk niet vreemd aan is. Haar kritiek op de sociobiologie en de evolutiepsychologie (Fausto-Sterling 1992, 1997, 2000a) bestaat bijvoorbeeld vrijwel volledig uit politieke verdachtmakingen, misvattingen, selectieve lectuur en misleidende voorstellingen, en getuigt bovendien van gebrek aan kennis van de basisprincipes van de evolutionaire biologie en van de theoretische ontwikkelingen sinds de jaren 1990. Om maar twee voorbeelden te geven: ze lijkt het enorme belang binnen de evolutiebiologie van het onderscheid tussen ultieme en proximale verklaringsniveaus niet te vatten (het volgende hoofdstuk verduidelijkt dit onderscheid). Ze beschouwt het als een truc, "handig, want volledig onweerlegbaar" (Fausto-Sterling 1992: 193). In haar bijdrage tot *Alas, Poor Darwin* (2000a) lijkt ze niet op de hoogte van de evolutionair geïnspireerde en bevestigde hypothese over het superieure ruimtelijk locatiegeheugen van vrouwen, een gegeven dat in alle belangrijke evolutionaire handboeken van de jaren 1990 vermeld staat. Haar ongeïnformeerdheid over de evolutionaire psychologie leidt haar tot de hypothese dat vrouwen mogelijk goed ontwikkelde ruimtelijke en geheugenvermogens geëvolueerd hebben, daaraan toevoegend: "zonder meer gegevens en een veel specifiekere hypothese kunnen we dat niet weten" (Fausto-Sterling 2000a: 177-178). Omdat ze biologe is en dus verondersteld wordt te weten waarover ze schrijft, baseren veel feministen zich op haar werk om de evolutionaire benadering van gender te verwerpen als foutief en flagrant politiek geïnspireerd.

Er valt heel wat op te merken op de publicaties van Fausto-Sterling. Ik geef enkele bijkomende voorbeelden.

In een poging om de 'natuurlijkheid' van een sekseverschil in lichaamskracht onderuit te halen, verwijst ze naar het feit dat vrouwelijke zwemmers tijdens de Olympische Spelen van 1976 nog 10% trager zwommen in de 100 en 400 meter vrije slag dan de mannen, terwijl tegenwoordig "Oost-Duitse zwemsters (...) nog nauwelijks 3% trager zwemmen dan mannen" (1992: 220). Gemakshalve gaat ze voorbij aan het feit dat die prestaties niet alleen aan training maar ook aan steroïden te danken waren (Young 1999).

Als ze beweert (Fausto-Sterling 1992) dat studies naar de wiskundige vaardigheden van beide geslachten tot 1974 nog significante verschillen aan het licht brachten, maar dat het verschil tegenwoordig tot bijna nul gereduceerd is, laat ze na te vermelden dat dit onder meer komt doordat, om redenen van politieke correctheid, items waar één van beide geslachten beter op scoorde uit de tests verwijderd werden (Kimura 1999).

Wanneer ze argumenteert dat het idee van twee seksen een culturele constructie is omdat veel kinderen interseksueel ter wereld komen (Fausto-Sterling 1993), is haar enige bewijs het cijfer van 4% dat ze ontleent aan een informele schatting van genderexpert John Money, iemand die nogal onbetrouwbaar is gebleken (zie verder in dit hoofdstuk). In *Sexing the Body* (2000b) daalt haar schatting van de frequentie van interseksualiteit tot 1,7%, een cijfer dat ze vond door de medische literatuur te doorbladeren. Haar definitie van interseksualiteit is echter veel te breed (Sax 2002). Klinisch gezien is er sprake van interseksualiteit wanneer het chromosomale geslacht niet overeenstemt met het fenotypische geslacht (de tastbare eigenschappen van een organisme) of wanneer het fenotypische geslacht niet classificeerbaar is als mannelijk of vrouwelijk. Fausto-Sterling noemt echter iedereen die afwijkt van het platonische ideaal van fysiek dimorfisme op vlak van chromosomen, genen, geslachtsklieren of hormonen, interseksueel. Ze rekent hiertoe bijvoorbeeld personen met andere chromosomale variaties dan XX of XY, ook al ontwikkelen die zich tot fenotypisch 'normale' vrouwen of mannen. Misleidend genoeg betreffen alle gevalstudies in haar boek authentieke voorbeelden van interseksualiteit. Als we de klinische definitie toepassen, daalt het voorkomen van interseksualiteit echter tot nauwelijks 0,018 procent, bijna 100 keer minder dan de schatting van Fausto-Sterling. Ze heeft de gangbaarheid van interseksualiteit kunstmatig opgedreven om politieke redenen: ze wil een flexibel gendersysteem propageren. Haar ongegeneerd politieke benadering van wetenschappelijke kennis heeft haar ertoe gebracht haar bewijsmateriaal te vervormen. Ze bespreekt daarenboven niet hoe die opvatting van sekse als sociale constructie ooit zou sporen met voortplantingstheorieën of met de evolutionaire biologie.

Dat betekent niet dat er *niets* te zeggen valt voor haar standpunt. Er zijn wel degelijk sociale voorkeuren in het spel wanneer (meestal) onschuldige condities als interseksualiteit als pathologisch bestempeld worden. Hetzelfde geldt voor de precieze interpretatie van mannelijke en vrouwelijke lichamen, die in zekere mate verschilt doorheen tijd en ruimte. Zo zou een gespierde lichaamsbouw bij vrouwen in het verleden snel als mannelijk beschouwd zijn, terwijl dat vandaag niet het geval is. Ik zie echter het voordeel niet in van de ontkenning dat we *essentieel* een tweeslachtige soort zijn, zolang we maar erkennen dat er soms variaties op dat basisschema voorkomen. We kunnen zelfs beslissen die variaties een derde sekse te noemen.

Fausto-Sterling staat de biologie wel een rol toe in haar verdediging van 'developmental systems theory' (DST). Die theorie benadrukt een interactieve structuur waarin alle niveaus van natuur/cultuur, van zenuwcellen tot menselijke interacties, elkaar wederzijds voortbrengen. Het spreken over aangeboren neigingen wordt binnen dit denkkader echter als dichotomisch en genetisch deterministisch afgedaan, want DST ontkent het bestaan van een onderliggend basisprogramma. Het genoom speelt geen geprivilegieerde rol in de ontwikkeling (Fausto-Sterling 2000b; Gray 1997). Zo wordt een schier eindeloze flexibiliteit van gedrag mogelijk. DST biedt echter geen verklaring voor de vele universele patronen van menselijk gedrag, noch voor de universele verschillen tussen de gemiddelde mannelijke en vrouwelijke psychologie.[54] Evenmin kan het de bevinding verklaren dat het brein van jongens en meisjes al bij de geboorte verschilt (Kimura 1999, 2002). Dat Fausto-Sterlings voorkeur voor DST meer ontspringt aan haar dogmatisme dan aan een wetenschappelijke ingesteldheid blijkt uit haar weigering om in te gaan op het tegenargument dat het bestaan van uiterst impopulaire seksuele geaardheden zoals transseksualiteit, en dit ondanks sterke sociale tegendruk, wijst op prenataal vastgelegde neigingen. Haar wegwuivende reactie luidt dat zo'n vorm van interactionisme "een grote dosis lichaam nodig heeft en slechts een kleine hoeveelheid omgeving" (2000b: 259).

Doreen Kimura reageert op critici als Fausto-Sterling als volgt:

> Zulke critici gebruiken vaak het woord *bewijzen* om te suggereren dat een bepaalde studie omwille van een of andere tekortkoming (en geen enkele studie van menselijke wezens kan ooit perfect zijn) een hypothese niet kan bewijzen. Het klopt dat wellicht geen enkele studie ooit een

> hypothese zo onmiskenbaar zal ondersteunen dat we haar zonder meer aanvaarden. Wetenschappers willen een standpunt niet bewijzen, ze hopen het ofwel te kunnen ontkrachten ofwel voldoende sterke aanwijzingen te vinden die het steeds waarschijnlijker maken en andere verklaringen minder aannemelijk. In het bijzonder de menselijke gedragswetenschappen moeten tewerkgaan op basis van stapsgewijs toenemend bewijsmateriaal, niet op basis van één studie. (Kimura 1999: 5, cursivering in origineel)

Een ander belangrijk criterium om een standpunt te aanvaarden is de mate waarin het verzoenbaar is met gegevens uit gerelateerde onderzoeksdisciplines zoals de fysiologie, de neurowetenschappen of de evolutiebiologie. In het volgende hoofdstuk zal blijken dat een radicaal sociaal-constructivistische benadering van sekseverschillen nergens met andere wetenschapsdisciplines te verzoenen valt, dit in tegenstelling tot een evolutionaire benadering.

De wereld zou er helemaal anders uitzien indien het sociaal-constructivisme zou kloppen als enige verklaring van sekseverschillen. Allereerst zouden we niet dat opvallende patroon van gelijkaardige sekseverschillen over de hele wereld terugvinden. De evolutionaire psychologie wordt er soms van beschuldigd enkel 'het voor de hand liggende' te beschrijven. Maar het voor de hand liggende ligt maar voor de hand omdat het tot de menselijke natuur behoort. In principe kun je talloze andere manieren van samenleven verzinnen. Mensen zouden bijvoorbeeld niet in groep kunnen leven en het andere geslacht alleen opzoeken om te paren. Of ze zouden oudere mensen in de regel fysiek aantrekkelijker kunnen vinden dan jongere. Volgens het sociaal-constructivistische paradigma zijn alle denkbare mogelijkheden bij de ontdekking van een voorheen onbekend volk even plausibel: dat het bijvoorbeeld om een matriarchaat gaat, met vrouwen die op jonge mannen vallen en met mannen die de kinderzorg grotendeels op zich nemen; of dat het om een samenleving gaat zonder genderonderscheid. Het zou zelfs een samenleving kunnen zijn waar mensen geconditioneerd worden om zich seksueel tot boomstronken aangetrokken te voelen, zoals Ellis (1992) opmerkt.

Dergelijke samenlevingen bestaan echter niet. Overal leven mensen in groepsverband, hebben ze taal en typische emoties, kennen ze geweld, verkrachting en moord, kennen ze machtsverhoudingen en prestige, zijn ze soms vijandig tegenover andere groepen en werken ze er soms mee samen, kennen ze romantische relaties, werktuigen en seksuele gedragscodes, bevoordelen ze naaste verwanten, maken ze plannen voor de toekomst, zijn ze zich bewust van rechten en plichten, kennen ze rituelen, dans, muziek, enzovoort (Brown 1991). De evolutionaire psychologie is de enige theorie die kan verklaren waarom de menselijke geest zo'n universeel basispatroon vertoont. Als kinderen werkelijk zo gemakkelijk te kneden zijn, waarom gaan ze dan al zo snel in tegen de verwachtingen van hun ouders?

Het 'baby X'-experiment werd door sommigen lang gezien als het ultieme bewijs dat genderverschillen het resultaat zijn van socialisatie. In een kamer met wat speelgoed werd een vrouw gevraagd om enkele minuten op een baby te passen. Als haar werd verteld dat het een meisje was, bood ze het kind vaker een pop aan om mee te spelen. Dat lijkt de behaviouristische visie te bevestigen dat sekseverschillen ontstaan doordat jongens worden aangemoedigd om te vechten en in bomen te klimmen, terwijl meisjes jurkjes moeten dragen en met poppen moeten spelen. Waarschijnlijker is echter dat ouders op de voorkeuren van het kind inspelen, want kinderen nemen actief deel aan hun eigen ontwikkeling. Ze verkiezen ook seksespecifiek speelgoed als ze daar niet specifiek toe worden aangezet. Seksegedifferentieerde speelgoedvoorkeuren zijn vastgesteld bij baby's van negen maanden oud. De baby X-bevindingen bewijzen trouwens niets, tenzij kan aangetoond worden dat het speelgoed het gedrag van het kind veranderde. Als de behaviouristische visie correct zou zijn, zouden bovendien de meest seksestereotiepe ouders ook de meest seksestereotiepe kinderen moeten hebben. Dat blijkt niet het geval (Campbell 2002).

Wat imitatietheorieën en andere sociaal-constructivistische overtuigingen betreft: naast seksetypisch speelgoed verkiezen kinderen ook om te gaan met leden van de eigen sekse en ze vertonen al sekseverschillen in sociaal gedrag lang voor ze zich bewust zijn van hun eigen sekse of kunnen inschatten in hoeverre hun gedragingen typischer zijn voor jongens dan voor meisjes. Zelfs op de leeftijd van zeven jaar is er geen relatie tussen de genderkennis van kinderen en de mate waarin ze seksetypisch gedrag vertonen (Campbell 2002).

Speelgoedvoorkeuren blijken, net als alle onderzochte seksueel dimorfe gedragspatronen, gerelateerd aan de invloed van geslachtshormonen, waarvan de werking genetisch gestuurd wordt. Bij zoogdieren is de 'standaardvorm' van een embryo een vrouwtje. Een mannetje ontstaat onder de masculiniserende invloed van androgenen. Die mannelijke hormonen komen in verschillende stadia van de embryonale ontwikkeling vrij. Ze zorgen niet alleen voor de genitale ontwikkeling, maar hebben ook invloed op de organisatie van het brein, met levenslange effecten op het gedrag. Zonder androgenen ontwikkelt zich een vrouwelijk brein.

We weten dit onder meer door seksuele anomalieën als het androgenitaal syndroom (AGS). Het betreft mensen (mannen en vrouwen) die prenataal aan een overmatige dosis androgenen blootstonden. De meisjes worden geboren met deels vermannelijkte genitaliën en blijken veel onstuimiger dan andere meisjes. Hun speelgoedvoorkeuren lopen opvallend gelijk met die van jongens en ze vertonen vaker homoseksuele fantasieën en neigingen (Kimura 1999, 2002).

Ook het bestaan van transseksuelen ondermijnt alle sociaal-constructivistische verklaringspogingen. Ondanks het feit dat ze werden opgevoed en aangespoord om zich overeenkomstig hun anatomische sekse te gedragen, ontwikkelen transseksuelen een tegenovergestelde genderidentiteit. Onderzoeker Michael Bailey (2003) meent dat variatie in seksuele geaardheid te maken heeft met variatie in de prenatale blootstelling aan geslachtshormonen. Aangezien die hormonen in meerdere fasen hun invloed uitoefenen, zijn er verschillende momenten waarop een afwijking van de 'norm' kan optreden. Dat kan bijvoorbeeld leiden tot een niet of weinig vermannelijkte breinstructuur in een volledig mannelijk lichaam.

Het belang van vroege hersenorganisatie blijkt ook uit gevallen waarbij de penis vlak na de geboorte zware beschadiging opliep. Omdat het makkelijker is een vagina te construeren dan een penis, besloot men in de jaren 1970 bij die zeldzame gevallen gewoonlijk de jongen chirurgisch om te vormen en als meisje op te voeden. De toen vermaarde genderexpert John Money legde de grondslag van die praktijk. Het eerste en meest bekende geval van zo'n poging tot genderverandering is dat van David Reimer, toen bekend als de John/Joan-kwestie. Zowel feministen als sociale wetenschappers haalden de zaak gretig aan als bewijs dat pasgeborenen psychoseksueel een onbeschreven blad zijn. Het blijkt echter een totale mislukking te zijn geweest (Colapinto 2000).

John Money besefte dat van in het begin, maar heeft dit nooit willen toegeven, zelfs niet toen het getormenteerde meisje – dat nooit vrouwelijk gedrag had vertoond en zelfs rechtopstaand trachtte te plassen – zich in 1981, op zeventienjarige leeftijd, opnieuw tot een jongen liet ombouwen. Op achtjarige leeftijd had ze al sterk het gevoel een jongen te zijn. Toen ze op haar veertiende besloot als man door het leven te gaan, vertelden haar ouders haar eindelijk de waarheid.[55]

Toen de mislukking in 1997 publiek bekend werd, traden veel interseksuelen, die op aanraden van Money een normaliserende genitale operatie hadden ondergaan, met hun ervaringen naar buiten. Hun verhalen zijn analoog aan dat van David Reimer, zij het dat zij, aangezien zij interseksueel geboren zijn, een complexe seksuele identiteit hebben. Velen hebben zich nooit kunnen verzoenen met het geslacht dat hun chirurgisch is opgelegd en pleiten voor de afschaffing van genitale chirurgie op kinderen, tot die oud genoeg zijn om zelf een keuze te maken (Colapinto 2000; Fausto-Sterling 2000b). Ze kunnen dan het geslacht kiezen dat het best bij hen past of er gewoon voor kiezen geen operatie te ondergaan. Er is tenslotte geen reden waarom de maatschappij interseksuelen in een binair systeem zou moeten dwingen.

David Reimer was acht maanden oud toen hij zijn penis verloor, en pas toen hij zeventien maanden was besliste men om hem operatief een nieuw geslacht toe te wijzen. Volgens sommige critici was hij al te lang als jongen gesocialiseerd om de overgang nog succesvol te kunnen maken. Een gelijkaardig geval, waarbij de beslissing tot geslachtsverandering ongeveer tussen twee en zeven maanden viel, levert inderdaad minder eenduidige resultaten op. De jongen-die-een-meisje-werd is zo gebleven en leidt nog steeds het sociale leven van een vrouw, al herinnert ze zich dat ze als kind een wildebras was en van typische jongensspelletjes en jongensspeelgoed hield. Ze had seksuele ervaringen met zowel vrouwen als mannen, maar fantaseert vooral over vrouwen. Ze heeft een arbeidersjob die bijna exclusief door mannen wordt uitgeoefend (Bradley et al. 1998).

Slechts twee gevallen van dit soort incident zijn redelijk goed gedocumenteerd in de wetenschappelijke literatuur. Dat is onvoldoende om gefundeerde conclusies toe te laten, temeer daar ze deels in verschillende richtingen wijzen. Er bestaat echter een andere aandoening die we kunnen zien als het perfecte natuur-cultuurexperiment: cloacale extrofie. Jongens met cloacale extrofie worden geboren met onderontwikkelde darmen die in de blaas uitmonden en met een weinig ontwikkelde penis. Het is een zeldzame en ernstige aandoening, die tot de jaren zeventig leidde tot de dood kort na de geboorte. Nu kunnen de getroffenen dankzij de medische vooruitgang overleven. Sinds enige decennia castreert men de meeste jongens die ermee geboren worden en bouwt men ze meteen na de geboorte om tot meisjes. Veertien van hen werden nadien nauwgezet opgevolgd (laatste opvolging tussen de leeftijd van veertien en twintig). De resultaten van dat onderzoek halen de theorie van psychoseksuele neutraliteit bij de geboorte definitief onderuit. Zeven van deze 'meisjes' hebben expliciet verklaard een jongen te zijn. Vijf van hen deden dat spontaan en twee nadat hun ouders hun verteld hadden wat er gebeurd was. Eén van de zeven anderen had als kind de wens geuit een jongen te zijn, maar aanvaardde uiteindelijk haar status als meisje. Later, toen haar ouders de waarheid over haar geboorte vertelden, werd ze boos en teruggetrokken en weigerde ze de zaak te bespreken. De ouders van de andere meisjes hebben beslist het nooit aan hun dochters te vertellen. Opvolgingsrapporten suggereren dat die kinderen allesbehalve gelukkig zijn. Alle veertien van deze meisjes voelen zich seksueel aangetrokken tot vrouwen en ze vertonen allemaal onvrouwelijke interesses en gedrag (Bailey 2003).

Met betrekking tot deze en gelijkaardige gevallen beargumenteren sommige sociaal-constructivisten dat de gendersocialisatie van het kind waarschijnlijk incoherent en ambivalent was, te wijten aan de achtergrondkennis van de ouders over de situatie of aan hun onbewuste verlangen naar een kind van het andere geslacht. Of misschien stelde de psycholoog die de kinderen opvolgde suggestieve vragen, waardoor ze hun genderidentiteit in vraag gingen stellen. Dat zou betekenen dat dergelijke uiterst subtiele elementen van interactie veel meer gevolgen hebben dan het kind een seksetypische naam geven, meisje of jongen noemen en seksestereotiep behandelen. Als de ontwikkeling van genderidentiteit werkelijk zo gemakkelijk te verstoren is, zouden genderidentiteitsproblemen veel vaker voorkomen (Bailey 2003).

Een ander fenomeen dat soms wordt aangehaald als bewijs voor de sociale constructie van genderidentiteit is de berdache. "De indiaanse berdache ondermijnt Europese noties van gender", schrijft Linda Nicholson (1994: 96). Wat is een berdache? Nicholson geeft volgende beschrijving: "In tegenstelling tot moderne, Europees gebaseerde samenlevingen beschouwden bepaalde indianenculturen identiteit meer als een spiritueel gebeuren, waardoor sommigen met mannelijke genitaliën de mogelijkheid kregen om door zichzelf en anderen gezien te worden als half man/half vrouw" (1994: 96). Ook Margo Brouns merkt op dat sommige traditionele indianenculturen meer dan twee seksen kenden: "[b]epaalde personen (man of vrouw), die in een geprivilegieerde positie verkeerden, konden wisselen van sekse-identiteit. Soms waren zij man, dan weer vrouw, en dat gaf hun een eigen seksuele positie" (Brouns 1995b: 37).

Die beschrijvingen werpen enkele vragen op. Zowel Nicholson als Brouns erkennen dat slechts *bepaalde* individuen toestemming kregen om zichzelf op die speciale manier te begrijpen. Wie waren ze? Waarom kreeg niet iedereen die toelating? En konden ze gewoon half man/half vrouw zijn of *wisselden* ze naar believen tussen een mannelijke en een vrouwelijke genderidentiteit, wat iets helemaal anders is? Hadden de berdache altijd mannelijke genitaliën, zoals Nicholson suggereert, of konden zowel mannen als vrouwen berdache worden, zoals Brouns schrijft? Zelfs zonder verdere achtergrondinformatie is duidelijk dat genderidentiteit ook in deze samenlevingen aan maatschappelijke regulering onderworpen was, al was die ongetwijfeld flexibeler dan in het Westen.

De conclusie dat het bestaan van de berdache aantoont dat genderidentiteit cultureel geconstrueerd is, lijkt overhaast en ongefundeerd. Uiteindelijk groeiden ook berdaches op in een samenleving die mannen en vrouwen verschillende rollen toeschrijft, net als samenlevingen dat elders doen. Als het werkelijk zo gemakkelijk zou zijn om mensen te laten afwijken van een seksetypische rol – door ze niet in die rol te duwen – dan zou dat ook in het Westen moeten werken. We weten dat dat niet zo is. Het is gewoon niet zo eenvoudig.

We hebben hier een expert nodig, en dat is precies wat historicus Will Roscoe is. In *The Zuni Man-Woman* (1991) brengt hij verslag uit van zijn negen jaar durende onderzoek naar alternatieve genderrollen in de indiaanse cultuur. Door de methodes van de geschiedenis en de antropologie met elkaar te combineren en zijn werk aan de Zuni voor te leggen, hoopt hij de valstrikken te hebben vermeden waar vroegere antropologen intrapten. Boasiaanse antropologen, zoals Ruth Benedict en toegewijd feministe Elsie Clews Parsons, zochten in indiaanse culturen een minder conventionele manier van leven. Het is aan die ideologisch vooringenomen antropologen dat we bijna al onze kennis over de berdache danken.

Het werk van Roscoe concentreert zich op de mannelijke berdache, al bestonden er ook vrouwelijke berdaches. Een berdache was een persoon die de toelating kreeg om zich te gedragen en te kleden als lid van het andere geslacht. Vrouwelijke berdaches namen rollen als strijder en opperhoofd op zich of wijdden zich aan mannelijke bezigheden, terwijl mannelijke berdaches zich met huishoudelijk werk bezighielden. Het fenomeen werd gedocumenteerd in meer dan 130 Noord-Amerikaanse indianenstammen, in elke regio op het continent. Berdaches namen een gewaardeerde en sacrale plaats in in hun gemeenschap.

Wat de rol van de berdache ongewoon maakt in westerse ogen, is de hoge sociale status die werd toegekend aan iemand die in onze samenleving als afwijkend werd (of nog wordt) beschouwd. Toch is het volgens Roscoe duidelijk dat de betrokken individuen niet over een flexibele genderidentiteit beschikten. Het waren lesbiennes of homo's wiens geaardheid sociaal aanvaard en zelfs gesacraliseerd werd. Mannelijke berdaches hadden wellicht alleen seksuele relaties met mannen, niet met vrouwen. De sleutel tot definitie lag echter minder in hun seksueel gedrag dan in hun voorkeur voor werk dat typisch het domein is van de andere sekse. Berdaches werden in de kindertijd geïdentificeerd op basis van hun neigingen en vaardigheden. Een jongen die op de leeftijd van vijf of zes een voorkeur voor huishoudelijk werk en omgang met vrouwen demonstreerde, werd door volwassenen geïnterpreteerd als een berdache, zodat hij op tienjarige leeftijd vrouwenkleren mocht dragen. Men bestempelde een kind dus niet tot berdache als het geen berdacheneigingen vertoonde.

Roscoe stelt dat individuen sociale actoren zijn die niet passief wachten tot opgelegde labels het startschot geven voor de invulling van hun gedrag. Mensen nemen actief deel aan de vorming van hun identiteit en status. Roscoe verwerpt interpretaties die genderidentiteit als product van sociale invloed zien en niet als de manifestatie van inherente drijfveren. De bewering dat het bestaan van berdaches een bewijs voor het sociaal-constructivistische paradigma zou vormen, staat trouwens haaks op de conclusies van de indianen zelf. Sommige onderzoekers gaan zo ver elk verband tussen de berdache en westerse homoseksuele rollen te ontkennen, maar hedendaagse homoseksuele indianen zien duidelijk een overlapping, alleen behelst de traditie van de berdache voor hen niet alleen seksuele maar ook spirituele en sociale dimensies.

Roscoe (1991) komt tot het besluit dat genderidentiteit enkel 'geconstrueerd' is in die zin dat verschillende samenlevingen de inherente variatie op vlak van gender en sekse op verschillende wijze in formele sociale rollen organiseren. In de mate waarin de interesses van een kind aansloten bij het berdachestatuut, bood dat statuut een unieke kans tot persoonlijke ontplooiing, een kans die historisch aan westerse homoseksuelen ontzegd is. Dergelijke culturele variaties kunnen ons bevrijden van eenzijdige definities van homoseksualiteit.

De traditie van de berdache ondersteunt de sociaal-constructivistische visie op genderverschillen dus niet. Ze kan wel gebruikt worden om te pleiten voor de sociale aanvaarding van meerdere soorten van genderidentiteit, want ze toont dat de genderidentiteit van sommige mensen zich ergens tussen de twee basiscategorieën van mannelijk en vrouwelijk situeert. Ik herhaal daarbij dat het bestaan van variaties op het basisschema volledig consistent is met de evolutionaire visie op onze soort als essentieel dimorf. Evolutie gaat tenslotte evenveel over variatie als over de doorstroming van de meest succesvolle geno- en fenotypes naar de volgende generaties. In tegenstelling tot wat Fausto-Sterling suggereert, vormt het continuüm van anatomisch vrouwelijk naar anatomisch mannelijk echter geen gelijkmatige lijn. De meeste mensen zitten gesitueerd aan een van beide uiteinden. Zoals we zagen, bedraagt het aantal kinderen dat interseksueel geboren wordt niet 4%, zoals Fausto-Sterling schrijft, noch 1,7%, maar 0,018%. Het bestaan van die polen betekent natuurlijk niet dat de samenleving die rijke anatomische en psychoseksuele variëteit daartussen in een binair sekse- en gendersysteem zou moeten dwingen, zoals traditionele indianenculturen ons tonen.

Sociaal-constructivistische theorieën bieden geen antwoord op de cruciale vraag waarom kinderen zo gemakkelijk leren zich volgens seksetypische patronen te gedragen, terwijl het veel moeilijker blijkt om hen tot volledig prosociale en niet-agressieve individuen op te voeden. Het zijn precies dergelijke vragen die door de evolutionaire psychologie worden aangesneden.

5
Sociobiologie en evolutionaire psychologie

> Per slot slaan negatieve bewoordingen als 'promiscue', als ze op vrouwen toegepast worden, alleen ergens op vanuit het gezichtspunt van de mannen die hen proberen te beheersen – ongetwijfeld de bron van beroemde tweedelingen als bijvoorbeeld 'madonna' en 'hoer'. Vanuit het gezichtspunt van het vrouwtje echter wordt dit gedrag beter verklaard als 'onverdroten moederlijk'.
>
> – Sarah Hrdy, *Mother Nature*, 1999b [2000]: 109

Het darwinisme heeft een lange weg afgelegd van de vroege sociobiologische veronderstelling van essentiële verschillen tussen 'vurige' mannetjes en 'preutse, terughoudende' vrouwtjes naar de erkenning dat vrouwtjes even dynamische strategen zijn als mannetjes en dat vrouwelijke keuze – nog altijd een hoeksteen van seksuele selectietheorie – vaak tegengewerkt wordt door mannetjes. De huidige darwinistische theorievorming is niet monolithisch en zal ongetwijfeld nog enkele achterhaalde visies op de vrouwelijke natuur bevatten, maar al bij al meen ik dat het evolutionaire denken over de seksen momenteel vrij evenwichtig is. Vrouwgerichte hypothesen worden erkend als potentieel waardevolle perspectieven die vroegere vooroordelen kunnen corrigeren of tot vruchtbare ontdekkingen kunnen leiden. Veel evolutionaire theoretici zijn enthousiast bezig met onderzoek naar vrouwelijke partnervoorkeuren, naar mannelijke strategieën ter omzeiling van vrouwelijke keuze, naar mechanismen van onderlinge competitie tussen vrouwtjes en naar mogelijke voordelen van vrouwelijke promiscuïteit.[56]

De intrinsieke waarde van die theorieën en hypothesen wordt uiteindelijk beslist door ze te testen – want de meeste evolutionaire hypothesen over gedrag zijn wel degelijk testbaar, ondanks de talloze beschuldigingen van het tegendeel.

Dit hoofdstuk behandelt de ontwikkeling van en de controverses rond sociobiologie en evolutionaire psychologie. De evolutionaire psychologie ontwikkelde zich in de jaren 1990 uit de sociobiologie en de cognitieve wetenschappen. Hoewel critici vaak weigeren de verschillen tussen die discipline en haar beruchte voorganger te erkennen,[57] is het onderscheid in feite behoorlijk groot. Zoals de naam aangeeft, is de evolutionaire psychologie in essentie een wetenschap van de geest: ze bestudeert de rol van de geëvolueerde architectuur van ons brein in het mediëren van gedrag. De sociobiologie, vooral die uit de jaren 1970, richt zich meer op de vraag hoe gedrag genetisch gestuurd wordt en biedt een synthese van evolutionaire ecologie, populatiebiologie en populatiegenetica. Een ander verschil is dat de evolutionaire psychologie er niet van uitgaat dat mensen of andere organismen gedreven worden door het algemene doel hun genen door te geven. In tegenstelling tot de sociobiologie, die veronderstelt dat "onze meest belangrijke drijfveer erin bestaat onze fitness te maximaliseren" (Barash 1979: 171-172), stelt de evolutionaire psychologie dat de geëvolueerde cognitieve mechanismen die ons gedrag mee veroorzaken, allemaal een *specifieke* functie hebben en weerhouden zijn in de loop van de evolutie doordat ze toevallig onze prehistorische voorouders hielpen met overleving en voortplanting (Symons 1992).

Vooraleer in te gaan op de historische ontwikkelingen die aan de opkomst van de evolutionaire psychologie voorafgingen, verduidelijk ik een cruciaal onderscheid binnen de evolutiebiologie: dat tussen proximale en ultieme niveaus van wetenschappelijke verklaring.

Proximale en ultieme verklaringsniveaus

Critici die het verschil tussen de twee oorzakelijke niveaus bestudeerd binnen de evolutiebiologie niet snappen, menen soms dat volgens evolutionaire theoretici een evolutionaire benadering van menselijk gedrag en een analyse in sociologische termen elkaar uitsluiten. Beide benaderingen zijn echter complementair.

Janet Hyde schrijft bijvoorbeeld dat de grotere agressiviteit van mannen zowel vanuit biologisch-evolutionair als feministisch perspectief benaderd kan worden, maar dat feministen de biologische verklaringen meestal verwerpen, want volgens hen "wordt genderverschil in agressie immers rechtstreeks veroorzaakt door de socialisatie van mannen tot de mannelijke rol en de socialisatie van vrouwen tot de vrouwelijke rol" (1996: 113-114). Hyde lijkt niet te vatten dat *beide* verklaringen geldig kunnen zijn, op een verschillend niveau. Evolutionaire theoretici ontkennen de rol van socialisatie niet; ze beschouwen die gewoon als een directe, proximale verklaring, die om een breder verklaringsniveau vraagt: een ultiem, evolutionair niveau.

Proximale verklaringen verwijzen naar de onmiddellijke oorzaken van gedrag of van bepaalde eigenschappen. Ze omvatten onder meer genen, hormonen, fysiologische structuren (zoals breinmechanismen) en omgevingsinvloeden (sociaal, cultureel...). Omgevingsinvloeden worden typisch bestudeerd door sociale wetenschappers. De vraag blijft echter: *waarom* bestaan die proximale oorzaken? Sekseverschillen in gedrag ontstaan deels door hormonen, maar waarom hebben mannen en vrouwen eigenlijk een verschillende hormonenspiegel? Socialisatie vormt een ander deel van de verklaring van gedragsverschillen, maar waarom is het zo makkelijk om kinderen volgens de 'aangewezen' rolpatronen op te voeden, terwijl het omgekeerde veel moeilijker is?

Volgens evolutionair psychologen ligt het antwoord op dit soort waarom-vragen in onze evolutionaire voorgeschiedenis. Ze worden ultieme of evolutionaire verklaringen genoemd. *Proximale en ultieme verklaringen kunnen conflicteren, maar doen dat niet noodzakelijk.* Beide zijn nodig als we om het even welk aspect van het leven volledig willen begrijpen.

Neem opnieuw Janet Hyde (1996). Samen met Mary Beth Oliver voerde ze een meta-analyse uit van genderverschillen in seksualiteitsbeleving.[58] Ze ontdekten een opvallend genderverschil in attitudes rond vrijblijvende seks: mannen zoeken eerder seksuele bevrediging, terwijl vrouwen typisch op zoek gaan naar emotionele betrokkenheid. Dat is precies wat te verwachten valt op basis van evolutionaire inzichten. De ouderlijke investeringstheorie van Robert Trivers voorspelt dat de minder investerende sekse seksueel minder kieskeurig zal zijn dan de meer investerende sekse. Hyde schrijft dat "sociobiologie, sociale leertheorie, sociale roltheorie en scriptheorie dit genderverschil allemaal voorspellen" (1996: 115). In het vervolg van haar argumentatie lijkt ze ervan overtuigd dat dit sekseverschil ofwel aan biologie ofwel aan socialisatie te wijten is. Omdat gendersocialisatie, en vooral de dubbele seksuele standaard, dit fenomeen zowel voorspellen als verklaren, is de evolutionaire verklaring volgens haar overbodig.

Dat is als zeggen dat talen verschillen omdat mensen in verschillende talen opgevoed worden. Een dergelijke redenering verklaart wel waarom een Franstalige gemeenschap niet van de ene dag op de andere Chinees begint te spreken, maar als we op dit analyseniveau blijven steken, zullen we het bestaan van verschillende talen nooit echt vatten. Hoe komt het dat talen zich ooit verschillend gingen ontwikkelen? Een historische benadering dringt zich hier op. Hoe is taal zelf ooit kunnen ontstaan? Alleen een evolutionaire benadering kan hier antwoord bieden. We moeten uitspitten waarom onze soort de vaardigheid tot spreken ontwikkelde, maar ook hoe die vaardigheid zich door een complex proces op de culturele specificiteiten kan afstemmen. Al die analyseniveaus zijn complementair. In tegenstelling tot wat sommigen insinueren, beweert geen zinnig mens dat we de complexiteit van het menselijk bestaan tot één enkel analyseniveau kunnen reduceren.

Socialisatietheorieën kunnen de invloed van genderrollen alleen voorspellen als die rollen al gekend zijn. Ja, socialisatie is uitermate belangrijk – iets wat geen enkele evolutietheoreticus zal ontkennen. Wat socialisatietheorieën echter niet kunnen verklaren, is hoe die rolpatronen ooit zijn ontstaan en waarom we ze over de hele wereld aantreffen, al verschilt de culturele expressie ervan soms danig. Door de theorie van evolutie door natuurlijke en seksuele selectie beschikken we over een breder theoretisch kader dat die bij talloze soorten terugkerende sekseverschillen niet alleen verklaart maar ook voorspelt – al was er de bijdrage van (hoofdzakelijk) vrouwelijke onderzoekers voor nodig om te beseffen hoe vrouwelijk gedrag vroeger vaak vanuit patriarchaal perspectief werd benaderd.

Een ultieme verklaring van gedrag (die stelt dat het gedrag bestaat omdat het weerhouden werd door selectie) ontkent helemaal niet dat er leren aan te pas komt (wat een proximale verklaring is). Toch botst onze kennis van evolutionaire processen soms met de specifieke proximale verklaringen van sociale wetenschappers. Het freudiaanse oedipuscomplex, bijvoorbeeld, had nooit kunnen evolueren als fundamenteel onderdeel van de menselijke natuur, want incestueus paargedrag leidt tot minder levensvatbare nakomelingen, wat een genetisch doodlopend straatje betekent. Het oedipuscomplex, een van de kernconcepten van de psychoanalytische theorie, zou nooit enige geloofwaardigheid verworven hebben indien iemand zich vragen had gesteld bij het evolutionaire lot van een genetisch kenmerk dat elk kind met incestueuze verlangens opzadelt. Hetzelfde geldt voor Freuds beweringen over het doodsinstinct, net als voor veel andere psychoanalytische opvattingen.

Zo beperkt het proces van natuurlijke selectie het aantal eigenschappen die mogelijk hadden kunnen ontstaan als geëvolueerde psychologische adaptaties. Die wetenschap kan ons een hoop vruchteloos getheoretiseer besparen, ook in debatten over de oorsprong van sekseverschillen.

De vraag naar het *waarom* van een bepaalde eigenschap of gedragskenmerk is een legitieme wetenschappelijke vraag, die niet noodzakelijk op teleologisch denken wijst. De darwinistische theorievorming *lijkt* alleen maar teleologisch, omdat de gevolgen van biologische fenomenen een essentieel deel uitmaken van hun verklaring. Als vleugels geen evolutionair voordeel zouden bieden, waren ze in een vroege fase van hun ontwikkeling verloren gegaan. Waarom een orgaan, neiging of gedragspatroon bestaat, is wetenschappelijk een even legitieme vraag als hoe het werkt. De lever bestaat om te ontgiften, onze voorliefde voor zoet bestaat om de opname van voedzame suikers te bevorderen, mannelijke seksuele jaloezie bestaat om zekerheid over het vaderschap te behouden (zie volgend hoofdstuk) (Daly & Wilson 1996). Natuurlijke selectie is een blind mechanisme, maar dat betekent niet dat kenmerken op willekeurige basis weerhouden worden: dat gebeurt alleen als ze gemiddeld de overlevings- of voortplantingskansen van een organisme bevorderen of niet in het gedrang brengen.

Het is echter een veel voorkomende misvatting te veronderstellen dat mensen en andere dieren naar *fitness op zich* streven. Een evolutionaire verklaring impliceert allerminst een bewust verlangen om zich voort te planten. Als nakomelingen van succesvolle voorouders zijn we de *uitvoerders van adaptaties* in plaats van erop gericht te zijn ons reproductief succes te maximaliseren (Tooby & Cosmides 1992). Ook hier geldt het onderscheid tussen proximale en ultieme verklaringsniveaus. Een voorbeeld. Mensen houden van seks omdat seks leuk is. Dat is een uitstekend proximaal antwoord op de vraag: waarom hebben mensen seks? Het plezier dat we aan seks beleven is echter geëvolueerd 'opdat' we iets zouden doen dat als neveneffect heeft dat we onze genen doorgeven. Dat is een ultiem antwoord op de vraag waarom mensen seks hebben. Beide antwoorden zijn juist; ze zijn gewoon complementair.

Door moderne anticonceptietechnieken zijn seks en voortplanting niet langer automatisch met elkaar verbonden, maar toch blijft seks leuk. Ons lichaam en ons brein ontwikkelden zich gedurende miljoenen jaren in een omgeving zonder anticonceptie. Ze hebben de kenmerken behouden die toen adaptief waren, hoewel ze dat vandaag misschien niet meer zijn. Omdat evolutie zo traag gaat, zijn mensen noodzakelijk ontworpen voor de vroegere omgevingen waarvan ze het product zijn. Het huidige niet-adaptieve of zelfs schadelijke karakter van sommige kenmerken (zoals ons verlangen naar vet en suiker) betekent niet dat het geen adaptaties kunnen zijn.

Sociobiologie: van genen en mannen

In 1975 luidde de publicatie van Edward Wilsons beruchte boek *Sociobiology: The New Synthesis* officieel de geboorte in van de sociobiologie. Het vuistdikke werk bracht theoretische ideeën (onder meer van Hamilton en Trivers) en empirische studies (uit de ethologie, populatiegenetica en gedragsgenetica) van de voorbije decennia samen in een alomvattend denkkader dat sociaal gedrag bij dieren beschouwde als genetisch gecontroleerd en evoluerend door natuurlijke selectie. Wilson vertelde hiermee eigenlijk niets nieuws, maar hij gaf dit opkomende onderzoeksdomein een naam en verdedigde het belang ervan in een sociaal klimaat dat uiterst wantrouwig stond tegenover evolutie en gedragsgenetica.

Gezien tegen de achtergrond van het toen (en nog altijd) heersende politiek correcte paradigma van het sociaal-constructivisme verrast het niet dat het boek een enorme controverse teweegbracht. Toch had Wilson die ophef deels aan zichzelf te danken. De laatste 30 bladzijden van het 700 pagina's tellende boek gaan immers over de mens. Ondanks de (toen nog) schaarse informatie over de genetische onderbouw van menselijk gedrag schrok Wilson er immers niet voor terug te voorspellen dat de sociobiologie de psychologie en andere sociale wetenschappen zou "kannibaliseren" (1975: 575).

Het is weinig verwonderlijk dat de vroege sociobiologie enkele androcentrische trekjes van de disciplines waaruit ze was samengesteld, overnam, zoals de eenzijdige aandacht voor mannelijke dominantiehiërarchieën, het stereotyperen van vrouwtjes als relatief monogaam, passief en terughoudend, de veronachtzaming van vrouwelijke belangen en strategieën, de verondersteld cruciale rol van mannelijke competitie voor de evolutie van de soort en, specifiek met betrekking tot mensen, de sterkere focus op het evolutionair belang van mannen als jagers dan op het belang van vrouwen als verzamelaars.

Hoewel vrouwelijke keuze geleidelijk aanvaard raakte in de jaren zeventig, zou het nog een poos duren vooraleer vrouwelijke belangen en strategieën in evolutionaire verklaringen van gedrag dezelfde status verwierven als mannelijke belangen en strategieën. Zoals we zagen, droegen verschillende maatschappelijke en theoretische ontwikkelingen daartoe bij, zoals het feminisme, het invloedrijke artikel over ouderlijke investering van Robert Trivers uit 1972 en het veldonderzoek van vrouwelijke primatologen. Daarnaast droegen (feministische en andere) critici van buiten het veld ongewild bij tot de ontwikkeling van de sociobiologie: hun kritiek zorgde ervoor dat beweringen over sekseverschillen en andere kwesties steeds nauwkeuriger gefundeerd moesten gefundeerd worden (Segerstråle 2000).

Sarah Hrdy en het wellustige vrouwtje

In 1981 publiceerde antropologe en primatologe Sarah Hrdy *The Woman that Never Evolved*, een studie van cruciaal belang voor het onderuithalen van verschillende veronderstellingen over vrouwelijk paargedrag. De sociobiologie ging ervan uit dat vrouwtjes wegens hun beperkt aantal eicellen weinig te winnen hebben bij losse seksuele contacten en dat ze dus meestal relatief monogaam zijn. Dit in tegenstelling tot mannetjes, die het reproductief altijd beter kunnen doen door met elk vruchtbaar vrouwtje te copuleren. Aangezien copulatie geen ander doel dient dan bevruchting en aangezien vrouwtjes zich in de natuur met bijna maximale capaciteit voortplanten, kan natuurlijke selectie de evolutie van seksueel assertieve vrouwtjes niet bevorderen, zo luidde het argument (Hrdy 1999a).

Hrdy toonde echter aan dat de vrouwtjes van veel primatensoorten wel degelijk wellustige wezens zijn. Ze dingen naar seks, selecteren actief hun partners en nemen risico's om te paren met meer mannetjes dan strikt nodig is voor bevruchting. Een chimpanseevrouwtje, dat in haar leven niet meer dan vijf jongen zal hebben, versiert duizenden copulaties met tientallen mannetjes. Veel vrouwelijke primaten dingen ook naar seks als ze niet ovuleren en de kans op bevruchting dus minimaal is. Die onmiskenbare vrouwelijke seksuele gretigheid bij een brede waaier aan primaten vraagt om een verklaring, volgens Hrdy. Ze weerlegde de veronderstelling van voortplanting tegen maximale reproductiecapaciteit door duidelijk te maken dat vrouwtjes in de natuur wel degelijk aanzienlijke verschillen in reproductief succes vertonen. Die variatie laat ruimte voor de inwerking van natuurlijke selectie: vrouwelijke strategieën die leiden tot het overleven van meer nakomelingen zullen op termijn wijdverspreid raken binnen de populatie. Zo kan vrouwelijke promiscuïteit onder sommige omstandigheden een goede strategie zijn: door met meer dan één mannetje te paren maakt ze het vaderschap onzeker voor het mannetje. Dat kan een manier zijn om infanticide door mannetjes te voorkomen en om bijkomende steun voor haar nakomelingen los te weken (Hrdy 1999a).

Dergelijke stellingen kunnen wel degelijk empirisch aangetoond worden. Hrdy (1999b) bespreekt de resultaten van onderzoek naar vaderschap bij langoers en heggemussen. De langoers van Nepal leven in harems die frequent worden overgenomen door nieuwe mannetjes. De meeste mannetjes leven als nomaden en wachten hun kans af om een harem over te nemen. Infanticide door nieuwe leiders is verantwoordelijk voor 30 tot 60 procent van alle kindersterfte. DNA-gegevens tonen echter aan dat *geen enkele* van de gedode jongen verwekt kon zijn door het mannetje dat hen doodde. De vroegere relatie van de moeder met het mannetje (voor hij leider van de troep werd) bepaalt of hij een jong van haar zal tolereren dan wel aanvallen. Door te paren met nomadische mannetjes die later het leiderschap van de troep kunnen overnemen, beschermt een vrouwelijke langoer haar toekomstige nakomelingen dus tegen infanticide, aangezien een mannetje nooit een jong aanvalt van een vrouwtje waarmee hij ooit gepaard heeft, zelfs als ze ook met andere mannetjes gepaard heeft.

Gegevens over de Europese heggemus tonen eveneens aan dat mannelijke dieren zich kunnen herinneren of ze al dan niet met een bepaald vrouwtje gepaard hebben. Vrouwelijke heggemussen dingen naar seks met meerdere mannetjes, die vervolgens helpen bij het voeden van de kuikens. De voedselbijdrage van de mannetjes is echter min of meer evenredig aan de kans dat ze effectief de vader zijn van het nageslacht. DNA-gegevens geven aan dat mannetjes er meestal *maar niet altijd* in slagen accuraat hun vaderschap in te schatten.

Een vrouwtje doet dus veel meer dan alleen het beste mannetje selecteren uit de voorhanden zijnde geïnteresseerden (Hrdy 1999b). Om haar nakomelingen te beschermen en levensmiddelen te vergaren, manipuleert ze actief de informatie die voor mannetjes beschikbaar is over hun vaderschap. Door zich promiscue te gedragen, doet ze alles binnen haar mogelijkheden om het overleven van haar jongen te verzekeren.

In het volgende hoofdstuk ga ik dieper in op de huidige theorievorming over de voordelen van vrouwelijke promiscuïteit en op de bewijzen daarvoor.

Verdere feministische kritieken op de sociobiologie

De lijst met feministische kritieken op de sociobiologie is lang. De discipline werd (en wordt) beschuldigd van fundamentalisme, seksisme, genetisch determinisme, onwetenschappelijkheid, reductionisme, het selectief gebruik van voorbeelden uit de dierenwereld, de onterechte universalisering van gedrag, het maken van politieke statements en het gebruik van seksistische taal. Feministen hebben vaak ook bezwaar tegen het leggen van analogieën tussen dierlijk en menselijk gedrag.[59]

In het verleden waren sommige van die aantijgingen terecht. Er was weinig hard bewijsmateriaal met betrekking tot mensen en analogieën met dierlijk gedrag werden soms zonder omzichtigheid gemaakt. Tegenwoordig weten we dat je niet naar geïsoleerde gevallen mag kijken, maar algemene principes en patronen moet trachten af te leiden uit een brede waaier aan soorten. Onder welke omstandigheden onderwerpen mannetjes zich aan vrouwtjes, bijvoorbeeld? (Hinde 1986; Hrdy 1999a). Of neem een ander – theoretisch voorspeld *en* bevestigd – patroon: vaderlijke zorg zal bij diersoorten niet of nauwelijks voorkomen als de vaderschapszekerheid gering is, als de overlevingskansen van de nakomelingen er niet substantieel door toenemen of als de kans om met andere vrouwtjes te paren hierdoor ernstig in gedrang komt (Geary 2000). Voor soorten met interne bevruchting werd voorspeld en bevestigd dat de minder investerende sekse – typisch de mannetjes – het vrouwelijk seksueel gedrag zullen trachten te controleren om hun vaderschap te verzekeren (Trivers 1972; Birkhead 2000).

Een bijzonder verhelderend patroon is dat van de relatie tussen het relatieve volume van de teelballen en de mate van promiscuïteit bij primaten. Er bestaat een treffende correlatie tussen het spermavolume van primaten (gemeten als het relatieve gewicht van de teelballen ten opzichte van de lichaamsmassa) en de mate van spermacompetitie (de waarschijnlijkheid dat een vrouwtje recent met een ander mannetje gepaard heeft, waardoor zich concurrerend sperma in haar voortplantingskanaal bevindt). De hypothese luidt dat het produceren van veel sperma vooral dient om rivaliserende zaadcellen te overtroeven in hun strijd om de bevruchting van de eicel. Gorilla's, die hun vrouwelijke harem intensief bewaken en dus geen rivalen te vrezen hebben, hebben daardoor uiterst kleine teelballen (0.02 procent van het lichaamsgewicht). Ze worden gevolgd door orang-oetans (0.05 procent van het lichaamsgewicht), met orang-oetanvrouwtjes die licht promiscue gedrag vertonen. Chimpansees, die het vrouwelijke paargedrag niet in de hand kunnen houden, hebben heel grote teelballen (0.27 procent van het lichaamsgewicht). Menselijke teelballen zijn groter dan die van orang-oetans, maar veel kleiner dan die van chimpansees (0.08 procent van het lichaamsgewicht), wat aangeeft dat onze vrouwelijke voorouders niet monogaam waren. Ze waren meer promiscue dan orang-oetans, maar lang niet zo promiscue als vrouwelijke chimpansees (Hrdy 1999b; Miller 2000b).

Volgens Segerstråle (1992) richtten veel kritieken zich in feite op fundamentele problemen van de wetenschap en meer bepaald van de biologie. Sociobiologen hadden geen probleem met speculatie of met bewuste vereenvoudiging, omdat in hun ogen hypotheses een cruciale stap in het theorievormingsproces vormen. Het uiteindelijke criterium ligt bij de testbaarheid van een theorie. Sommige critici achtten dergelijke studies echter ongeschikt voor onderzoek naar onze soort, omdat we de mens vanuit feiten en niet vanuit veronderstellingen moeten benaderen. Wat sociobiologen als creatieve wetenschap zagen, beschouwden critici als 'slechte' wetenschap. Voor hen stond vast dat sociobiologen die 'slechte' wetenschap alleen omwille van politieke motieven bedreven (Segerstråle 1992, 2000). Het vertrouwen van sociobiologen dat eventuele fouten gaandeweg vanzelf zouden worden uitgefilterd door *meer* in plaats van minder wetenschap te bedrijven, is in de voorbije decennia gegrond gebleken.

Alle voornoemde aanklachten weerklinken vandaag aan het adres van de evolutionaire psychologie en de moderne sociobiologie, in weerwil van het feit dat de huidige theorievorming veel verfijnder, gefundeerder en vrouwgerichter is. In wat volgt concentreer ik me op een typisch gebruik van de critici: wat Ullica Segerstråle 'moraliserend lezen' noemt (2000: 208).

Morele interpretaties

Volgens sommige feministische critici mag een evolutionaire beschrijving van sekseverschillen dan wel *gepresenteerd* worden als een gewone verklaring voor het bestaan van sekserollen, maar wat sociobiologen volgens hen *werkelijk willen aantonen*, is de onmogelijkheid om een samenleving te vestigen waar seksuele gelijkheid heerst.[60] Opvallend is wel de uiterst selectieve manier waarop dergelijke critici de bedoelde teksten uitpluizen om tot hun gewenste interpretatie te komen.

De basisstrategie is zich de ergst mogelijke politieke gevolgen van een bepaalde wetenschappelijke bewering voor te stellen. Op die manier kan aan de wetenschapper in kwestie maximale morele schuld toegekend worden. Omdat de critici 'weten' wat de eigenlijke bedoeling is van die evolutionaire theorieën, helpen ze de lezer er de onderliggende, 'werkelijke' boodschap uit te halen. Dit begeleide lezen start vanuit de noodzakelijke veronderstelling dat evolutionaire theoretici een politiek oogmerk hebben, waarna de critici alle niet-pertinente passages opzettelijk over het hoofd zien en alleen die passages die de 'werkelijke' betekenis naar buiten brengen, uit de context presenteren.

Neem bijvoorbeeld de manier waarop sommige uitspraken van Edward Wilson gezien worden als bewijs van zijn "patriarchale agenda" (French 1992: 124). Wilsons standpunten worden vaak misleidend en soms gewoon verkeerd weergegeven. Zo beweert Wilson volgens feministe Marilyn French (1992: 122) dat mannetjes dominant zijn over vrouwtjes. Eigenlijk schrijft hij: "*meestal* zijn mannetjes dominant over vrouwtjes" (Wilson 1975: 291; mijn cursivering), daarbij voorbeelden vermeldend van soorten waarbij de vrouwtjes domineren, zoals de hyena en de groene meerkat. Met betrekking tot Wilsons beschrijving van het territoriale gedrag van snoekslijmvissen en zijn observatie dat vrouwelijke snoekslijmvissen niet uitgedaagd worden door de mannetjes, vermeldt French (1992: 123) dat Wilson dit interpreteert alsof de mannetjes de vrouwtjes controleren. In feite schrijft Wilson alleen dat "de verdraagzaamheid tegenover hen heel waarschijnlijk de aanloop is tot hofmakerij tijdens het paarseizoen" (1975: 260). Nergens beweert hij dat hij mannetjes als superieur beschouwt, iets wat French (1992: 123) hem wel in de schoenen schuift. Het is duidelijk dat zij haar interpretaties aanpast aan haar vooropstellingen.

Alleen wat Wilsons taalgebruik aangaat, klinken haar kritieken redelijk. Het woord harem, bijvoorbeeld, kan misplaatst zijn bij soorten waarbij vrouwtjes in vrouwelijke gemeenschappen leven en enkel tijdens het paarseizoen contact hebben met mannetjes, of waarbij een vrouwelijke gemeenschap samenleeft met één mannetje. Mogelijk creëerden de vrouwtjes die situatie om mannelijke agressie te vermijden (Smuts 1995, 1996). Bij Wilsons beschrijving van de vrouwelijke seksuele lichaamshouding als 'ontvangend' of 'onderdanig' zou men, met French, bedenkingen kunnen hebben omdat het impliceert dat penetratie gelijkstaat aan mannelijke dominantie. Maar uit die smalle linguïstische basis afleiden dat Wilson een patriarchale agenda verdedigt is verregaand. Het werk van French is wel geen wetenschappelijk essay maar een politiek manifest, waarbij ze vergeet dat Wilsons woordkeuze (opnieuw) de eigen culturele context weerspiegelt, een interpretatie die ondersteund wordt door het feit dat Wilson zichzelf als feminist beschouwt (Segerstråle 2000). Kritische veronderstellingen over politieke motivaties kan je best *empirisch* toetsen. Zoals gezien zal dan blijken dat er in praktijk geen verband kan worden teruggevonden tussen politiek rechtse belangen en sociobiologische of evolutionair psychologische wetenschappers.

Wilsons uiteenzetting over sekseverschillen in een later boek, *On Human Nature* (1978), is eveneens het voorwerp van moraliserend lezen geweest. Hij stelt metaforisch dat bij de geboorte het twijgje al een klein beetje neigt in een bepaalde richting en dat we als maatschappij kunnen kiezen wat we daarmee doen. Hij schetst drie mogelijkheden. We kunnen het twijgje, het mensje, zodanig conditioneren dat die sekseverschillen uitvergroot worden, zoals vrijwel alle samenlevingen doen; we kunnen mensen trainen opdat die verschillen verdwijnen; of we kunnen ze gelijke kansen geven zonder verdere actie te ondernemen. De drie opties hebben hun sociale voordelen *en* hun kosten. Het enige wat we daaruit volgens hem kunnen besluiten is dat de aanwijzingen dat er biologische beperkingen zijn op zich niet voorschrijven welke koers we best varen. Wel kunnen ze ons helpen de mogelijkheden te definiëren en de prijs van elke mogelijkheid af te wegen.

Wilson schrijft duidelijk dat de bescheiden *neiging* tot verschillende sekserollen onvermijdelijk is. Anne Fausto-Sterling (1992) beschouwt deze passage als bewijs dat Wilson de status quo verdedigt. In een latere interpretatie wordt dat: "[h]ij zet een prijs op het hoofd van de menselijke kneedbaarheid en zegt dat die voor de meeste inwoners van een democratische samenleving te hoog ligt om hem te willen betalen" (2000a: 184). Dat is onjuist. Wilson analyseert enkel de mogelijke alternatieven en hun gevolgen. Het lijkt ons niet onverstandig alle opties nuchter tegen elkaar af te wegen vooraleer tot een zo radicale hervorming als het uitvegen van alle genderverschillen over te gaan. We zouden lering kunnen trekken uit grootschalige historische pogingen om de menselijke natuur te hervormen, zoals die in het stalinistische Rusland en in China tijdens de Culturele Revolutie. Beide pogingen draaiden uit op een nachtmerrie, en de ambitie om de menselijke natuur te herscheppen maakte van Stalin en Mao dictators en massamoordenaars. Andere pogingen om een nieuwe en betere samenleving te creëren – utopische communes, de Israëlische kibbutzim – hadden minder dramatische resultaten, maar geen ervan kende onverdeeld succes. De leefgemeenschappen die in de loop van de negentiende en vroeg-twintigste eeuw in Europa en de Verenigde Staten opdoken, zijn allen ten gronde gegaan aan interne spanningen. De collectivistische filosofie van de kibbutzim werd ondermijnd door het verlangen van de leden om bij hun gezin te wonen, hun eigen kleding te bezitten en de dingen te mogen behouden die ze buiten de kibbutz verworven hadden (Pinker 2002).

Vanuit een evolutionaire visie valt te verwachten dat de flexibiliteit van menselijk gedrag niet eindeloos is. Dat er grenzen zijn, betekent echter niet dat flexibiliteit niet langer een cruciaal aspect van onze soort is, iets wat de evolutionaire psychologie nog meer benadrukt dan de sociobiologie.

De cognitieve wetenschappen als wegbereider van de evolutionaire psychologie

In de jaren 1960 vond een ingrijpende verandering plaats in de psychologie. Het radicale behaviourisme werd weerlegd door talloze experimenten die aantoonden dat de externe omgeving niet de enige determinant is van gedrag en dat organismen geboren worden met toegespitste leermechanismen. Kinderen leren taal bijvoorbeeld moeiteloos, al zijn de regels zeer ingewikkeld; dit in scherp contrast met de moeite die het kost om te leren lezen of wiskundige delingen te leren uitvoeren. Met schijnbaar gemak leren we de meest complexe zaken aan: het coherent ontcijferen van de massa informatie die via de ogen naar binnen komt, bijvoorbeeld, of het uitvoeren van dagdagelijkse maar uiterst complexe motorische handelingen (Buss 1999; Pinker & Bloom 1992; Plotkin 1997).

Het behaviourisme maakte plaats voor het cognitivisme, dat de overheersende benadering binnen de psychologie werd en nog altijd is. Het cognitivisme erkent het bestaan van niet-observeerbare oorzaken van gedrag en maakte het dus opnieuw aanvaardbaar om er in de psychologische theorievorming naar te verwijzen. Die verborgen oorzaken worden verondersteld samen te vallen met hersenstructuren en hersenfuncties. Noam Chomsky stelde bijvoorbeeld dat we de spontaniteit, snelheid en uniformiteit van taalontwikkeling bij kinderen alleen maar kunnen verklaren door het bestaan van neurologische structuren die aan dit regelgeleide proces ten grondslag liggen. Zo ook kunnen we bepaalde eigenschappen van het menselijk geheugen maar verklaren door de aanwezigheid van een informatieverwerkend mechanisme. Beide soorten van neurologisch ontwerp zijn voorbeelden van breinstructuren die ons gedrag maken tot wat het is (Plotkin 1997).

In de cognitieve wetenschappen (en in de evolutionaire psychologie) verwijst het woord 'geest' of 'psyche' (*mind*) naar een beschrijving van de informatieverwerking in het brein. Met 'informatie' kan elk psychologisch proces bedoeld worden, zoals ratio, emotie, motivatie of motorische controle. Het cognitivisme gaat over informatieverwerking: het beschrijft welke soorten informatie een organisme als input neemt, welke procedures het gebruikt om die informatie te verwerken, op welke mentale databanken die procedures geënt zijn en welke representaties of gedragingen het als output genereert (Tooby & Cosmides 1992).

De vroege cognitivisten gingen echter niet op zoek naar de oorsprong van mentale ontwerpen zoals de onderliggende neurale structuren van leerprocessen en intelligentie. Bovendien namen ze meestal de behaviouristische veronderstelling over dat het brein domeinalgemeen is: dat de cognitieve mechanismen samen een soort van algemene computer vormen die alle informatie verwerkt die hij aangeboden krijgt. Het idee dat ons brein misschien geprogrammeerd is om op specifieke soorten van informatie te letten, kwam bij hen niet op. Waar het brein voor behaviouristen een onbeschreven blad of een spons was, zagen de eerste cognitivisten het als een algemene computer (Buss 1999).

Het brein gaat echter allerminst ongedifferentieerd te werk bij het opslaan van kennis, en evenmin lost het problemen op zoals een computer dat zou doen. Als je het gemak waarmee kinderen taal verwerven vergelijkt met de moeite die het hun kost om te leren lezen, schrijven en abstracte wiskundige problemen op te lossen, wordt duidelijk dat het menselijk brein geen domeinalgemene computer is. Het is een creatief systeem dat vele gespecialiseerde mechanismen lijkt te bevatten voor het oplossen van specifieke, uiterst complexe problemen, zoals het ontcijferen van spraakklanken, van de visuele omgeving en van de intenties van andere menselijke wezens. In de jaren tachtig begonnen cognitieve psychologen zich te richten op de specifieke eigenschappen en het aantal van die mechanismen, die 'modules' werden genoemd. Het bestaan van cognitieve modules blijkt onder meer uit hun samengaan met specifieke plaatsen in het brein, hun karakteristieke ontwikkelingspatroon bij kinderen en de patronen die ontstaan als ze niet meer functioneren. Gezichtsherkenning vormt bijvoorbeeld een aparte module binnen het visuele systeem. Dit weten we onder meer doordat prosopagnosie, de onmogelijkheid om gezichten te herkennen, ontstaat door schade aan een specifieke regio van de prefrontale cortex (Mithen 1996; Plotkin 1997).

Het brein als een Zwitsers zakmes

Het idee van modulariteit werd verder uitgewerkt door de evolutionaire psychologie, die simpelweg psychologie geïnformeerd door evolutiebiologie is. De discipline stelt dat we het menselijk brein maar kunnen begrijpen als we het zien als een product van het evolutionaire proces. Het brein is zo complex en zo functioneel dat het onmogelijk toevallig kan ontstaan zijn. Het enige gekende proces dat complex functioneel ontwerp – complex ontwerp dat een adaptief probleem kan oplossen – tot stand kan brengen, is het proces van evolutie door natuurlijke en seksuele selectie. De evolutionaire psychologie wil dus de noodzakelijke brug zijn tussen de evolutionaire biologie en de complexe, *onherleidbare* sociale en culturele fenomenen die sociale wetenschappers bestuderen.

Evolutionaire psychologen gaan ervan uit dat de informatieverwerkende mechanismen waaruit het brein bestaat, adaptaties zijn: ze werden weerhouden in de evolutie doordat ze ons hielpen succesvol om te gaan met terugkerende problemen van overleving en voortplanting, zoals het vinden van eetbaar voedsel en van een goede partner. De wereld waarin onze voorouders evolueerden, noemen we de *environment of evolutionary adaptedness* (EEA). Meer dan een feitelijke fysische omgeving is dit een statistische set van omgevingsfactoren die selectiedruk uitoefenden gedurende de twee miljoen jaar die onze voorouders doorbrachten als Pleistocene jager-verzamelaars. In die lange periode zijn ecosystemen ontzettend veranderd, maar sommige aspecten bleven stabiel – de wetten van de zwaartekracht veranderden niet – en sommige problemen kwamen met voldoende regelmaat terug om specifieke probleemoplossende mechanismen te laten ontstaan, bijvoorbeeld voor het leven in groep of voor sociale samenwerking. Het is weinig waarschijnlijk dat nieuwe *complexe* ontwerpen geëvolueerd zijn in de korte tijdsspanne sinds het ontstaan van landbouw zo'n 10.000 jaar geleden – wat neerkomt op amper 400 menselijke generaties – want natuurlijke selectie werkt niet zo snel (Cosmides, Tooby & Barkow 1992). Als die zich toch zouden ontwikkeld hebben, dan zou de psychologie van nog bestaande jager-verzamelaars significant verschillen van die van inwoners van geïndustrialiseerde samenlevingen. Dat is niet het geval (Buss 1999).

De evolutiepsychologische visie stelt het brein voor als een soort Zwitsers zakmes, dat uit honderden of duizenden geëvolueerde psychologische mechanismen of mentale modules bestaat. Net zoals ons lichaam duizenden gespecialiseerde mechanismen bevat, elk gericht op de oplossing van specifieke adaptieve problemen (longen om zuurstof op te nemen, een lever om gifstoffen te filteren, een hart om bloed te pompen...), zo zijn ook onze hersenen modulair samengesteld. Het zijn net de vele domeinspecifieke mentale modules die ervoor zorgen dat wij ons zo verbazingwekkend flexibel gedragen. David Buss (1999) geeft het voorbeeld van een gereedschapskist. Een timmerman wint niet aan flexibiliteit door één algemeen toepasbaar werktuig, maar wel door veel specifieke stukken gereedschap die hij in combinatie met elkaar kan gebruiken.

Ook uit cognitief onderzoek en onderzoek naar artificiële intelligentie blijkt steevast dat domeinalgemene systemen tekortschieten voor het uitvoeren van complexe wereldse taken. Oorzaken hiervan zijn het 'frameprobleem' en het fenomeen van de 'explosie van mogelijke combinaties'. Dat laatste verwijst naar het feit dat het aantal alternatieve opties voor een informatieverwerkend systeem exponentieel stijgt met elke nieuwe graad van vrijheid die wordt toegevoegd. Het systeem kan onmogelijk het te verwachten resultaat van elk alternatief berekenen – het frameprobleem – en moet dus een keuze maken zonder de overweldigende waaier aan mogelijkheden volledig in overweging te kunnen nemen. Een systeem met alleen een domeinalgemene architectuur kan het frameprobleem nooit oplossen, al heeft het zeker algemene probleemoplossende technieken nodig, zoals de vaardigheid om associaties te leggen en om stellingen te verwerpen omdat ze tegengesproken worden.

Het frameprobleem werd voor het eerst blootgelegd door onderzoekers naar artificiële intelligentie. Het bleek uiterst moeilijk om een computer dingen te laten doen die mensen heel eenvoudig vinden, zoals zien of iets verplaatsen. Voor die absurd eenvoudige taken moesten ze een aanzienlijke hoeveelheid 'aangeboren kennis' over de wereld inbouwen: een model van het betreffende domein, met inhoudsspecifieke frames. Zo'n frame zorgt voor een bepaald 'wereldbeeld': het verdeelt de wereld in categorieën van objecten en eigenschappen, legt vast hoe die categorieën met elkaar in verband staan, voorziet in methodes om observaties te interpreteren, suggereert welke informatie er ontbreekt en hoe eraan te geraken, enzovoort. Of het nu gaat om een artificieel intelligent systeem dan wel over een geëvolueerd organisme, het probleem blijft hetzelfde: de wereld kan aan dat systeem niet geven wat het systeem in de eerste plaats *nodig* heeft om over die wereld te kunnen leren. Daarom moet de essentiële kern van inhoudsspecifieke frames al op voorhand in de architectuur verwerkt zijn. Bij mensen zijn die inhoudsspecifieke mechanismen (modules) onder andere een module voor gezichtsherkenning, een of meedere modules voor ruimtelijke relaties, voor angst, voor sociale uitwisseling, voor de waarneming van emoties, voor gerichtheid op verwanten, voor kinderzorg, voor seksuele aantrekking, voor vriendschap en voor grammaticaverwerving. Het is moeilijk ons voor te stellen hoe onmisbaar die mentale instrumenten zijn voor ons dagelijkse functioneren, precies omdat ze ons het gevoel geven zonder moeite door het leven te gaan (Tooby & Cosmides 1992).

Flexibiliteit in gedrag betekent dus niet dat onze reactiemogelijkheden onbegrensd zijn, wel dat we ons gedrag op een gepaste en succesvolle manier kunnen aanpassen aan de omstandigheden. Geëvolueerde structuur legt geen beperkingen op, maar schept mogelijkheden. Het is niet 'ondanks', maar net 'omwille van' die structuur dat ons gedrag zo contextgevoelig is.

Dat de machinerie van het leven ontworpen is door natuurlijke selectie impliceert echter niet dat ze ook een algemeen streven naar voortplanting belichaamt. Mensen verlangen naar seks door hun libido en omdat seks deugd doet. Ze kunnen verlangen naar kinderen omdat het hebben van een kind hun aantrekkelijk lijkt, maar dat is niet hetzelfde als verlangen naar een kind omwille van een *voortplantingsinstinct* (dit maakt het trouwens mogelijk dat mensen kinderen adopteren en liefhebben alsof het hun eigen kinderen waren).

We mogen het algemeen proces dat adaptaties veroorzaakt niet verwarren met die adaptaties zelf. Geen enkel mechanisme kan het algemene doel van het doorgeven van genen dienen, want er bestaat geen algemene, universeel effectieve manier om dat te doen. Adaptaties dienen *specifieke* doelen, zoals het regelen van de bloeddruk, het waarnemen van beweging, het ontmaskeren van valsspelers in een groep en duizenden andere dingen. Selectie werkt zodanig dat we de dingen die onze kansen op overleving en voortplanting bevorderen over het algemeen als aangenaam zullen ervaren. Net als andere organismen zijn mensen ontworpen door selectie om specifieke doeleinden na te streven, zoals zich warm houden, een geschikte partner hebben, sociale status verwerven en seks hebben. Onze manieren om die doeleinden te bereiken zijn echter op een unieke manier flexibel, en de psychologische mechanismen die die flexibiliteit onderpinnen, maken het ons mogelijk nieuwe middelen tot dezelfde doeleinden te creëren. Onze voorkeur voor zoet kreeg bijvoorbeeld vorm onder druk van natuurlijke selectie in prehistorische tijden, toen calorierijk voedsel schaars was. Flexibel als we zijn, hebben we vele manieren ontwikkeld om suiker te verkrijgen en te concentreren, maar de drijfveer om het te eten blijft dezelfde: het ervaren van de smaak van zoet (Symons 1992). De geëvolueerde architectuur van het brein stuurt onze gevoelens en ons gedrag in de richting van doeleinden die adaptief waren in het verleden, maar dat betekent niet dat ze dat vandaag nog zijn. Neem opnieuw het voorbeeld van suiker. In de omgeving van onze prehistorische voorouders was zoet voedsel zo schaars dat de kans op overgewicht nagenoeg nul was. In een geïndustrialiseerde samenleving hebben we dat verlangen naar zoet niet langer nodig om te overleven. Toch hebben we die geëvolueerde voorkeur behouden, met zwaarlijvigheid en tandbederf als resultaat (Low 2000).

Aanwijzingen voor een universeel menselijk ontwerp

Ons brein kenmerkt zich door een universeel, panhumaan ontwerp dat stamt uit ons bestaan als jager-verzamelaars. Geen enkele bevinding kan op zich die bewering bewijzen, maar gegevens uit onder meer de antropologie, evolutiebiologie, cognitieve wetenschappen, taalkunde, vergelijkende psychologie, neurowetenschappen, ontwikkelingspsychologie en artificiële intelligentie wijzen allemaal in dezelfde richting: die van een geëvolueerde en gespecialiseerde architectuur van het brein – al vertonen mannen en vrouwen door evolutie een aantal gemiddelde verschillen op psychoseksueel vlak.[61] Ik ga in op enkele voorbeelden uit de antropologie, de ontwikkelingspsychologie en de neurowetenschappen.

Over de hele wereld vertonen menselijke samenlevingen dezelfde structurele patronen. Antropoloog Donald Brown (1991) beschrijft meer dan 400 statistische regelmatigheden die terugkeren in elke gekende cultuur. Mensen hebben karakteristieke emoties. Ze leven in groepsverband en vertonen vaak een voorkeur voor hun naaste verwanten. Ze voelen zich een aparte groep en hebben conflicten met andere groepen. Ze onderscheiden goed van kwaad. Ze houden er een bepaald wereldbeeld op na. Ze concurreren met elkaar om beperkte sociale of materiële bronnen. Ze gaan langdurige, wederzijds voordelige relaties aan met niet-verwanten. Ze gebruiken taal om het gedrag van anderen te manipuleren. Hun taal is uiterst symbolisch. Ze roddelen. Hun verwantschapsterminologie bevat termen die mannelijk van vrouwelijk onderscheiden, evenals de ene generatie van de andere. Ze hanteren een sekseterminologie die fundamenteel dualistisch is, zelfs als die uit meer dan twee categorieën bestaat; in dat geval vormt de derde (en soms vierde) categorie een combinatie van de twee basisseksen of is een overgangssekse. Ze kennen verliefdheid, seksuele aantrekkingskracht en seksuele jaloezie. Seks is altijd van groot belang en wordt maatschappelijk gereguleerd. Ze hebben een concept van de persoon in de psychologische betekenis. Ze weten dat mensen een persoonlijk innerlijk leven hebben. Ze maken werktuigen en gebruiken die om andere werktuigen te vervaardigen. Ze hebben rituelen, waaronder overgangsrituelen. Ze hebben maatstaven voor seksuele aantrekkelijkheid, waaronder aanwijzingen van een goede gezondheid en een mannelijke voorkeur voor vrouwelijke jeugdigheid. Ze hebben leiders, al kunnen die situationeel of kortstondig zijn. Ze kennen status en rollenpatronen. Ze tonen en voelen affectie. Ze hebben wetten die geweld, moord en verkrachting verbieden, al kunnen ze die zaken onder bepaalde omstandigheden rechtvaardigen. Ze kennen arbeidsverdeling, minimaal gebaseerd op geslacht en leeftijd. Vrouwen nemen het grootste deel van de kinderzorg op zich. Mannen zijn dominanter in het publieke en politieke domein en zijn fysiek agressiever. De lijst gaat door. Tooby en Cosmides (1992) besluiten hieruit dat ons soortspecifieke, immens complexe fysiologische en psychologische ontwerp niet alleen op zich een patroon vormt, maar ook binnen en over culturen heen allerlei patronen aan het menselijk leven oplegt, net zoals ook de typische eigenschappen van onze ecologische omgeving voor terugkerende regelmatigheden zorgen.

De kennis die geëvolueerde cognitieve modules genereren is altijd *impliciet*: we leiden ze spontaan af uit regelmatigheden in de buitenwereld, zonder ons bewust te zijn van de onderliggende principes. Overal zien jonge kinderen bijvoorbeeld intuïtief in dat levende dingen en levenloze voorwerpen fundamenteel verschillend zijn. Ze kennen automatisch een 'essentie' toe aan soorten levende wezens, waardoor ze een kat met drie poten nog altijd zullen herkennen als een kat. In alle samenlevingen vertonen kinderen dit soort van intuïtieve kennis in minstens vier domeinen: taal, psychologie, fysica en biologie. Hun sociaal gedrag wijst op een impliciet inzicht in de kosten en baten van wederzijdse relaties. Ze hebben geen euclidische meetkunde nodig om te weten dat de kortste afstand tussen twee punten een rechte lijn is of om zich door een kamer te bewegen. Overal delen kinderen spontaan de stroom van klanken uit de mond van hun ouders in zinvolle stukken op. Ze beschikken over een rudimentair begrip van de emoties die gesignaleerd worden door gelaatsexpressies. Al op zeer jonge leeftijd slagen ze erin de eigenschappen van fysieke objecten te vatten: soliditeit, zwaarte, inertie. Ze begrijpen fysische causaliteit. Die cognitieve vaardigheden ontwikkelen zich zonder expliciete instructie en ze verschijnen te vroeg in de ontwikkeling om ze te kunnen toeschrijven aan de ervaring die het kind van de wereld heeft. Het is niet verrassend dat al die vaardigheden betrekking hebben op relaties die structuren van de wereld weerspiegelen zoals die al duizenden eeuwen of langer is. Het gaat om kennis die direct verbonden is met een bestaan als jager-verzamelaar. De indeling van planten en dieren is bijvoorbeeld in alle culturen gelijklopend en blijkt consistent met de wetenschappelijke classificatie van soorten (Geary 1998; Tooby & Cosmides 1992).

Dit impliciete begrip van de structurele eigenschappen van de fysische, biologische en sociale wereld is gerepresenteerd in de structuur en het functioneren van de onderliggende neurale systemen. Ontwikkelingspsychologen gaan ervan uit dat de meeste van die aangeboren vaardigheden aanvankelijk als een ruwe structuur aanwezig zijn en vervolgens verfijnd worden door de interacties van het kind met zijn omgeving. Aangeboren ruwe kennis en vaardigheden bepalen op welke stimuli peuters en kinderen zich zullen richten, beïnvloeden de manier waarop ze die informatie verwerken en motiveren hen erop uit te trekken en hun locale ecologie te onderzoeken. De specifieke architectuur van die cognitieve modules is nog niet volledig gekend, maar het is duidelijk dat de meeste ervan open systemen zijn, ontworpen om – vooral tijdens de kindertijd – de invloed van contextuele factoren te ondergaan (Geary 1998).

Een ander voorbeeld van een geëvolueerde cognitieve module is de 'theory of mind'- module. Op ongeveer de leeftijd van drie jaar ontwikkelen kinderen wereldwijd een theory of mind: de vaardigheid om de overtuigingen en verlangens van anderen in te schatten. We kunnen ons gemakkelijk de grote adaptieve waarde van zo'n module voorstellen, want zo kun je het gedrag van anderen voorspellen en daarop inspelen. Het bestaan ervan wordt gestaafd door gegevens uit de ontwikkelingspsychologie en bevindingen uit de cognitieve neurowetenschappen suggereren zelfs de precieze locatie ervan in het brein. Psychopatholoog Simon Baron-Cohen (1995) toonde aan dat autisme, waarbij personen zich niet bewust lijken te zijn van wat anderen denken of voelen, waarschijnlijk met een beschadiging van die module te maken heeft. Zonder theory of mind is het moeilijk zich in de plaats van een ander te stellen.

De metatheorie van de evolutiepsychologie is nog in volle ontwikkeling. Sommige evolutiepsychologen menen bijvoorbeeld dat vooraanstaande onderzoekers als John Tooby en Leda Cosmides, Steven Pinker en David Buss te veel nadruk leggen op de universaliteit van de geëvolueerde menselijke natuur en te weinig op individuele verschillen. Zo argumenteert Patricia Gowaty (1992, 1997b, 2003) dat het belang van variatie binnen de soort door het heersende paradigma onderschat wordt. Volgens Geoffrey Miller (2000a, 2000b) schiet de huidige metatheorie enigszins te kort door haar te grote focus op de overlevingswaarde van het menselijk brein en de relatieve veronachtzaming van seksuele selectie, die waarschijnlijk een betere verklaring voor de grote variatie tussen mensen onderling kan bieden. De waarde van die nieuwe perspectieven zal uiteindelijk afgemeten worden aan de hand van meerdere criteria, waaronder empirische tests, hun verklarende kracht en hun voorspellend succes.

Kenmerken van adaptaties

Het concept van adaptaties is nauwkeurig onderzocht door evolutiebioloog George Williams. We kunnen een adaptatie definiëren als een geëvolueerde oplossing voor een specifiek probleem die direct of indirect bijdraagt tot succesvolle voortplanting. Zweetklieren, bijvoorbeeld, zijn adaptaties die het overlevingsprobleem van de regeling van lichaamstemperatuur helpen oplossen. Partnervoorkeuren kunnen adaptaties zijn die de succesvolle keuze van een partner sturen.

Om van een adaptatie te kunnen spreken, moet aan verschillende criteria voldaan zijn. Het moet gaan om een systeem van erfelijke en zich betrouwbaar ontwikkelende eigenschappen onder de leden van een soort. Het moet een zo goed georganiseerde en technisch passende oplossing bieden voor een adaptief probleem dat toevallige coördinatie tussen probleem en oplossing uitgesloten is. Criteria voor de erkenning van adaptaties omvatten dus factoren als economie, efficiëntie, complexiteit, precisie, specialisatie en betrouwbaarheid, waardoor het ontwerp een te goede oplossing is om toeval te kunnen zijn (Tooby & Cosmides 1992). Dat betekent niet dat het een *perfecte* oplossing is. Selectie bevoordeelt een ontwerp als de baten opwegen tegen de kosten in vergelijking met andere ontwerpen.

Zoeken naar adaptaties betekent ze onderscheiden van nevenproducten van adaptaties en van toevalseffecten of ruis. De navelstreng is bijvoorbeeld een adaptatie. De navel die daar het gevolg van is, is gewoon een nevenproduct, en de precieze vorm van een individuele navel kunnen we beschouwen als een toevalseffect (Buss 1999).

Het standaardvoorbeeld van een adaptatie is het oog bij gewervelden. Het bestaat uit een uitzonderlijk complex arrangement van gespecialiseerde elementen: de pupil, de iris, de lens, het netvlies, de staafjes en kegeltjes die licht omzetten in elektrochemische impulsen, de oogzenuw en de visuele cortex, waar de inkomende signalen verder geanalyseerd worden door een gamma van informatieverwerkende mechanismen die eveneens een cruciaal onderdeel van het visuele systeem uitmaken. Het oog is niet alleen uitermate gecoördineerd en complex, het vervult ook een bijzonder nuttige functie voor het organisme: het geeft informatie over de buitenwereld door. Door het weerhouden van elke toevallige variatie die nuttig bleek, vormde natuurlijke selectie het lichtgevoelige plekje van het originele ééncellige stamorganisme geleidelijk om tot het complexe oog van gewervelden (Humphrey 1992; Tooby & Cosmides 1992).

Ironisch genoeg is dit minst omstreden voorbeeld van een adaptatie *evenzeer* een fysiologische als een psychologische adaptatie (Tooby & Cosmides 1992). Het oog is ontworpen om cognitieve modellen van de wereld te construeren: van aanwezige voorwerpen, van kleuren en vormen, van gezichten en van de emotionele uitdrukkingen daarop. Het argument dat perceptuele mechanismen adaptaties zijn, maar de 'hogere' cognitieve vaardigheden niet, omdat de eerste evolutionair ouder zijn en dus meer tijd hadden om zeer complex te worden, gaat hier niet op. Een hoop andere adaptieve problemen vergezellen ons al tientallen miljoenen jaren, zoals wederkerigheid in sociaal gedrag, moederzorg, het waarnemen van dreiging, partnerkeuze, voedsel verzamelen en emotionele communicatie. We hebben alle tijd gehad om ook op die problemen een adaptieve respons te ontwikkelen. Bovendien belichaamt onze capaciteit tot spreken een even complex en functioneel ontwerp als het visuele systeem, en toch is het een relatief recente en specifiek menselijke adaptatie.

Evolutiepsychologen gaan er niet automatisch van uit dat elk nieuw ontdekt universeel kenmerk ook een adaptatie is. Zoals gezien dient een aantal criteria vervuld te zijn, en daarenboven moet het gebruik van de term ook consistent zijn met de gegevens uit andere disciplines.

Met die beschouwing over adaptaties zijn we bij een fel bediscussieerde kwestie beland: de mate van wetenschappelijkheid van de evolutiepsychologie.

Is de evolutionaire psychologie wetenschappelijk verdedigbaar?

Een frequente kritiek op sociobiologen en evolutionaire psychologen luidt dat ze alleen maar verhaaltjes na de feiten vertellen. Ze produceren 'zo is het'-verhaaltjes, want hun beweringen zijn niet testbaar en dus niet falsificeerbaar. Conclusie: de evolutiepsychologie is geen wetenschap.[62] De basis van die aantijging ligt in het door critici als problematisch ervaren karakter van adaptionistische verklaringen: het adaptatieconcept is immers noodzakelijk een historisch concept (Haig & Durrant 2000). Aangezien we natuurlijke selectie nooit rechtstreeks aan het werk kunnen zien, kunnen we nooit onmiskenbaar aantonen dat een bepaald kenmerk werkelijk een adaptatie is en daarom vatbaar voor een evolutionaire verklaring.

Er zijn inderdaad 'zo is het'-verhaaltjes verteld. Maar adaptieve scenario's zijn meestal niet meer dan heuristische modellen, hulpmiddelen om enkele van de vele factoren te identificeren en te onderzoeken die nodig zijn om de selectieve oorsprong van vermoedelijk adaptieve eigenschappen ten volle te begrijpen. We mogen het gebruik van die heuristische modellen niet verwarren met het postuleren van onderzoeksresultaten (Waage & Gowaty 1997). Helaas is dat net wat sommige evolutionaire theoretici hebben gedaan, net als veel populariseerders – zie bijvoorbeeld *De naakte aap* van Desmond Morris (1967) of de immens populaire boekjes van het koppel Allan en Barbara Pease, met titels als *Waarom mannen niet luisteren en vrouwen niet kunnen kaartlezen* (1997). Dat sommige theorieën van Morris vandaag echter niet langer aanvaard worden, net omwille van het feit dat ze op empirische grond onhoudbaar bevonden zijn, impliceert het punt dat ik wil maken: evolutionaire verklaringen *zijn* falsificeerbaar, en wel op alle analyseniveaus, ook het metatheoretische.

Een paar voorbeelden. Als we bij een bepaalde soort mechanismen zouden ontdekken die louter dienen om het welzijn van een andere soort te bevorderen, zou dat de evolutionaire metatheorie falsificeren, omdat dergelijke kenmerken onmogelijk door natuurlijke selectie kunnen ontstaan. Ze zijn nog niet ontdekt. Als bij een bepaalde soort de sekse die het meest investeert in nakomelingen (meestal de vrouwtjes) minder kieskeurig is in de keuze van partners dan de minst investerende sekse (meestal de mannetjes), zou dat een kernveronderstelling van Trivers' ouderlijke investeringstheorie falsificeren. Alle gekende soorten beantwoorden echter aan de voorspelling (Ellis & Ketelaar 2000). De evolutionaire hypothese dat mannen aantrekkelijke vrouwen verkiezen omdat het uiterlijk van een vrouw talloze aanwijzingen biedt over haar vruchtbaarheid, kan gefalsificeerd worden door te testen of de eigenschappen die mannen aantrekkelijk vinden bij vrouwen, zoals jeugdigheid en een lage verhouding tussen heupen en taille, gerelateerd zijn aan vruchtbaarheid. Dat blijkt inderdaad het geval (Etcoff 1999).

Al vergt het soms wat creativiteit om experimenten te ontwerpen, toch zijn verklaringen op basis van adaptieve functies over het algemeen controleerbaar, zij het niet altijd in gelijke mate. Een van de strategieën om evolutionaire hypothesen te ontwerpen is de observatiegestuurde of bottom-up benadering ('reverse engineering'): onderzoekers gaan op zoek naar de mogelijk adaptieve functie van gekende fenomenen zoals taal, tweebenige voortbeweging, zwangerschapsmisselijkheid, maatstaven van aantrekkelijkheid of seksuele jaloezie. Hierbij moeten ze aantonen dat het fenomeen goed ontworpen is om een specifiek probleem met betrekking tot overleven of reproductie op te lossen, en dat we het niet beter kunnen verklaren als nevenproduct van een andere adaptatie. Dit soort analyse leidt vaak tot belangrijke nieuwe inzichten in het fenomeen en opent nieuwe onderzoeksperspectieven. Een complementaire strategie is de theoriegestuurde of top-down benadering: op basis van de evolutietheorie en wetend dat onze menselijke voorouders als jager-verzamelaars leefden, kunnen we onderbouwde hypothesen opstellen over de structurele elementen waarover ons brein zou moeten beschikken. Die hypothesen kunnen we dan toetsen. Als de hypothetisch veronderstelde adaptaties daadwerkelijk evolueerden, zullen ze zich transcultureel manifesteren als een betrouwbaar onderdeel van de menselijke natuur.

Op die manier vormt een evolutionaire functionele analyse een referentiekader voor de verklaring van bekende feiten en een krachtig heuristisch hulpmiddel om nieuwe kennis te genereren. Dat kan als een circulair argument klinken, maar is dat niet. In de zeventiende eeuw vroeg William Harvey zich af waarom er kleppen in de aderen zitten en ontdekte zo de bloedsomloop. De vraag naar het waarom van een bepaald ontwerp is sindsdien een uiterst productieve methode gebleken binnen het biologische onderzoek. Ze leidde ons tot de voorspelling en daaropvolgende ontdekking van duizenden nieuwe feiten (Tooby & Cosmides 1992). De inclusieve fitnesstheorie van Hamilton leidde bijvoorbeeld bij veel diersoorten tot de ontdekking van psychologische mechanismen die zorgen voor gedrag dat met deze niet-intuïtieve theorie overeenkomt. Het besef dat onze vrouwelijke voorouders veel tijd spendeerden aan het verzamelen van voedsel, leidde Irwin Silverman en Marion Eals (1992) tot de veronderstelling dat vrouwen waarschijnlijk een beter lokalisatiegeheugen voor voorwerpen ontwikkeld hebben, een voorspelling die ze konden bevestigen.

We kunnen de aantijging van onverifieerbare 'zo is het'-verhaaltjes nog op een andere manier weerleggen. In de moderne wetenschapsfilosofie wordt verificatie immers beschouwd als een te hoge maatstaf om van praktisch nut te zijn bij de evaluatie van wetenschappelijke verklaringen.

In *The Logic of Scientific Discovery* (1959) legde wetenschapsfilosoof Karl Popper uit waarom de eis tot verificatie onhoudbaar is. Geen enkele hoeveelheid empirisch bewijsmateriaal kan volgens hem ooit daadwerkelijk *bewijzen* dat een bepaalde verklaring waar is. Wetenschappelijke beweringen kunnen enkel gecorroboreerd (gestaafd) worden, namelijk door vast te stellen of ze al dan niet overeenstemmen met de voorhanden zijnde gegevens. Dat kan via pogingen om ze te falsificeren of te weerleggen op basis van praktische toepassingen en experimenten. Uit de overblijvende set van ongefalsificeerde (dus gecorroboreerde) verklaringen kiezen we dan de best passende (Ellis & Ketelaar 2000; Ketelaar & Ellis 2000).

Poppers criterium van corroboratie in plaats van verificatie werd behouden in de huidige wetenschapsfilosofie. Een strikt vasthouden aan de eis tot verificatie zou immers onder meer archeologie, kosmologie, evolutiebiologie, paleontologie, kwantumfysica en alle gedragswetenschappen elimineren als legitieme wetenschappelijke ondernemingen (Ellis & Ketelaar 2000). Dat betekent dat goed gestaafde evolutionaire verklaringen wetenschappelijk aanvaardbare kennisclaims zijn.

De strikte toepassing van Poppers falsificatiestrategie stemt volgens veel wetenschapsfilosofen echter niet overeen met de wetenschappelijke praktijk. Poppers tijdgenoot Imre Lakatos stelde bijvoorbeeld dat wetenschappers een theorie niet meteen verwerpen als een daaruit afgeleide voorspelling gefalsificeerd wordt. Dat komt doordat er altijd verschillende verklaringsniveaus zijn in de wetenschap. Er bestaat een 'harde kern' van metatheoretische veronderstellingen die unaniem en zonder verdere tests aanvaard worden, omdat ze empirisch bevestigd zijn. Die metatheoretische veronderstellingen vormen het uitgangspunt voor de ontwikkeling en evaluatie van meer specifieke theoretische modellen op middenniveau. Als op dit niveau anomalieën opduiken, besluiten wetenschappers daaruit niet dat hun metatheorie gefalsificeerd is, alleen dat *die specifieke stelling op middenniveau* gefalsificeerd is. Wetenschappelijke verklaringen worden altijd geëvalueerd op basis van het cumulatieve gewicht van het bewijsmateriaal in vergelijking met andere verklaringen. Wetenschappers proberen gewoon tot een zo goed mogelijke benadering van bepaalde fenomenen te komen, op basis van feitenmateriaal en van enkele algemeen aanvaarde metatheoretische principes, zoals, in de fysica, de wetten van Newton en de wetten van Maxwell (Ketelaar & Ellis 2000).

Volgens Timothy Ketelaar en Bruce Ellis (2000), die de discipline analyseerden vanuit Lakatosiaanse invalshoek, komen de maatstaven en procedures van de evolutiepsychologie overeen met die van de huidige wetenschappen. Dat geldt bijvoorbeeld voor de analyseniveaus die Buss (1999) beschrijft, al onderscheidt hij drie niveaus: de 'harde kern' van de algemene theorie van evolutie door natuurlijke selectie, met inbegrip van de theorie van inclusieve fitness, het middenniveau van evolutionaire theorieën zoals Trivers' ouderlijke investeringstheorie, en het niveau van specifieke evolutionaire theorieën, zoals de hypothese dat vrouwen specifieke voorkeuren ontwikkelden voor mannen met veel materiële hulpbronnen. Als een voorspelling op het ene niveau van de hiërarchie gefalsificeerd wordt, stelt dat de hypothese waarop ze gebaseerd was in vraag, maar het betekent allerminst dat ook de basistheorie fout is. Evolutionaire theorieën worden geëvalueerd op basis van het totale bewijsmateriaal en niet op basis van een individuele voorspelling, wat precies de manier is waarop wetenschap werkt, volgens Lakatos.

In de evolutiepsychologie komt het bewijsmateriaal uit een veelheid aan bronnen en gebruikt men verschillende methoden. Mogelijke bronnen voor het toetsen van hypothesen zijn onder meer archeologische archieven, gegevens over huidige jager-verzamelaars, observaties van menselijk gedrag, zelfverslagen, publieke databanken en menselijke artefacten. Mogelijke testmethoden omvatten het vergelijken van verschillende soorten, van mannetjes en vrouwtjes, van individuen binnen een soort, van dezelfde individuen in verschillende contexten, en het gebruik van experimentele methoden. Opnieuw zal het cumulatieve gewicht van de bewijslast beslissen of een hypothese al dan niet aanvaard wordt (Buss 1999).

Lakatos en andere wetenschapsfilosofen benadrukken ook de mate waarin een theorie nieuwe feiten kan voorspellen als evaluatiecriterium. Ellis en Ketelaar (2000) geven een overzicht van 30 recente empirische ontdekkingen over de menselijke psychologie op basis van een evolutionaire benadering van de menselijke geest. Het gaat onder meer om seksueel dimorfe paarstrategieën; een 0,7 taille-heupverhouding als universele determinant van vrouwelijke aantrekkelijkheid (Singh 1993, 2002), het bestaan van detectiemechanismen om valsspelers in het sociale spel te ontmaskeren, mishandeling van stiefkinderen aan een 40 keer hogere ratio dan mishandeling van biologische kinderen (Daly & Wilson 1985, 1988, 1995), seksegebonden verschuivingen in partnervoorkeuren doorheen de levensspanne, voorspelbare patronen van doodslag binnen het huwelijk en binnen dezelfde sekse (Daly & Wilson 1988), conflict tussen moeder en foetus tijdens de zwangerschap, superieur ruimtelijk lokalisatiegeheugen bij vrouwen (Silverman & Eals 1992), een voorspelbaar patroon van mannelijke seksuele jaloezie; profielen van seksuele delinquenten en hun slachtoffers, sekseverschillen in het verlangen naar seksuele afwisseling (Schmitt et al. 2003a), verschillende socialisatiepraktijken naargelang sekse en partnersysteem tussen de culturen (Low 1992), patronen van risicogedrag bij intraseksuele competitie om partners, verschuivingen in grootouderlijke investering naargelang geslacht van grootouder en ouder, en partnerbewaking als een functie van vrouwelijke reproductieve waarde (Buss 2000).

Naast voorspellend succes en verklarende kracht is een ander zwaarwegend criterium bij de evaluatie van wetenschappelijke theorieën de mate waarin ze aansluiten bij de rest van onze gevestigde wetenschappelijke kennis. Ook dit criterium vervult de evolutionaire psychologie moeiteloos, net als de andere criteria die wetenschappers gebruiken voor de evaluatie van theorieën, zoals hun eenvoud en elegantie, hun interne coherentie en de mate waarin ze de onderliggende causale mechanismen kunnen verklaren (Fletcher 2000). De beschuldiging van onwetenschappelijkheid is dus onhoudbaar.

Vaak krijgt de evolutionaire psychologie het verwijt reductionistisch te zijn, waarbij de critici laten uitschijnen dat reductionisme inherent slecht is.[63] Er bestaan echter verschillende soorten van reductionisme. Positief gesteld is reductionisme gewoon de manier waarop wetenschap werkt. De term staat dan voor de in de huidige wetenschap nagenoeg universeel gangbare opvatting dat (1) alle dingen fysieke entiteiten zijn en niets meer (materialisme) en dat (2) we het meer complexe en minder fundamentele kunnen verklaren in termen van het minder complexe en meer fundamentele. Een menselijke samenleving bestaat uit mensen die, omdat ze zoogdieren zijn, gehoorzamen aan de wetten van de biologie. Zoogdieren bestaan uit moleculen die gehoorzamen aan de wetten van de chemie, die op hun beurt onderworpen zijn aan de wetten van de fysica (Dennett 1995).

Dat betekent niet dat we het meer complexe en minder fundamentele kunnen *reduceren* tot het minder complexe en meer fundamentele. Dat is reductionisme in negatieve zin, en het is hiervan dat de evolutiepsychologie blijkbaar beschuldigd wordt – critici maken zelden duidelijk wat ze eigenlijk bedoelen. Negatief reductionisme impliceert bijvoorbeeld dat wetenschappers zouden denken dat we de niveaus van psychologie en sociologie niet nodig hebben om de opkomst van het fascisme of het kubisme te verklaren: moleculen (of in dit geval, genen) volstaan. Niemand is reductionistisch in deze betekenis. Al suggereerde Wilson in 1975 dat traditionele wetenschappen zoals de psychologie uiteindelijk zouden verdwijnen, hij stuurde zijn standpunt sindsdien duidelijk bij (Dennett 1995; Plotkin 1997).

We mogen de causale krachten die onze psychologie tot stand brachten, niet verwarren met die psychologie zelf. Evolutionaire wetenschappers willen ons mentale leven niet herleiden tot de evolutionaire mechanismen die aan de basis lagen van ons soortspecifieke brein. Het verklaren van de ultieme oorsprong van onze subjectieve ervaringen maakt die ervaringen niet minder werkelijk of minder waardevol. Wie de evolutionaire benadering afwijst als reductionistisch, zou eigenlijk elke discipline die mensen beschouwt als fysische en biologische wezens (neurowetenschappen, genetica, hormonaal onderzoek...) moeten afwijzen, omdat ook die "de menselijke dimensie verwaarlozen" (Segal 1999: 80). Zelfs paradigma's als het marxisme en de psychoanalyse, geliefd in sociaal-constructivistische middens, zouden op afkeer moeten stuiten, want ook die stellen mensen voor als het product van bepaalde historische of psychologische wetten. Dat zou absurd zijn. Die invalshoeken zijn slechts pogingen om het menselijk functioneren te verklaren op verschillende, complementaire niveaus – wat natuurlijk niet automatisch betekent dat ze het bij het rechte eind hebben.

Soms beschuldigt men evolutiepsychologen van reductionisme om een andere reden: omdat ze niet alle variabelen in overweging nemen die nodig zijn voor een volledige verklaring van een bepaald gedrag. Zo werkt wetenschap echter: ze probeert door te dringen tot de aard van een fenomeen door de complexiteit en diversiteit ervan tot empirisch beheersbare delen te herleiden. Een benadering van de wereld in haar volle complexiteit zou hoogstens een beschrijving opleveren, geen verklaring, want het zou onmogelijk zijn om verder te veralgemenen dan dit historische moment, met deze specifieke aspecten. Dat die procedure van noodzakelijk reductionisme wel degelijk werkt, blijkt uit de enorme hoeveelheid toepasbare kennis die wetenschappelijke disciplines totnogtoe produceerden (Campbell 2002; Thornhill & Palmer 2000).

De evolutiepsychologie doet een snel toenemende hoeveelheid kennis over de menselijke geest en menselijk sociaal gedrag ontstaan, bijvoorbeeld over cognitie, verwantschapsrelaties, seksueel gedrag, samenwerking, ouderzorg, agressie, oorlogsvoering, statusstreven, sociale hiërarchieën en emotionele binding. In wat volgt wil ik aantonen hoe het feminisme baat kan hebben bij een evolutionair perspectief.

6

Een metatheorie voor het feminisme

> Een evolutionaire benadering vraagt zich niet alleen af *hoe* mannen macht uitoefenen over vrouwen, zoals het feminisme doet, maar onderzoekt ook de dieper liggende vraag *waarom* mannen überhaupt macht over vrouwen willen, wat feministen meestal als gegeven aanvaarden.
>
> – Barbara Smuts, The Evolutionary Origins of Patriarchy, 1995: 2, cursivering in origineel

Een radicaal sociaal-constructivistische verklaring van genderverschillen stelt feministen voor een onoverkomelijk probleem. Josephine Donovan stelt het zo: "[a]ls genderidentiteiten en de culturen die daarmee samengaan historisch een product van sociale constructie zijn, dan bieden ze een minder stevige basis voor politieke ideologieën (...) dan wanneer ze het product zouden zijn van iets onveranderlijks als biologie" (2000: 76). Haar misvatting dat biologie 'onveranderlijk' is, in combinatie met een veronderstelde dichotomie tussen natuur en cultuur, zorgt voor een hersenkraker: *ofwel* is alles een zaak van 'biologie' en valt er niets aan te doen, *ofwel* is alles een culturele constructie, maar dan dreigt ook het feminisme in legitimatienood te komen. Sociaal-constructivisme verglijdt gemakkelijk in cultureel relativisme, met 'cultuur' als vrijbrief voor het brutaliseren van vrouwen. Wat is er immers verkeerd aan om vrouwen het recht op onderwijs, seksuele zelfexpressie en persoonlijke autonomie te ontzeggen, als hun identiteit slechts een culturele constructie is en ze dus geen inherente behoeften hebben die genegeerd of geschonden kunnen worden?

De feministische beweging worstelt al lang met dergelijke moeilijke vragen. Hoe ontwerp je een theorie die enerzijds de verschillen tussen vrouwen erkent, maar anderzijds ook universele uitspraken over hen kan rechtvaardigen? Weer staat de veronderstelde tegenstelling tussen 'biologisch determinisme' en sociaal-constructivisme mogelijke oplossingen in de weg. Hoe verklaar je de bevinding dat, ondanks de vele pogingen tot het tegendeel, meisjes en jongens van elke nieuwe generatie zich toch weer seksetypisch beginnen gedragen? Hoe te verklaren dat "de aanwezige analyses het gebrek aangeven van enige consistente tendens voor sekseverschillen in sociaal gedrag en persoonlijkheid om te verminderen of toe te nemen doorheen de decennia" (Eagly 1995: 148)?

Zoals we zagen is die natuur-cultuurdichotomie hopeloos achterhaald. Elke poging om menselijk gedrag te verklaren aan de hand van alleen natuur of alleen cultuur is gedoemd tot falen. Hetzelfde geldt voor pogingen om genderverschillen terug te voeren tot culturele rolpatronen die op anatomische verschillen 'geschreven' worden. De realiteit is veel complexer en veel eleganter en eenvoudiger tegelijkertijd: socialisatie is enorm belangrijk, maar zonder de sturing van aangeboren neigingen en vermogens kan ze ons gedrag niet vormen. Die neigingen en vermogens zijn het product van onze evolutionaire voorgeschiedenis. Dat betekent dat mannen en vrouwen geen passieve hompjes klei zijn die in elke willekeurige richting gekneed kunnen worden. Ze zijn actieve participanten in hun eigen ontwikkeling, handelend op contextgevoelige manieren die ooit adaptief waren voor beide seksen.

Dit hoofdstuk toont hoe een evolutionaire visie op sekseverschillen een antwoord kan geven op veel vragen die het feminisme al sinds haar ontstaan verdelen. Ik meen dat de evolutionaire psychologie het feminisme een unificerende metatheorie kan bieden. Dat brengt het bestaansrecht van een veelheid aan feminismen niet in het gedrang, want de evolutiepsychologie verschaft enkel verklaringen, geen voorschriften. We moeten zelf uitmaken in hoeverre we onze geëvolueerde neigingen en voorkeuren willen bekrachtigen en – zoals steeds in de politiek – zullen de standpunten hierover wellicht sterk uiteenlopen. Vooruitgang binnen het feminisme is echter alleen mogelijk op basis van een wetenschappelijk houdbare visie op de aard van de seksen. Het feminisme heeft zo'n visie nodig, net als de sociale wetenschappen dat hebben. De psychologie kent momenteel ongeveer negentien grote theorieën over de menselijke natuur. De meeste daarvan doen geen precieze of testbare voorspellingen, geven zelden aanleiding tot laboratoriumexperimenten en leiden vaker tot disputen over meningen dan over feiten (Ellis & Ketelaar 2000). Zo beschouwd is het nogal ironisch dat velen de evolutiepsychologie, die *wel* aan die criteria voldoet, onwetenschappelijk noemen.

De observaties van feministen en evolutiepsychologen over de gemiddelde mannelijke en vrouwelijke psychoseksualiteit komen vaak overeen, iets wat al aangeeft dat de kloof tussen beide groepen misschien meer ingebeeld dan echt is. Het verschil is dat evolutiepsychologen in de eerste plaats willen beschrijven in plaats van aan te klagen: als wetenschappers is het hun taak uit te vissen hoe de dingen in elkaar steken, *niet* hun bevindingen politiek correct te verpakken. Door die poging tot neutraliteit beschouwen feministen hen nogal eens als seksistisch. Veel evolutionaire theoretici sympathiseren echter met feministische doelstellingen, want inzicht in de geëvolueerde verschillen tussen de seksen leidt vaak tot een sterker besef van de potentiële kosten van vrouw-zijn. Feministische socialisatieconcepten kunnen ons inzicht bieden in de culturele bekrachtiging van aangeboren seksetypische neigingen. Zo kunnen we, waar we dat wenselijk achten, sekseverschillen met meer kennis van zaken bijsturen. Het feminisme heeft echter een goede onderliggende theorie van de menselijke natuur nodig en dat is precies wat de moderne evolutietheorie is. Dit is geen intellectueel imperialisme. Evolutie door selectie staat evenzeer vast als de zwaartekracht, en net zoals alle fysische dingen onderhevig zijn aan de wetten van de zwaartekracht, zo zijn alle organische wezens onderhevig aan de wetten van de evolutie.

De evolutionaire psychologie wil het feminisme niet opheffen. In tegendeel: een evolutionaire visie op de seksen beklemtoont het belang voor vrouwen om zich sterk op te stellen tegenover mannen, want een evolutionair perspectief voorspelt dat mannen zullen streven naar controle over de vrouwelijke seksualiteit. Feministen moeten hun biofobie achter zich laten. Zoals ik in dit hoofdstuk hoop aan te tonen, kan de biologie een bondgenoot zijn in ons streven naar een samenleving met meer gendergelijkheid.

Feministische observaties

Marilyn French (1992) merkt op dat mannen geobsedeerd zijn door de vrouwelijke reproductie. Hun drang om de vrouwelijke reproductie onder controle te houden is volgens haar "een verborgen agenda op elk niveau van mannelijke activiteit" (1992: 19). French klaagt verder aan dat vele staten seksualiteit willen reguleren door *vrouwen* te reguleren, dat ze prostitutie criminaliseren, ook al is het publiek vrijwel exclusief mannelijk, en dat ze zich het beslissingsrecht over de toegang tot anticonceptie en abortus voor vrouwen toe-eigenen. Nog altijd worden vrouwen gedood vanwege het verlies van hun maagdelijkheid (zelfs bij verkrachting) en vanwege overspel. Ze worden in purdah[64] geplaatst of ondergaan infibulatie. Ze krijgen niet het recht om te scheiden of de voogdij over hun kinderen te verwerven. Geen van die beperkingen werd ooit aan mannen opgelegd. In sommige samenlevingen bekopen mannen overspel met de dood, maar alleen omdat ze het bezit van een andere man – diens vrouw – gestolen hebben, niet omwille van seks met andere vrouwen dan hun eigen echtgenote. French interpreteert al die correcte waarnemingen als symptomen van een bewuste oorlog tegen vrouwen, gevoerd omdat mannen de verantwoordelijkheid voor baby's niet op zich willen nemen.

In de onderlinge competitie tussen vrouwen is schoonheid het belangrijkste wapen. Susan Brownmiller (1984) merkt op dat het bereiken van middelbare leeftijd geen afbreuk doet aan de perceptie van mannelijke aantrekkelijkheid, maar wel aan die van vrouwelijke aantrekkelijkheid. Ze vermoedt hierachter een mannelijke samenzwering, die vrouwen zwak en onzeker wil houden door ze op te zadelen met obsessies en complexen over hun uiterlijk.

Ook Valerie Bryson (1999) doet een correcte observatie als ze stelt dat vrouwen meestal een beduidend geringere interesse tonen voor formele politiek dan mannen. Hun betrokkenheid bij minder geïnstitutionaliseerde vormen van collectieve activiteit, zoals vrijwilligersorganisaties, is dan weer groter dan die van mannen. Ze merkt verder op dat feministen ervaren hebben hoe ontzettend moeilijk het is om hiërarchieën te elimineren en hoe de invloed van leiders misschien wel groter is in niet-hiërarchische organisaties dan in meer gestructureerde groepen, omwille van het gebrek aan formele controle.

Mannen zijn gewelddadiger en agressiever dan vrouwen (Hyde 1996). Ze hebben een sterkere neiging om louter vriendelijkheid te interpreteren als uitnodiging tot seks (Abbey et al. 1996). Bijna de helft van alle vrouwelijke onderzoekers is geconcentreerd in de psychologie of in de biologische en sociale wetenschappen. Een meerderheid van mannelijke onderzoekers werkt daarentegen in de ingenieurswetenschappen (Rosser 1992). Ook op de rest van de arbeidsmarkt heerst gendersegregatie, met vrouwen geconcentreerd in de zorgsector, dienstensector, administratieve en publieke sector en mannen in productie, industrie en de private sector (Bryson 1999).

De lijst met overtuigende feministische gegevens gaat verder. Brownmiller (1975) beschrijft hoe verkrachting een constante is doorheen de geschiedenis, net als de ongelijke behandeling van mannen en vrouwen voor de wet in het geval van verkrachting – vaak moest het slachtoffer zich meer verantwoorden dan de dader. Brownmiller verwerpt terecht de toen heersende interpretatie van verkrachting als psychopathologie en vervangt die door een interpretatie van verkrachting als een strategie om vrouwen te controleren. In haar beruchte woorden is verkrachting "niets meer of minder dan een bewust intimidatieproces waarmee *alle* mannen *alle* vrouwen in een staat van angst houden" (1975: 15, cursivering in origineel). Die interpretatie van 'verkrachting als macht, niet als seks' is sindsdien de heersende verklaring binnen het feminisme, al wordt ze door sommige feministen aangevochten.[65]

In een evaluatie van enkele feministische uitspraken over prostitutie erkent filosoof Igor Primoratz (1999) dat het seksuele verleden van een vrouw, in tegenstelling tot andere activiteiten, niet als aanwijzing van ervaring en expertise geldt. Hij heeft hier geen verklaring voor, maar "er is zeker een nodig" (1999: 107). Primoratz tracht te achterhalen of de seksuele sfeer een specifieke morele betekenis aan bepaalde activiteiten verleent, waardoor ze zich van ander menselijk gedrag zouden onderscheiden. Volgens hem zijn echter overal dezelfde morele regels en principes van toepassing: zowel bij seksuele als bij niet-seksuele handelingen kunnen we anderen kwetsen, misleiden of uitbuiten en wordt moreel van ons verwacht dat we dat niet doen. Toch blijft zijn argumentatie deels onbevredigend, zoals wanneer hij verwijst naar de feministische stelling dat verkrachting essentieel een geweldsdelict is, geen seksdelict. Intuïtief lijkt dat niet te kloppen; we weten bijvoorbeeld dat de psychische pijn na een verkrachting veel groter is dan de psychische pijn na fysieke mishandeling (Thornhill & Thornhill 1990). Primoratz houdt desondanks vol dat de seksuele aard van de daad er weinig toe doet. De vraag welke andere factor verkrachting dan tot zo'n onmiskenbaar vreselijke misdaad maakt voor vrouwen, blijft onbeantwoord.

Een ander opmerkelijk gegeven is het feit dat studies in alle landen consistent aangeven dat 'de nieuwe man' meer mythe dan werkelijkheid is (Bryson 1999). Een lichte toename van huishoudelijke en opvoedkundige inspanningen door mannen niet te na gesproken, blijft de traditionele taakverdeling opvallend constant, ook als vrouwen buitenshuis werken. Veel vrouwen blijken ervan te houden thuis te blijven en voor de kinderen te zorgen. Zelfs in de Scandinavische landen, waar beide geslachten van gezinsvriendelijke arbeidsvoorwaarden kunnen genieten, maken mannen daar beduidend minder gebruik van dan vrouwen.

Mannen zijn ook sterker geïnteresseerd in visuele seksuele prikkels dan vrouwen en ze zijn de voornaamste consumenten van pornografie en prostitutie (Angier 1999). Volgens radicaal-feministen oefent pornografie zo'n aantrekkingskracht uit op mannen omdat ze de seksuele onderdrukking van vrouwen medieert en in stand houdt door haar erotisering van mannelijke macht en vrouwelijke onderwerping. Door vrouwen af te schilderen als objecten die gekocht en gebruikt kunnen worden, beïnvloedt pornografie het wereldbeeld van gebruikers en cultiveert ze een beeld van seksuele relaties als machtsrelaties.[66]

Er is dus een lange lijst van systematische en goed gestaafde feministische en sociologische observaties over man-vrouwrelaties, met daarnaast een lijst van minder goed gestaafde en vaak tegenstrijdige verklaringen. Noch het feminisme, noch de sociale wetenschappen beschikken over een krachtige, coherente en goed gefundeerde theorie die die patronen kan verklaren. De verwijzing naar culturele voorschriften biedt geen uitputtende verklaring, want dat laat het ontstaan van die voorschriften onverklaard. Daarenboven volstaan socialisatieverklaringen sowieso niet, zoals we zagen in hoofdstuk 5.

De kiemen van de volwassenheid

Uit het vorige hoofdstuk bleek dat kinderen voorgeprogrammeerd zijn om te letten op specifieke aspecten van hun omgeving, om zich op bepaalde manieren te gedragen en om specifieke voorkeuren te ontwikkelen. Ik geef hier enkele andere voorbeelden, die vooral interessant zijn omdat ze soms onverwachte sekseverschillen tonen. Dat is, onverwacht – en onverklaarbaar – vanuit sociaal-constructivistisch opzicht, niet vanuit evolutionair perspectief.

Baby's staren intensief naar menselijke gezichten. Minder dan tien minuten na de geboorte volgen hun ogen al de patronen van een gezicht. De tweede dag kunnen ze het gezicht van hun moeder onderscheiden van andere gezichten. Heel snel gaan ze gelaatsuitdrukkingen imiteren. Ze staren bijna even lang naar iemands ogen als naar het volledige gezicht. Als ze merken dat iemand naar hen kijkt, kijken ze spontaan terug en lachen (Etcoff 1999). Pasgeborenen concentreren zich automatisch op de dingen die ze nodig hebben om te overleven. Ze hechten zich intens aan hun belangrijkste verzorger – meestal de moeder – en ze manipuleren haar met geëvolueerde vaardigheden als huilen en schattig zijn. Ze zijn geen onbeschreven blad, maar beschikken over een waaier van predisposities die gestructureerd zijn om door bepaalde omgevingprikkels geactiveerd te worden. Dat gaat van eenvoudige handelingen als grijpen en zuigen over complexer gedrag zoals het letten op gezichtspatronen, het verkiezen van melodieuze en hoge stemmen en – wereldwijd omstreeks de leeftijd van zes maanden – het verwerven van angst voor vreemden, tot uiterst complexe cognitieve vaardigheden zoals het onderscheiden van de inhoud van taaluitingen (Hrdy 1999b).

Een ander deels ingebakken patroon is ons besef van fysieke schoonheid. In weerwil van traditionele psychologische theorieën, die veronderstellen dat maatstaven van schoonheid langzaam worden aangeleerd door culturele overdracht en dus niet voor de leeftijd van drie jaar opduiken, is aangetoond dat maatstaven van aantrekkelijkheid al heel vroeg aanwezig zijn. Kinderen van drie maanden oud kijken opvallend langer naar afbeeldingen van als aantrekkelijk gekwalificeerde gezichten. Ook andere zintuiglijke voorkeuren zijn universeel terug te vinden bij jonge kinderen: de voorkeur voor symmetrische patronen boven asymmetrische en voor zachte oppervlakken boven harde. Op vierjarige leeftijd verkiezen kinderen harmonieuze melodieën boven dissonante (Etcoff 1999).

Simon Baron-Cohen (2003) beschrijft een reeks intrigerende experimenten die aangeven dat meisjes zich van bij de geboorte meer op mensen richten dan jongens, terwijl jongens meer gefascineerd zijn door voorwerpen. Op de leeftijd van twaalf maanden reageren meisjes ook empathischer op verdriet van anderen dan jongens, door trieste blikken, sympathiserende geluidjes en troostend gedrag. Tegen de leeftijd van drie jaar kunnen meisjes beter inschatten dan jongens wat andere mensen voelen of bedoelen; ze hebben een betere theory of mind.

Dit sekseverschil in sociale interesse is algemeen bekend in de psychologische literatuur. Socialisatie schiet te kort als verklaring, want het verschil komt al op de eerste dag tot uiting. Daarbij komt de vaststelling dat de opvoeding van kinderen in hedendaagse westerse landen voor beide geslachten vrijwel gelijklopend is. De weinige uitzonderingen zijn dat ouders hun kinderen meestal seksetypisch speelgoed geven, waarbij jongens ontmoedigd worden om met poppen te spelen, vooral door hun vader, dat jongens vaker straf en fysieke disciplinering krijgen, dat jongens meer mogen ravotten en dat moeders meer en emotioneler tegen hun dochters praten dan tegen hun zonen.[67] Maar in plaats van seksetypische verschillen te creëren, *ontspruiten* die ouderlijke reacties wellicht aan al aanwezige verschillen tussen hun kinderen. In het vorige hoofdstuk bleek dat seksetypische speelgoedvoorkeuren zich al heel vroeg manifesteren, ook zonder specifieke aanmoediging. Jongens voelen zich meestal veel meer aangetrokken tot mechanisch speelgoed dan tot poppen. Verkiezen ze toch poppen of ander typisch meisjesspeelgoed, dan is de kans groot dat ze als adolescent een homoseksuele geaardheid ontwikkelen (Bailey 2003). Waarschijnlijk verklaart die correlatie de sterk negatieve reactie van vaders op meisjesachtige speelgoedvoorkeuren bij hun zoon. Vanaf twee jaar zijn jongens gemiddeld dominanter, agressiever en fysiek actiever dan meisjes. Dat verklaart hun grotere bewegingsvrijheid en frequente disciplinering. De grotere empathie van meisjesbaby's kan moeders er dan weer toe aanzetten zich in hun taalgebruik op die emotionele vaardigheden af te stemmen.[68]

Opnieuw: dit wil niet zeggen dat socialisatie en opvoeding geen rol spelen. Ze zijn van cruciaal belang, maar niet op de manier die veel mensen denken. Cultuur en opvoeding lijken vooral de voorwaarden te bieden voor een normale ontplooiing. Ze determineren de persoonlijkheid niet, noch creëren ze de verschillen tussen meisjes en jongens. Wel bemiddelen ze de expressie van die eigenschappen. Ze zorgen voor de stimuli en kansen die een pasgeboren baby nodig heeft opdat de ruwe competenties van zijn geëvolueerde modules zich kunnen ontwikkelen op zo'n manier dat het kind afgestemd raakt op de lokale omgeving. De vaak aangetroffen correlatie tussen de persoonlijkheid van ouders en kinderen getuigt dus niet noodzakelijk van de knedende invloed van de opvoeding, zoals velen aannemen, maar lijkt hoofdzakelijk te wijten aan genetische invloeden (Ridley 2003).

Baron-Cohen (2003) leverde een doorslaggevend bewijs dat biologie een rol speelt in de relatief grotere sociale gerichtheid van meisjes en de grotere objectgerichtheid van jongens toen hij een correlatie ontdekte tussen het prenatale testosteronniveau en de ontwikkeling van die interesses. In de prenatale periode, van ongeveer acht tot vierentwintig weken, is het testosteronniveau van jongens veel hoger dan dat van meisjes. Het was al aangetoond dat een verschil in blootstelling aan geslachtshormonen invloed heeft op de organisatie van het brein, met typische cognitieve geslachtsverschillen tot gevolg (Kimura 1999, 2002). Nu is voor het eerst het verband blootgelegd tussen prenatale blootstelling aan hormonen en geslachtsverschillen van een diep *sociale* aard. Hoe lager het prenatale testosteronniveau van een baby, hoe meer oogcontact die zal maken als peuter en hoe groter zijn woordenschat zal zijn. Op vierjarige leeftijd zullen lagere niveaus van prenataal testosteron leiden tot een hogere taalvaardigheid, betere sociale vaardigheden, meer oogcontact en sterkere empathie. Hoe hoger het testosteronniveau, hoe gelimiteerder de interesses en hoe gerichter en beter het kind wordt in systematiseren, zoals het spelen met mechanische objecten en met legoblokken, het gooien en vangen van ballen en het verzamelen en classificeren van objecten.

Ook de typische en transcultureel aanwezige speelpatronen van kinderen, met een voorkeur van jongens voor wildebrasserij en groepscompetitie en een neiging van meisjes om huisje te spelen, worden aantoonbaar beïnvloed door prenatale hormonale niveaus (Geary 1998). Dat impliceert opnieuw dat socialisatieverklaringen niet volstaan om seksegebonden gedragsverschillen te verklaren. Wel kunnen socialisatie en opvoeding de aangeboren predisposities van meisjes en jongens versterken of verzwakken. In een analyse van 93 culturen toonde gedragsecologe Bobbi Low (1989) aan dat interculturele verschillen in opvoedingswijze nauw samenhangen met de grootte van de groep, het heersende huwelijkssysteem en mate van sociale stratificatie (Low 1989). Dat is voorspelbaar vanuit evolutionair perspectief: jongens en meisjes worden opgevoed op een manier die hun sociaal, economisch en reproductief succes verbetert binnen dat specifieke sociale systeem. Hoe polygyner een samenleving, hoe meer de zonen worden aangespoord om agressie en nijverigheid te vertonen, omwille van de grote variantie in reproductief succes: een paar mannen zullen veel vrouwen kunnen verkrijgen, terwijl veel mannen zich niet één enkele vrouw zullen kunnen veroorloven. In gestratificeerde en polygyne gemeenschappen, waar vrouwen 'omhoog' kunnen trouwen, worden dochters sterker aangemaand zich seksueel terughoudend en gehoorzaam te gedragen, omdat dit hun partnerwaarde verhoogt voor potentiële echtgenoten van hogere status. Hoe meer controle vrouwen hebben over de bestaansmiddelen, zoals in matrilineaire samenlevingen, waar afstamming en overerving via de vrouwelijke lijn verlopen, hoe minder dochters tot onderdanigheid en gehoorzaamheid opgevoed worden.

Verschillen tussen meisjes en jongens zijn dus het resultaat van een complex samenspel tussen genetische, hormonale, ontwikkelings- en sociale factoren. De lange kindertijd van de mens komt overeen met de hoge mate van sociale en cognitieve verfijning van onze soort. Die lange periode van onvolwassenheid stelt kinderen in staat om hun geëvolueerde vaardigheden te ontwikkelen in samenspel met hun lokale omgeving en om de kennis en ervaring op te doen die noodzakelijk zijn voor succesvolle overleving en voortplanting. We kunnen dus verwachten dat kinderen zich zullen oefenen in de ontwikkeling van de benodigde vaardigheden voor de latere intraseksuele competitie, zoals risicogedrag en dominantiestreven bij jongens en het zich mooi maken en verbaal kleineren van concurrentes bij meisjes. We kunnen ook verwachten dat meisjes veel meer dan jongens 'moedertje' zullen willen spelen (Geary 1998).

Seksuele selectie als oorsprongstheorie

Overeenkomstig het perspectief van seksuele selectie worden de sekseverschillen van de kindertijd sterker uitgesproken in de puberteit, als een nieuwe opstoot van geslachtshormonen de fysiologie, cognitie en het gedrag van beide geslachten beïnvloedt. Er ontstaan secundaire geslachtskenmerken. Jongens ontwikkelen een groter hart en grotere longen, een krachtiger bovenlichaam, langere benen, een hogere loopsnelheid en betere werpvaardigheden – allemaal zaken die belangrijk zijn voor de taken van jagen en vechten. De mannelijke voorsprong in werpvaardigheid is al te vinden op de leeftijd van twee jaar en is gerelateerd aan een verschil in skeletstructuur dat al in de baarmoeder ontstaat (Geary 1998). Ze is dus niet louter het resultaat van het frequentere oefengedrag van jongens, wat Fausto-Sterling (1992) suggereerde.

Meisjes bereiken de puberteit twee jaar vroeger dan jongens. Hun heupen verbreden en hun lichaamsvet neemt relatief meer toe, met een typisch vrouwelijk verdelingspatroon. Ze worden leniger en verwerven een verfijnder motorische handvaardigheid. Het verschil in lichaamslengte tussen de geslachten en de snellere seksuele volwassenwording van meisjes zijn typisch voor polygyne primaten. De mate van fysiek dimorfisme bij polygyne primatensoorten hangt nauw samen met de interne competitie tussen mannetjes. Hoe harder ze onderling moeten concurreren voor seksuele toegang tot vrouwtjes, hoe sterker de selectiedruk op grootte en kracht, want de vrouwtjes zullen vooral de grotere en sterkere mannetjes kiezen, waardoor vooral zij hun genen en dus hun kenmerken kunnen doorgeven (Geary 1998).

De hersenen van mannen en vrouwen verschillen eveneens. Het gaat om graduele, niet om fundamentele verschillen. Zoals de feministische sociologe Alice Eagly beschrijft, hebben feministen lang geprobeerd die verschillen te ontkennen of te minimaliseren, maar het is niet langer mogelijk om "de stortvloed aan onderzoek dat seksegedifferentieerd gedrag documenteert" te negeren, hoewel de meeste hedendaagse psychologische handboeken dat nog altijd doen (Eagly 1995: 150). De vrij intuïtieve methodes waarmee men enkele decennia terug nog psychologische studies naar gender samenbracht, hebben nu plaats geruimd voor statistisch onderbouwde procedures. De resultaten zijn solide en unaniem: er bestaan gematigd-tot-grote sekseverschillen in sommige aspecten van cognitieve vaardigheden, persoonlijkheid, sociaal en seksueel gedrag en fysieke vaardigheden. Vrouwen scoren bijvoorbeeld typisch hoger op verbale vlotheid, ruimtelijk lokalisatiegeheugen en wiskundige berekeningen. Mannen scoren typisch hoger op mentale rotatietests (het zich voorstellen hoe een figuur er vanuit een andere kijkrichting uitziet) en wiskundig redeneren (Eagly 1995; Kimura 1999, 2002). Het feit dat meisjes en jongens elkaar op verschillende deelaspecten van wiskundig en ruimtelijk inzicht overtreffen, suggereert dat de invloed of verwachtingen van leraars hier geen verklaring bieden, aangezien de meeste leraars zich niet bewust zijn van die verschillen. Die verschillen treffen we trouwens transcultureel aan en ze zijn niet noodzakelijk groter in traditionele maatschappijen als Japan. Het is slechts één van de vele bewijzen (zie hiervoor Kimura 1999) dat socialisatie weer te kort schiet als uitputtende verklaring.

Op persoonlijkheids- en sociaal vlak zijn vrouwen typisch zachtmoediger, zorgzamer en sociaalvoelender dan mannen, die dominanter zijn en meer gericht op controle en onafhankelijkheid. Dat bevestigt de stereotypen, maar onderzoek geeft aan dat genderstereotypen werkelijke geslachtsverschillen *onderschatten* in plaats van ze te overdrijven (Eagly 1995). Een massa onderzoek geeft aan dat mannen en vrouwen ook in hun seksualiteitsbeleving verschillen, en dat in vier belangrijke opzichten. Ten eerste hebben mannen meer interesse in seks, zoals blijkt uit het feit dat ze er vaker aan denken, vaker fantasieën en opstoten van seksueel verlangen rapporteren, hun eigen libido hoger inschatten, vaker masturberen en meer interesse hebben voor visuele seksuele prikkels. Ten tweede is agressie voor mannen sterker gebonden aan seksualiteit dan voor vrouwen, met verkrachting als extreme manifestatie hiervan. Ten derde hechten vrouwen meestal groter belang aan emotionele diepgang als context voor seksualiteit. Ten vierde is de vrouwelijke seksualiteit elastischer dan die van mannen: ze wordt makkelijker beïnvloed door omgevingsfactoren en verandert makkelijker doorheen de jaren.[69]

Veel feministen, zoals Anne Fausto-Sterling en Ruth Hubbard, hebben alles in het werk gesteld om de consensus uit de jaren 1970 dat verschillen tussen de seksen klein of onbestaande zijn, te behouden. Door stereotiepe voorstellingen de wereld uit te helpen, wilden ze de positie van vrouwen verbeteren. Genderstereotypen blijken echter in de moderne westerse maatschappij allesbehalve valse constructies: ze zijn een redelijk accurate weerspiegeling van gemiddelde mannelijke en vrouwelijke trekken – iets wat eigenlijk weinig verrassend is, aangezien we allemaal dagelijks vrijelijk met leden van beide geslachten omgaan (Eagly 1995). De vraag is dus niet langer *of* mannen en vrouwen verschillen, maar wel vanwaar die verschillen komen.

Zoals uitgelegd in hoofdstuk 4 slaagt geen enkele socialisatietheorie in een fundamentele of ultieme verklaring van genderverschillen. Enige voorkennis van de bestaande sociale structuren is altijd vereist om voorspellingen over psychologie en gedrag van mannen en vrouwen te doen.

Een schijnbare uitzondering hierop is de sociale roltheorie, geformuleerd door Alice Eagly en Wendy Wood (Eagly & Wood 1999; Wood & Eagly 2000). Het verschil met andere socialisatietheorieën ligt erin dat sociale roltheorie, net als evolutietheorie, een 'oorsprongstheorie' wil zijn, die de fundamentele oorzaak van genderverschillen blootlegt. Volgens sociale roltheoretici stoelen sekseverschillen op een biologische basis, maar in tegenstelling tot evolutiepsychologen verwijzen ze hiermee niet naar erfelijke en geëvolueerde psychologische predisposities. Ze suggereren dat lichamelijke verschillen – vooral de grotere gestalte en kracht van mannen en zwangerschap en zogen bij vrouwen – tot een voorspelbare taakverdeling leiden, omdat het ene geslacht beter geschikt is voor bepaalde activiteiten dan het andere. Naarmate mannen en vrouwen zich voegen in de rolpatronen die de samenleving voor hen heeft gecreëerd, ontstaan seksetypische vaardigheden en een seksetypische psychologie. "Seksegebonden gedragsverschillen weerspiegelen dus hedendaagse sociale condities" (Eagly & Wood 1999: 414).

Hoe waarschijnlijk is sociale roltheorie *als oorsprongstheorie*? Extreem onwaarschijnlijk, zoals intussen duidelijk zou moeten zijn. Alleen al het feit dat het prenatale testosteronniveau een cruciale determinant is van sociaal gedrag volstaat om de theorie te ontkrachten. Evenmin kunnen sociale rollen verklaren dat natuurlijke veranderingen in hormonale niveaus (doorheen de menstruele cyclus voor vrouwen, doorheen de seizoenen en in de loop van de dag voor mannen) geassocieerd zijn met voorspelbare veranderingen in cognitieve en fysieke vaardigheden, zoals verbale vlotheid, ruimtelijk inzicht en motorische behendigheid (Kimura 1999). Sociale roltheorie kan niet verklaren waarom we ons patroon van genderverschillen typisch ook bij andere zoogdieren aantreffen. De theorie valt eigenlijk nergens in te passen in het bredere kennisgeheel van de biologische wetenschappen.

Los van die vernietigende conclusie kunnen we sociale roltheorie ook testen op basis van de voorspellingen die ze genereert. In het volgende deel over partnervoorkeuren wordt duidelijk dat een evolutionair perspectief het er ook op dit vlak veel beter afbrengt.

De enige oorsprongstheorie die de confrontatie met wetenschappelijk bewijsmateriaal rond genderverschillen moeiteloos doorstaat, is de seksuele selectietheorie. Vanuit het perspectief van natuurlijke selectie valt te verwachten dat beide geslachten min of meer gelijk zijn, aangezien ze zich evolutionair wellicht met dezelfde overlevingsproblemen geconfronteerd zagen, zoals voedsel vinden, zich warm houden en natuurlijke vijanden vermijden. De reproductieve problemen die ze ondervonden liepen echter uiteen. Door hun ongelijke ouderlijke investering konden mannen en vrouwen hun reproductief succes op verschillende manieren verbeteren, en bijgevolg kunnen we psychoseksuele verschillen tussen de seksen verwachten. Dat betekent niet dat beide seksen er bewust of onbewust naar *streefden* zich zoveel mogelijk voort te planten, maar gewoon dat individuen met eigenschappen en partnervoorkeuren die hen reproductief succesvoller maakten dan anderen, die eigenschappen verspreidden over de volgende generaties. Als nakomelingen van voorouders die erin slaagden zich succesvol voort te planten, dragen hedendaagse mannen en vrouwen die typische trekken en voorkeuren nog altijd met zich mee.

Vanuit reproductief oogpunt is niet iedereen even waardevol als seksuele partner. In evolutionair jargon hebben individuen met eigenschappen die potentieel leiden tot veel en gezonde nakomelingen, een hoge partnerwaarde. Jonge vrouwen hebben dus een hogere partnerwaarde dan oudere vrouwen, want de vruchtbaarheid en het reproductief potentieel van die laatsten ligt veel lager. De partnerwaarde van mannen is veel minder afhankelijk van hun leeftijd, aangezien hun vruchtbaarheid minder snel daalt met de jaren. Mannelijke voorouders die zich tot oudere vrouwen aangetrokken voelden, brachten veel minder nakomelingen voort dan mannen met een voorkeur voor jonge vrouwen. De mannelijke voorkeur voor jongere partners zou zich dus sneller verspreiden en werd uiteindelijk soorttypisch. Op basis van die evolutionaire logica valt te verwachten dat gevoelens van seksuele en romantische aantrekkingskracht typisch zullen opgewekt worden door kenmerken van de andere sekse die in de *environment of evolutionary adaptedness* een hoog reproductief succes met zich meebrachten (Ellis 1992).

Door de seksuele voorkeuren van leden van het andere geslacht ontstaat seksuele selectiedruk. Mannelijke partnervoorkeuren beïnvloeden de evolutionaire ontwikkeling van de vrouwelijke fysiologie en psychologie, aangezien ze mee bepalen welke vrouwelijke kenmerken zich over de volgende generaties zullen verspreiden. Hetzelfde geldt voor vrouwelijke partnervoorkeuren. Naast deze interseksuele selectie bestaat er ook een intraseksuele selectie, al hangen beide samen. Intraseksuele selectie of intraseksuele competitie betekent dat mannen met elkaar zullen concurreren om die hulpbronnen te vergaren en die kwaliteiten tentoon te spreiden die vrouwen verkiezen. Hoe meer ze hierin slagen, hoe meer ze hun eigen geëvolueerde partnervoorkeuren zullen kunnen bevredigen – soms ten nadele van vrouwen, zoals zal blijken. Vrouwen zullen eveneens onderling concurreren met het vertoon van signalen die mannen aantrekkelijk vinden. Ook voor hen hangt de mate waarin ze kunnen krijgen wat ze willen af van hun eigen partnerwaarde (Buss 1992).

In de volgende delen schets ik kort wat mannen en vrouwen typisch verlangen in een partner en hoe die patronen overeenstemmen met een darwinistisch perspectief.[70] Van cruciaal belang bij de analyse van de typische partnervoorkeuren van mannen en vrouwen is wel of ze een korte affaire dan wel een vaste relatie beogen, want beide geslachten zullen hun maatstaven navenant aanpassen – een theorie die bekendstaat als de seksuele strategietheorie (Buss & Schmitt 1993). Bij het lezen van mijn schets van de gemiddelde mannelijke en vrouwelijke psychologie is het ook belangrijk te beseffen dat het niet om een dichotomie maar om een *continuüm* van verschillen gaat en dat culturen de expressie daarvan in verschillende mate kunnen en zullen beïnvloeden. Genderideologie heeft inderdaad invloed op individueel gedrag; alleen de initiële richting van die kenmerken is gegeven. We kunnen genderideologie beschouwen als een weerspiegeling van de reproductieve belangen van de machtigste individuen van een samenleving (Smuts 1996). Als vrouwen zich tegen het patriarchaat verzetten en meer macht verwerven, buigen ze de genderideologie om in een richting die de vrouwelijke helft van de bevolking meer macht verleent, zoals in het Westen gebeurde. Hilary Rose (1997) heeft het dus volledig verkeerd als ze stelt dat het feministische streven naar een samenleving die diversiteit aanvaardt en overheersing bestrijdt vergeefs is als de evolutionaire psychologie het bij het rechte eind zou hebben.

Een geëvolueerde mannelijke psychologie

Voor mannen meer dan voor vrouwen wordt het voortplantingssucces belemmerd door seksuele toegang tot vruchtbare partners: door hun grotere ouderlijke investering ligt het aantal reproductief beschikbare vrouwen altijd lager dan het aantal reproductief beschikbare mannen, en omwille van hun grotere ouderlijke investering en lagere reproductieve potentieel (gering aantal eicellen) zullen vrouwen kieskeuriger zijn als het gaat om seks.

Er heerst dus een initiële asymmetrie tussen vrouwen en mannen op het seksuele speelveld. Daarbij komt dat in onze soort mannen veel vaderzorg bieden en dat door verborgen ovulatie en interne bevruchting het ouderschap onzeker wordt voor mannen, maar niet voor vrouwen. Die gegevens maken een waaier aan voorspellingen over de gemiddelde mannelijke (en vrouwelijke) seksuele psychologie mogelijk.

Zo verwachten we bij mannen psychologische mechanismen die kenmerken van jeugd en gezondheid – en dus van vruchtbaarheid en toekomstig reproductief potentieel – seksueel aantrekkelijk vinden bij het andere geslacht.[71] We kunnen veronderstellen dat die kenmerken overeenstemmen met wat we fysieke schoonheid noemen. Te verwachten valt ook dat mannen maagdelijkheid en seksuele trouw bij een potentiële langetermijnpartner sterker zullen waarderen dan vrouwen, omdat het de waarschijnlijkheid verhoogt dat haar kinderen ook de zijne zijn. Ze beschikken wellicht over psychologische adaptaties die hun vaderschap helpen garanderen (Buss 1992). Daarenboven is het voorspelbaar dat ze onderling hevig zullen concurreren om seksuele toegang tot de meer investerende sekse. Ze zullen grotere risico's nemen, agressiever zijn en minder empathisch reageren dan vrouwen, omdat er voor hen veel meer op het spel staat in de intraseksuele strijd. Als lid van de meer investerende sekse kan elke vrouw wel een man vinden om seks mee te hebben, maar niet alle mannen zitten in die luxueuze positie. Ze zullen moeten concurreren om de aandacht van vrouwen te trekken, vooral op die vlakken die vrouwen belangrijk vinden, zoniet vinden ze misschien geen enkele partner (Trivers 1972). Mannen zullen typisch ook een gemengde seksuele strategie nastreven: naast het verlangen naar een langdurige relatie zullen ze een relatief groter verlangen dan vrouwen naar losse contacten en korte affaires koesteren, want beide strategieën zijn betrouwbare manieren om het mannelijk reproductief succes te verhogen (Buss & Schmitt 1993; Trivers 1972).

Grootscheepse studies naar de uitkomst van die voorspellingen zijn het transculturele onderzoek naar partnervoorkeuren van David Buss (1989) en het International Sexuality Description Project (Schmitt et al. 2003a, 2003b, 2004). Daarnaast zijn er talloze psychologische, sociologische en evolutionair geïnspireerde onderzoeken naar het onderwerp. Over het algemeen staven ze de evolutionaire benadering. We gaan dieper in op enkele resultaten.

De mannelijke voorkeur voor mooie en jonge vrouwen is zo flagrant dat ze algemeen bekend is. Het is ook een intercultureel fenomeen: overal ter wereld hechten mannen een groter belang dan vrouwen aan schoonheid in een partner en verlangen ze typisch naar iemand die jonger is dan zijzelf (Buss 1989). De structurele elementen van wat als vrouwelijke schoonheid ervaren wordt, zijn in alle culturen gelijk en blijken steevast betrouwbare aanwijzingen van vruchtbaarheid. Vrouwelijke fysieke aantrekkelijkheid komt neer op tekenen van jeugd en gezondheid. Een gave en frisse huid, volle lippen, glanzend haar, witte tanden, een gracieuze tred, stevige borsten: het zijn stuk voor stuk signalen van een hoog reproductief potentieel. Schoonheid bestaat ook uit symmetrie en het hebben van gemiddelde kenmerken ten opzichte van de rest van de populatie, beide in heel de natuur tekenen van gezondheid en een goede genetische conditie. Een aantrekkelijk vrouwengezicht heeft verhoudingen die een combinatie van seksuele maturiteit en relatieve jeugdigheid aangeven. Ook kenmerken die vrouwelijkheid accentueren ervaren we als mooi: grote ogen, hoge jukbeenderen, volle lippen en een smalle kin. Wereldwijd gebruiken vrouwen make-up om die vrouwelijke kenmerken te beklemtonen en zichzelf jonger te laten lijken.[72] Een ander universeel aspect van vrouwelijke schoonheid ligt in een taille-heupverhouding van 0,7. Ook die wijst op gezondheid en vruchtbaarheid, al worden de bevindingen gecompliceerd doordat de Body Mass Index eveneens een rol speelt. Is het lichaamsgewicht opvallend hoog of laag, dan lijkt die factor doorslaggevender voor de mannelijke inschatting van vrouwelijke aantrekkelijkheid dan de taille-heupverhouding (Singh 1993, 2002). Verder onderzoek naar de precieze interactie tussen de verschillende variabelen bij de perceptie van vrouwelijke schoonheid is nodig.

De culturele expressie van die schoonheidsidealen kan echter verschillen. In culturen waar voedsel schaars is, wijst molligheid op weelde en gezondheid, wat een hoge status signaleert. In culturen waar voedsel overvloedig aanwezig is, onderscheiden de rijken zich door slank te zijn, waardoor slankheid een cultureel ideaal wordt. De culturele variatie in idealen voor vrouwelijk lichaamsgewicht is dus niet willekeurig en wordt waarschijnlijk nauwelijks beïnvloed door de westerse media. Afro-Amerikaanse mannen behouden bijvoorbeeld hun in vergelijking met blanke Amerikaanse mannen duidelijk grotere voorkeur voor stevig gebouwde vrouwen, een voorkeur die welicht langdurige onzekerheid over bestaansmiddelen weerspiegelt (Cunningham et al. 1995). De mannelijke voorkeur voor een lage taille-heupverhouding blijft echter in alle tijden en culturen stabiel. Van het late Paleolithicum over de oude Griekse, Indiaanse en Egyptische culturen tot vandaag wordt die het meest frequent afgebeeld in een bereik tussen 0,6 en 0,7 (Singh 2002). Het feit dat de meeste laat-paleolithische Venusbeeldjes een taille-heupverhouding van 0,7 hebben maar tegelijk zeer dik zijn, suggereert dat onze voorouders het verband beseften tussen een kritische hoeveelheid lichaamsvet en vruchtbaarheid (Hrdy 1999b).

Natuurlijk zijn mannen er zich niet van bewust dat hun ervaring van seksuele aantrekkelijkheid evolutionaire wortels heeft. Ze hoeven niet te weten waarom een gave huid en een smalle taille hen meer aanspreken dan rimpels en andere tekenen van ouderdom om eerstgenoemde trekken typisch aantrekkelijker te vinden. Aan hun voorkeuren liggen echter psychologische adaptaties ten grondslag.

Buss (1989) ontdekte dat transcultureel beide seksen dezelfde eigenschappen verlangen in een vaste partner: een goed karakter en intelligentie. Zowel mannen als vrouwen verkiezen in een langdurige relatie een intelligente en begripvolle partner die bij hen past. Zoals verwacht spelen jeugd en schoonheid een veel grotere rol in mannelijke dan in vrouwelijke partnervoorkeuren.[73] Het onderzoek, dat over 37 culturen liep die sterk verschillen in ecologie, locatie, etnische samenstelling, huwelijkssysteem en religieuze en politieke systemen, toonde nog andere hardnekkige en voorspelbare sekseverschillen. Mannen hechten inderdaad meer belang aan maagdelijkheid bij vrouwen dan omgekeerd, al varieert dat enorm tussen culturen. De variatie hangt af van factoren als de economische zelfstandigheid van vrouwen, de gangbaarheid van voorhuwelijkse seks en de betrouwbaarheid waarmee maagdelijkheid gecontroleerd kan worden. De eerste twee factoren interageren met elkaar: naarmate vrouwen economisch zelfstandiger zijn, zijn ze onafhankelijker en dus vrijer om de mannelijke voorkeuren naast zich neer te leggen, waardoor de gangbaarheid van voorhuwelijkse seks toeneemt (Buss 1989).

De waardering van maagdelijkheid en kuisheid past in het wereldwijde patroon van mannelijke obsessie met vrouwelijke seksuele trouw. De universaliteit van mannelijke seksuele bezitterigheid, die feministen al lang bezighoudt, is niet verrassend vanuit evolutionair perspectief. Die eigenschap heeft veel kans om te evolueren bij elke soort die interne bevruchting en vaderlijke zorg kent, en de mate van vaderzorg is in onze soort aanzienlijk. Door een vrouw te monopoliseren verkleint een man de kans dat zij overspel pleegt, waardoor ook het risico afneemt dat hij tijd en energie investeert in andermans kinderen, dit terwijl hij ondertussen elders paarkansen misloopt. Natuurlijk denken mannen niet bewust zo en evenmin vertonen ze allemaal die neiging. Het punt is dat voorouderlijke mannen die zich weinig gelegen lieten aan vrouwelijke promiscuïteit of aan het benutten van andere seksuele opportuniteiten minder kans hadden om hun genen door te geven. Ze werden reproductief voorbijgestoken door mannen die hun seksuele partners als een soort eigendom beschouwden en die een evenwicht konden vinden tussen de tijd die ze investeerden in het bewaken van de partner, het grootbrengen van nakomelingen en het proberen verwekken van meer nakomelingen elders. Dat verklaart waarom een seksueel bezitterige psychologie typisch werd voor veel mannen (Wilson & Daly 1992).

Psychologische mechanismen die het risico op vrouwelijk overspel verkleinen, vinden we ook bij andere mannetjesdieren die vaderzorg leveren. Zo blijkt dat bij mannelijke vogels de copulatiefrequentie, intensiteit van partnerbewaking en voedselbevoorrading van de jongen adaptief variëren met aanwijzingen van mogelijk overspelig gedrag van het vrouwtje, zoals haar vruchtbare periode, de aanwezigheid van rivalen, de aantrekkelijkheid van het mannetje in vergelijking met die van rivalen en lacunes in zijn toezicht op het vrouwtje (Wilson & Daly 1992). Ook in onze soort varieert de mate van mannelijke partnerbewaking en seksuele jaloezie met de partnerwaarde van de vrouw, de inschatting van de eigen partnerwaarde en mogelijke tekenen van vrouwelijke ontrouw. Zoals verwacht verschilt de seksuele jaloezie van vrouwen gemiddeld kwalitatief van die van mannen: ze wordt veeleer opgewekt door aanwijzingen van emotionele ontrouw dan door louter seksuele ontrouw. Het moederschap van haar kinderen staat vast voor haar, maar als haar partner verliefd wordt op een ander, gaat een deel van zijn middelen en aandacht mogelijk naar die andere persoon in plaats van naar haarzelf en haar kinderen (Buss 2000). Zoals gezegd betekent dit niet dat alle mannen seksuele jaloezie ervaren, alleen dat dat bij veel mannen het geval zal zijn en dat ze die gemiddeld intensiever zullen ervaren dan vrouwen. Vergelijk het met lichaamslengte: het feit dat sommige vrouwen groter zijn dan sommige mannen neemt niet weg dat mannen gemiddeld groter zijn dan vrouwen.

De combinatie van mannelijke seksuele bezitterigheid, een vrouwelijke neiging tot promiscuïteit (zie volgend deel) en een grotere mannelijke agressiviteit zorgt voor een gevaarlijke cocktail. Het is aangetoond dat mannelijk geweld tegen vrouwen overal ter wereld vooral door seksuele jaloezie wordt opgewekt. Mannen vallen hun partner aan als reactie op feitelijke of vermeende seksuele ontrouw of om te voorkomen dat ze in de steek worden gelaten. Het risico op fysiek en zelfs dodelijk geweld stijgt evenredig met de partnerwaarde van een vrouw: jonge en aantrekkelijke vrouwen lopen veel meer risico om mishandeld te worden door hun partner dan oudere of onaantrekkelijke vrouwen. Dat geldt vooral als de vrouw veel jonger is dan haar partner, want door haar leeftijd kan ze gemakkelijk een aantrekkelijker partner vinden. Ook stalken is hoofdzakelijk een mannelijke bezigheid en de meeste stalkers hadden een relatie met hun slachtoffer, een relatie waaraan zij een eind maakte (Buss 2000; Wilson, Daly & Scheib 1997). Het patroon van die gewelddaden en het algemene feit dat wereldwijd vooral *jonge* mannen zeer agressief zijn en de meeste gewelddadige misdaden begaan, kunnen we moeilijk verklaren vanuit de sociale roltheorie, maar ze passen de seksuele selectietheorie als gegoten. In een voorouderlijke omgeving moesten jonge mannen die een partner zochten hun partnerwaarde onder meer bewijzen door hun fysieke kracht en door hun vaardigheid om hun belangen te verdedigen. Zo konden ze zowel op vrouwen als op rivaliserende mannen indruk maken en bouwden ze een reputatie van dapperheid op.[74]

Mannelijke seksuele bezitterigheid heeft meer onaangename manifestaties, zoals de ontwikkeling van een genderideologie en van sociale structuren bedoeld om de vrouwelijke seksualiteit onder controle te houden. Die kern van de mannelijke psychologie leidt tot bekende fenomenen die in hun details cultureel divers zijn, maar in essentie zeer gelijklopend: fenomenen als de sluier en de hoofddoek, purdah, opsluiting, infibulatie, clitoridectomie, het chaperonneren van vrouwen, het hogelijk waarderen – of eisen – van vrouwelijke kuisheid, het concept van vrouwen als bezit en van overspel of verkrachting als eigendomsschending, het neerkijken op prostituees, het gelijkschakelen van 'het beschermen van vrouwen' met 'hen behoeden voor seksueel contact' en wetten die mannelijk geweld goedpraten als het uitgelokt werd door 'losbandig' gedrag van een echtgenote, dochter of zuster. Het is vooral de vrijheid van vruchtbare vrouwen die aan banden wordt gelegd, niet die van kinderen of menopausale vrouwen. Vanuit het perspectief van sociale roltheorie is dit een bizar patroon, maar vanuit darwinistisch perspectief ligt het voor de hand. Dat betekent trouwens niet dat vrouwen gedoemd zijn om hun seksualiteit door mannen te laten onderdrukken. De mannelijke controledwang is conditioneel: als het vrouwelijk verzet zo georganiseerd wordt dat de bestrijding ervan te kostbaar wordt, gaan mannen vanzelf een toontje lager zingen (Smuts 1996).

Omdat mannen de minder investerende sekse zijn, is het voorspelbaar dat ze een groter verlangen naar seksuele variatie koesteren dan vrouwen, dat hun streven naar losse contacten zich vooral op seksueel toegankelijke vrouwen richt, dat ze sneller seksuele toenadering zoeken dan vrouwen en dat ze in hun zoektocht naar vluchtige seks lagere eisen zullen stellen en emotionele betrokkenheid zullen vermijden (Buss & Schmitt 1993). Mannen zijn inderdaad minder veeleisend dan vrouwen als het op losse contacten aankomt, wat een psychologische adaptatie tot het verwerven van een groot aantal sekspartners lijkt. Bij losse contacten verliezen leeftijd, intelligentie, vriendelijkheid, persoonlijkheid en huwelijksstatus veel van hun belang. Schoonheid wordt echter nog belangrijker. In tegenstelling tot hun voorkeuren in langdurige relaties verkiezen mannen bij een losse flirt tekens van promiscuïteit en seksuele ervaring, wellicht omdat die de kans op een succesvolle toenaderingspoging verhogen. Bij een vaste partner hechten mannen veel waarde aan emotionele betrokkenheid, terwijl ze bij losse contacten huiveren van vrouwen op zoek naar betrokkenheid (Buss 1994; Buss & Schmitt 1993).

Talrijke andere onderzoeken bevestigden die voorspellingen over mannelijke verlangens en mannelijk gedrag. Het International Sexuality Description Project, een uitgebreide studie in 52 landen en 10 grote wereldregio's door psycholoog David Schmitt en collega's, wees bijvoorbeeld uit dat sekseverschillen met betrekking tot het verlangen naar losse contacten cultureel universeel zijn (Schmitt et al. 2003a). De resultaten van de enquête ondersteunen de theorie dat beide seksen geëvolueerd zijn om zowel lange relaties als korte affaires na te streven, afhankelijk van de omstandigheden, maar dat mannen vaker en intensiever zullen uitkijken naar losse contacten dan vrouwen. In elke regio van de wereld verlangen mannen voor elk tijdsinterval, gaande van 'in de volgende maand' tot 'in de volgende dertig jaar', significant meer sekspartners dan vrouwen. Zelfs als vrouwen te kennen geven sterk op zoek te zijn naar een kortetermijnpartner, willen ze in de komende maand meestal niet meer dan één sekspartner. Mannen die een kortetermijnrelatie zoeken, verlangen meestal meer dan één sekspartner in de komende maand, waarbij het aantal gewenste partners sterk toeneemt met de tijd. Bij vrouwen is die toename slechts marginaal. Vrouwen stemmen ook minder snel in met seks en zoeken minder actief naar losse contacten.

Natuurlijk heeft onderzoek op basis van zelfgegeven informatie zijn beperkingen. Mensen kunnen hun antwoorden vervormen in richtingen die ze als sociaal wenselijk ervaren. Mannen kunnen het aantal sekspartners dat ze hebben gehad overdrijven, terwijl vrouwen zichzelf kuiser kunnen voorstellen dan ze in werkelijkheid zijn. En inderdaad, ook na prostitutiebezoek en homoseksuele oriëntatie in de analyse te betrekken,[75] geven mannen gemiddeld een groter aantal sekspartners op dan vrouwen (Volscho & Pietrzak 2002). Dit is statistisch onwaarschijnlijk; het totale aantal sekspartners zou voor beide geslachten gelijk moeten zijn (weliswaar niet noodzakelijk voor elke individuele man en vrouw, want veel mannen kunnen meer sekspartners hebben gehad dan veel vrouwen als een aantal vrouwen zeer promiscue is). Die bevinding suggereert dat sommige van de vastgestelde sekseverschillen veeleer te wijten zijn aan een verschil in zelfrapportering dan aan een verschil in daadwerkelijk gedrag.

Een recent experiment van psychologen Michele Alexander en Terri Fisher toonde aan dat vrouwen inderdaad sociale druk voelen om het ware niveau van hun seksuele ervaring in seksenquêtes te vervormen. Dat geldt veel minder voor mannen (Alexander & Fisher 2003). De proefpersonen werden geënquêteerd in drie verschillende situaties: een veronderstelde informantensituatie waarbij ze dachten dat leugens konden ontmaskerd worden, een anonieme situatie en een niet-anonieme situatie. Als hun anonimiteit niet gegarandeerd was, rapporteerden vrouwen een kleiner aantal sekspartners. Vooral dit deel van het onderzoek kwam onder aandacht van de media ("vrouwen liegen over seks"), maar, zoals Terri Fisher zelf opmerkte (persoonlijke communicatie), men ging voorbij aan het essentiële punt van de studie. Bij zelfrapportering over *sommige* aspecten van hun seksueel *gedrag* bleken vrouwen inderdaad gendernormen naar de mond te praten. De rapportering van hun seksuele *attitudes* leek echter niet beïnvloed door sociale verwachtingen. Die bevinding verklaart de statistische anomalie van een verschillend aantal sekspartners voor beide geslachten, evenals de anomalie dat jongens vroeger aan seks zouden beginnen dan meisjes – een rapportering die, indien waar, zou betekenen dat adolescente meisjes hun maagdelijkheid verliezen met jongens die jonger zijn dan henzelf, terwijl ze typisch oudere jongens verkiezen. Wat seksuele permissiviteit betreft, bleken er geen significante sekseverschillen in de drie testsituaties. Andere verschillen bleven constant doorheen de testsituaties: verschillen in erotofilie (positieve emoties tegenover seks), masturbatiefrequentie en gebruik van pornografie. Bovendien was de mate van sekseverschillen tussen de anonieme en de veronderstelde informantensituatie uiterst klein, wat suggereert dat de resultaten van beide testsituaties even geldig zijn. De meeste seksbevragingen vinden echter plaats in situaties waar de identiteit van de deelnemers het risico loopt bekend te worden.

Op basis van hun experiment stellen Alexander en Fisher dat

> (...) seksuele gedragspatronen waarschijnlijk sterker vatbaar zijn voor sociaal wenselijke antwoorden en zelfrepresentatiestrategieën dan seksuele attitudes. Als dit klopt, dan wijzen gegevens over sekseverschillen in zelfverklaarde seksattitude op daadwerkelijke verschillen tussen de seksen, terwijl de typische patronen in zelfgerapporteerd seksueel gedrag de werkelijke verschillen vermoedelijk niet accuraat weergeven. (Alexander & Fisher 2003: 33)

Die nuances in de bevindingen van Alexander en Fisher werden in de populaire pers helaas over het hoofd gezien.

Terug naar de mannelijke psychologie. De sociale roltheorie van Eagly en Wood voorspelt dat de vrouwelijke seksualiteit meer op die van mannen zal gaan lijken naarmate vrouwen meer socio-economische gelijkheid verwerven. De bevindingen van David Schmitt en zijn collega's weerleggen die voorspelling. Door het onderzoek van Alexander en Fisher (2003) mogen we ervan uitgaan dat die anoniem verworven resultaten behoorlijk betrouwbaar zijn.

De gerapporteerde gegevens stroken trouwens ook met andere bevindingen over een verschillende mannelijke en vrouwelijke seksualiteit, zoals de frequentie en aard van seksuele fantasieën. Mannen fantaseren twee keer zoveel over seks als vrouwen. Hun fantasieën gaan vaker over onbekende en meerdere partners en zijn seksueel explicieter, met meer seksuele handelingen en een grotere variëteit aan visuele inhoud. De seksen verschillen echter niet in de (hoge) mate van genot die deze seksuele fantasieën teweegbrengen, noch in het fantaseren over taboepartners (zoals de partner van een beste vriend(in) of een schoonbroer of schoonzus). Dit suggereert dat seksetypische fantasiepatronen niet zomaar een product zijn van genderideologie. Indien wel, dan zouden vrouwen zich schuldiger voelen over hun fantasieën dan mannen, aangezien de seksualiteit van meisjes meestal meer ingeperkt wordt dan die van jongens, en zouden ze onder druk van sociale conventies minder geneigd zijn toe te geven dat ze verboden verlangens en fantasieën koesteren (Ellis & Symons 1990).

Pornografie biedt een andere illustratie. Op mannen georiënteerde pornografie is een combinatie van alles wat de mannelijke seksuele psychologie in de context van een kortetermijnrelatie prikkelt: een rechtlijnig verhaal, gericht op seks als puur fysieke bevrediging, met vrouwen als gewillige seksobjecten die geen emotionele eisen stellen (Ellis & Symons 1990; Symons, Salmon & Ellis 1997).

Een geëvolueerde vrouwelijke psychologie

Vrouwen zijn het meest investerende geslacht, maar ook mannen bieden relatief veel ouderlijke investering. Daardoor valt te verwachten dat onze soort zich kenmerkt door onderlinge vrouwelijke competitie en mannelijke keuze, naast onderlinge mannelijke competitie en vrouwelijke keuze. Een darwinistisch perspectief voorspelt bij vrouwen psychologische adaptaties die aanleiding geven tot seksuele en romantische gevoelens voor mannen met kenmerken die in het evolutionaire verleden hun kinderen hielpen overleven: aanwijzingen van gezondheid, middelen, sociale status, bescherming en de wil om zich ouderlijk te engageren. Omdat vaderlijke investering reproductief voordelig is voor vrouwen, zullen zij concurreren om mannen die zulke kenmerken vertonen (Ellis 1992; Trivers 1972). Een vader in de buurt betekent voor het kind meestal meer voedsel en bescherming, een lager sterfterisico, een hogere sociale competentie en competitiviteit en meer toekomstig sociaal en cultureel succes. Vaderlijke investering is dus belangrijk maar niet absoluut noodzakelijk voor het overleven van een kind. Die bevinding, samen met het feit dat mannen nooit zeker zijn van hun vaderschap, impliceert dat mannen er evolutionair gezien meer dan vrouwen baat bij hadden hun tijd en energie te verdelen tussen ouderlijke inspanningen en het najagen van andere seksuele contacten. We kunnen verwachten dat mannen en vrouwen ook vandaag nog op dit vlak verschillen, met vrouwen die in vergelijking met mannen meer tijd en energie investeren in ouderzorg dan in het zoeken naar kortetermijnrelaties. Dit relatieve verschil in voorkeuren zal een bron van conflict tussen de geslachten zijn, aangezien vrouwen meestal meer vaderlijke investering verlangen dan mannen typisch willen geven. De variabiliteit tussen mannen zal echter groot zijn, met sommige mannen die het merendeel van hun tijd in ouderlijke inspanningen investeren en anderen die vooral losse contacten proberen te versieren, want beide strategieën zijn reproductief voordelig. De variabiliteit tussen vrouwen zal kleiner zijn, aangezien zij door hun initieel grotere ouderlijke investering minder te winnen hebben bij het nastreven van bijkomende partners (Buss & Schmitt 1993; Geary 2000).

Natuurlijk berekenen mensen niet bewust de eventuele reproductieve voordelen van de keuzes die ze maken in het leven. Ze volgen gewoon hun voorkeuren. Denk aan het voorbeeld van suiker: we moeten niet beseffen dat suikerrijke voedingswaren onze voorouders hielpen overleven om zelf te genieten van zoetigheden.

De bevinding dat het wereldwijd, los van sociale ideologieën of verschillen in participatie aan levensonderhoud, vrouwen zijn die het leeuwendeel van de kinderzorg op zich nemen, toont opnieuw het verschil in ouderlijke prioriteiten aan. Moeders treden ook vaker dan vaders in spontane interactie met hun kinderen. Dat dit patroon evengoed aanwezig is in de Israëlische kibbutzim, in het liberale Zweden en in niet-traditionele westerse gezinnen, suggereert dat het waarschijnlijk moeilijk te veranderen is (Campbell 2002).

Het is niet volledig duidelijk waarom meisjes en vrouwen hun zorgende houding, met een nadruk op intimiteit, gevoel en wederzijdse afhankelijkheid, meer dan jongens en mannen uitbreiden naar sociale relaties algemeen. Mogelijk is dat een indirect gevolg van hun moederlijke investering, in de zin dat een stabiele en niet-vijandige sociale omgeving van belang is voor het overleven van een kind, zoals David Geary (1998) suggereert. Zeker in een patrilokale context, waar meisjes bij de adolescentie in een vreemde gemeenschap moesten intrekken, was het cruciaal om vriendschappelijke relaties tot stand te brengen. Anne Campbell (2002) denkt dan weer dat vrouwen zich door het creëren van vertrouwensrelaties vooral tegen mannelijk misbruik wilden beschermen. Beide hypothesen zijn compatibel, net als de hypothese dat onderlinge competitie en het streven naar sociale dominantie bij mannen de evolutie van een sterke empathie en van de behoefte aan emotionele openheid in de weg stonden (Baron-Cohen 2003).

Evolutiebiologen beschouwden moederzorg lange tijd als vanzelfsprekend (Hrdy 1999b). Omdat ze het moederschap als een ongecompliceerde taak zagen, veronderstelden ze aanvankelijk dat onze oermoeders evenveel kinderen nalieten als hun reproductieve tijdspanne het toeliet. Een jager-verzamelaarbestaan maakt ongeveer één kind om de vier jaar mogelijk, dus zou elke vrouw haar maximum van vijf of zes kinderen verwekken en grootbrengen. Door de veronderstelde afwezigheid van selectiedruk op vrouwen dacht men dat ze geen voordeel konden halen uit competitie, statusstreven of promiscuïteit. Waarvoor zouden ze immers concurreren, als ze hun maximale reproductieve succes sowieso zouden verzilveren? Nu weten we echter dat jager-verzamelaarsvrouwen opmerkelijke verschillen vertonen in hun vaardigheid om kinderen ter wereld te brengen *en* in leven te houden. Veel vrouwen sterven zonder ook maar één overlevend kind na te laten.

Die variabiliteit in het reproductief succes van vrouwelijke dieren in het algemeen, en de indrukwekkende variatie in moederlijke strategieën die ze vertonen, ontdekte men pas in de laatste decennia van de twintigste eeuw. We weten nu dat het intensieve planning en strategisch inzicht van het vrouwtje vereist om haar nakomelingen in leven te houden. Afhankelijk van de soort zal ze veel keuzes moeten maken: wie te kiezen als partner, hoe promiscuïteit te verbergen, al dan niet te aborteren, hoe geboortes te spreiden, wanneer te stoppen met zogen, hoe infanticide door een vijandig mannetje te voorkomen, hoe haar tijd en energie best te verdelen tussen haar nakomelingen, hoe te balanceren tussen het beschermen van haar kroost en het stimuleren van hun onafhankelijkheid, hoe haar eigen noden te combineren met die van hen, of hoe allo-ouders te vinden: andere individuen die willen helpen met de zorg voor haar nakomelingen. Veel soorten vogels, vissen, reptielen en zoogdieren beschikken zelfs over het indrukwekkende vermogen om verschillend te investeren in zonen en dochters, daarbij die sekse bevoordelend die in die bepaalde context wellicht het grootste reproductief succes zal hebben. Ze kunnen dat doen door de verhouding zonen-dochters te beïnvloeden bij de bevruchting, door selectieve abortus of door mannelijke en vrouwelijke nakomelingen verschillend te behandelen. Veranderen de omstandigheden, dan verschuiven ook de patronen van seksespecifieke investering (Hrdy 1999b).

Sommige van die strategieën klinken bekend. Het feit dat seksespecifieke ouderlijke investering in het dierenrijk alom aanwezig is, suggereert dat we dit fenomeen bij mensen niet louter aan genderideologie kunnen toeschrijven zonder tegelijk ook een blik op de biologische wortels daarvan te werpen. Onze soort lijkt trouwens eveneens over het vermogen te beschikken om de sekseratio – de verhouding van seksueel actieve mannetjes ten opzichte van seksueel actieve vrouwtjes – bij de bevruchting te beïnvloeden (Kanazawa & Vandermassen, in druk).

Vanuit darwinistisch perspectief verwachten we dat vrouwen, en vrouwelijke primaten algemeen, minder agressief en risiconemend zullen zijn dan mannetjes (behalve bij de verdediging van hun kroost). Vrouwtjes moeten immers niet concurreren om copulatie op zich en het risico dat hun nakomelingen sterven neemt ernstig toe bij hun eigen dood. Dat betekent niet dat ze geëvolueerd zijn tot passieve, niet-competitieve wezens. Ook vrouwelijke dieren hebben baat bij dominantie, zij het in mindere mate dan mannetjes. Niet in de zin van toegang tot seks, maar in de zin van toegang tot voedsel. Bij de meeste sociale zoogdieren neemt het vrouwelijk reproductief succes evenredig toe met haar sociale status. Hooggeplaatste moeders introduceren hun dochters in hun sociale netwerken en de dochters erven de voordelen daarvan: toegang tot het beste eten, vroegtijdige seksuele maturiteit, hogere kansen op overleving en minder pesterijen tegen henzelf en hun nakomelingen door andere vrouwtjes. Bij primaten wordt de intensiteit van onderlinge competitie tussen vrouwtjes vooral bepaald door de aanwezigheid en verspreiding van voedsel. Het is wellicht om die reden dat vrouwelijke bonobo's zulke intieme banden kunnen smeden: ze moeten niet concurreren, want er is voedsel in overvloed (Campbell 2002).

Niet-menselijke primatenvrouwtjes concurreren op een directe manier om de middelen die ze nodig hebben voor overleving en voortplanting. Bij mensen zijn die middelen vaak gemonopoliseerd door mannen, waardoor vrouwen indirect moeten wedijveren, namelijk door te concurreren om mannen die over die middelen beschikken. Omdat mannen een hoge mate van vaderzorg bieden, zullen vrouwen bovendien concurreren om mannen met eigenschappen die vaderlijke betrokkenheid beloven. De meningen van evolutionaire theoretici over de oorsprong van de vrouwelijke voorkeur voor rijke mannen en over het wezen van de vrouwelijke seksualiteit lopen uiteen, zoals we verder zullen zien.

Ook bij de bespreking van vrouwelijke partnerkeuzes maak ik een onderscheid tussen de context van vaste relaties en die van losse contacten. De vrouwelijke sekse werd lang beschouwd als het monogame geslacht, maar we weten nu dat bij veel soorten, de mens inbegrepen, vrouwelijke promiscuïteit alomtegenwoordig is. Net als mannen hebben vrouwen een gemengde seksuele strategie in hun repertoire, al valt te verwachten dat vrouwen in verhouding minder sterk zullen verlangen naar seksuele variatie en hogere maatstaven zullen hanteren voor kortetermijnpartners (Buss & Schmitt 1993).

Voor een vaste relatie beschouwen zowel mannen als vrouwen liefde als een onontbeerlijk ingrediënt, al schatten vrouwen die aanwijzing van betrokkenheid nog iets hoger in. De seksen zijn dus zeer gelijkaardig in hun prioriteiten voor een vaste relatie: voor beiden geldt liefde als belangrijkste voorwaarde, met een goed karakter en intelligentie als meest gewaardeerde trekken bij een vaste partner. Ook zin voor humor wordt hoog gewaardeerd door beide seksen. De rangorde van de daaropvolgende lijst met wenselijke eigenschappen bij een toekomstige vaste partner verschilt echter aanzienlijk (Buss 1989, Miller 2000b).

Tientallen studies documenteren dat Amerikaanse vrouwen dubbel zoveel belang hechten aan goede financiële vooruitzichten in een partner dan mannen, een verschil dat constant bleef gedurende de voorbije zeventig jaar. Die voorkeur voor hulpbronnen delen ze met de vrouwtjes van veel andere soorten. Volgens David Buss (1999) is de ontwikkeling van een vrouwelijke voorkeur voor mannetjes met middelen misschien wel de oudste en diepst gewortelde basis voor vrouwelijke keuze in het dierenrijk. Honderden studies over de hele wereld, gaande van interculturele enquêtes tot de analyse van contactadvertenties in kranten en magazines, staven dat vrouwen veel belang hechten aan de bevoorradingscapaciteiten van een man. Ze verkiezen universeel hoge status en ambitie in een partner, wellicht omdat dit aanwijzingen zijn van zijn huidige of toekomstige inkomen.[76]

Een voor de hand liggende tegenwerping luidt dat vrouwen zich gedwongen zien mannen met geld te zoeken, omdat ze zelf niet over socio-economische macht beschikken. Die veronderstelling impliceert dat, als vrouwen toegang krijgen tot macht en rijkdom, ze minder nadruk zullen leggen op het inkomen van een partner en dat mannen met weinig socio-economische macht meer belang zullen hechten aan financiële middelen in een potentiële partner. De hypothese is dus testbaar en wordt tegengesproken door vrijwel alle beschikbare gegevens. Binnen en tussen culturen *verhogen* vrouwen hun vereisten in plaats van ze af te zwakken naarmate hun eigen rijkdom en sociale status toenemen. Die bevinding past binnen een evolutionair kader, want hoe hoger de partnerwaarde van een vrouw, hoe meer ze kan eisen van een partner. Machtige vrouwen willen supermachtige mannen. Vrouwen willen partners wiens socio-economisch niveau minstens even hoog is als het hunne, ongeacht hoe hoog dat is. De partnervoorkeuren van mannen met weinig middelen vertonen bovendien geen verschil met die van rijke mannen.[77]

Toen Eagly en Wood (1999) de gegevens van Buss over partnervoorkeuren in 37 culturen heranalyseerden door ze te combineren met maatstaven van gendergelijkheid in die culturen, vonden ze echter een zwakke trend in omgekeerde richting. In hun analyse blijken vrouwen transcultureel inderdaad meer belang te hechten aan het inkomenspotentieel van een partner dan mannen, maar die nadruk verzwakt ietwat bij toenemende gendergelijkheid. Niettemin blijven ze het inkomen van een man als uiterst belangrijk inschatten. Het vasthouden aan feministische waarden zwakt die voorkeur eveneens wat af, maar ook feministisch ingestelde vrouwen blijven vasthouden aan het typische verlangen naar status en rijkdom in een partner (Koyama, McGain & Hill 2004).

De voorkeur voor mannen met middelen kunnen we evenmin verklaren doordat vrouwen misschien een grotere indruk van bestaansonzekerheid hebben, zoals Angier (1999) suggereert. Bij de Bakweri in Kameroen zijn vrouwen rijker en machtiger dan mannen, omdat er maar weinig vrouwen voorhanden zijn – een wanverhouding die resulteert uit de continue instroom van mannen uit andere gebieden die op de plantages komen werken. Toch verkiezen ook zij mannen met geld of andere hulpbronnen (Buss 1994). In jager-verzamelaarsmaatschappijen, waar het moeilijk is hulpbronnen op te stapelen en waar het verzamelen door vrouwen even cruciaal is als het jagen door mannen, is de sociale status van een man een belangrijke overweging bij de vrouwelijke partnerkeuze. In dergelijke samenlevingen hangt de status van een man af van zijn sociopolitieke activiteiten, zijn jachtvaardigheid, zijn atletische vaardigheden of zijn kennis. Een hoge sociale status draagt substantieel bij tot zijn reproductief succes: mannen met een hoge status hebben meer vrouwen, meer buitenechtelijke relaties en meer kinderen, die op hun beurt meer kans op overleven hebben (Campbell 2002; Geary 1998). Dat we de vrouwelijke voorkeur voor mannelijke status zelfs aantreffen in samenlevingen waar vrouwen niet socio-economisch achtergesteld zijn, suggereert dat die diepe wortels heeft, maar het is wellicht te vroeg om dat met zekerheid te stellen (zie ook het deel over de evolutionaire oorsprong van het patriarchaat).

Het gegeven dat vrouwen transcultureel een vaste partner prefereren die ouder is dan zijzelf (gemiddeld drie en een half jaar), houdt waarschijnlijk verband met die vrouwelijke voorkeur voor status en rijkdom. De leeftijd van een man is een typische aanwijzing voor zijn toegang tot bestaansmiddelen, aangezien sociale status en rijkdom wereldwijd meestal toenemen met de leeftijd (Buss 1989, 1994). Andere belangrijke determinanten van partnerkeuze zijn gestalte, kracht en atletische vaardigheden van een man. Sommigen menen dat die trekken voor vrouwen niet enkel van belang zijn omdat ze bijdragen tot de mannelijke sociale status – ze maken hem bijvoorbeeld tot een bekwaam jager – maar ook omdat ze impliceren dat hij hen kan beschermen tegen fysieke en seksuele dominantie door andere mannen.[78] Grote en atletische mannen hebben inderdaad meer afspraakjes dan kleine, gemiddelde of minder atletisch gebouwde mannen (Etcoff 1999), wat in tijden zonder anticonceptie meer nakomelingen betekende.

Vrouwen zouden fysieke aantrekkelijkheid in een vaste partner eveneens belangrijk moeten vinden, maar niet in dezelfde mate als mannen, omwille van het belang van aanwijzingen van vaderlijke investering. En inderdaad, net als bij veel andere soorten hechten de leden van *beide* geslachten grote waarde aan indicatoren van goede gezondheid in een partner, zoals lichaams- en gezichtssymmetrie (Etcoff 1999; Symons 1995), alleen doen vrouwen dat minder dan mannen (Buss 1989). Bovendien zijn de componenten van mannelijke aantrekkelijkheid complexer, want vrouwen ervaren typisch ook aanwijzingen van sociale dominantie als aantrekkelijk. Een lichaamslengte van net iets boven het gemiddelde, persoonlijkheidskenmerken als zelfzekerheid, onafhankelijkheid en assertiviteit, en lichaamstrekken die mannelijkheid benadrukken, zoals prominente wenkbrauwen, diepgelegen ogen en een brede kin, zijn allemaal verbonden met sociale dominantie en sociale status bij mannen en worden bijgevolg door vrouwen als seksueel aantrekkelijk ervaren (Ellis 1992; Etcoff 1999).

Vrouwen zoeken echter niet alleen sociaal dominante mannen, maar ook mannen die bereid zijn in kinderen te investeren. Ze willen het liefst van al een partner die vriendelijk en begripvol is. Omdat sociaal dominante persoonlijkheidskenmerken niet altijd bijdragen tot een goedaardig karakter, kunnen we verwachten dat de vrouwelijke voorkeur voor aanwijzingen van dominantie getemperd zal worden door tekens van een aangename persoonlijkheid. Als trekjes die dominant gedrag en mannelijkheid signaleren te sterk op de voorgrond treden, neemt hun gepercipieerde aantrekkelijkheid inderdaad af (Buss 1989). De seksuele voorkeuren van vrouwen veranderen echter doorheen de menstruele cyclus. In het midden van hun cyclus schatten vrouwen de seksuele aantrekkelijkheid van typisch mannelijke gelaatstrekken het hoogst in en is hun voorkeur voor de geur van symmetrie het sterkst. Vrouwen blijken in hun meest vruchbare periode dus op zoek te gaan naar genetische kwaliteit. Hun libido neemt ook toe, net als de waarschijnlijkheid dat ze vreemd gaan – de meest zorgzame vader is immers niet altijd degene met de beste genetische constitutie (Thornhill & Palmer 2000).

Iemands partnerkeuze hangt dus af van een ingewikkelde mix van variabelen. De concrete manifestatie ervan zal bovendien beïnvloed worden door vele andere factoren, zoals persoonlijkheid, leeftijd, levenservaringen, en in veel culturen ook door druk van verwanten (die hun eigen reproductief voordeel nastreven). Die interactie van variabelen verklaart waarom darwinisten niet verwachten dat jonge vrouwen zich typisch tot opmerkelijk oudere mannen zullen aangetrokken voelen. De status van een man mag dan meestal toenemen met de leeftijd, veel vrouwen verlangen ook fysieke kracht, atletische vaardigheden, gezondheid, lichamelijke aantrekkelijkheid en compatibiliteit. Niettemin leidt de combinatie van mannelijke en vrouwelijke voorkeuren soms tot het bekende fenomeen van de 55-jarige mannelijke rockster of succesvolle industrieel die een relatie heeft met een 22-jarig fotomodel. Beide partijen beschikken over eigenschappen die het andere geslacht hogelijk waardeert, waardoor ze hun partnervoorkeuren kunnen verwerkelijken. Zij ruilt haar jeugd en schoonheid – typische middelen in de onderlinge vrouwelijke competitie – in voor een man met zeer hoge status, terwijl hij zijn sociale status en welvaart – typische middelen in de onderlinge mannelijke competitie – aanwendt om een begeerlijke jonge vrouw te veroveren. Beiden hebben hun eigen hoge partnerwaarde gebruikt om een 'trofeepartner' te versieren.

In de evolutionaire biologie werden mannen lang beschouwd als het promiscue geslacht, terwijl vrouwen verondersteld werden naar monogamie te neigen. Dat klinkt nogal onlogisch; zonder polyandrische vrouwen konden mannen immers nauwelijks op promiscuïteit geselecteerd worden, behalve in de context van verkrachting. Maar door maatschappelijke vooroordelen en doordat de mogelijke adaptieve voordelen van vrouwelijke promiscuïteit niet voor de hand lagen, werd die vrouwelijke neiging lang over het hoofd gezien. Ondertussen zijn verschillende mogelijke baten naar voren geschoven, maar die zijn nog niet voldoende aan empirische tests onderworpen. Een voorouderlijke vrouw zou bijvoorbeeld losse seksuele contacten kunnen aangaan in ruil voor vlees, goederen of diensten. Daarnaast zou ze van meerdere mannen middelen kunnen losweken door hen in het ongewisse te laten over het vaderschap (Hrdy 1999a, 1999b). Een andere mogelijke reden is bescherming (Smuts 1995, 1996). Ze zou zich ook in een korte affaire kunnen storten omwille van de genetische voordelen: als haar reguliere partner onvruchtbaar of impotent is en om andere of betere genen te verwerven. Andere mogelijke voordelen zijn het manipuleren van haar reguliere partner om zijn betrokkenheid te vergroten of de hoop een betere partner te vinden (Buss 1999).

De kosten van promiscuïteit zijn echter voorspelbaar groter voor een vrouw dan voor een man. Ze loopt het risico op fysiek en seksueel misbruik en op een beschadigde reputatie. Die schade zal typisch groter zijn voor een vrouw dan voor een man, wat ultiem een gevolg is van vaderschapsonzekerheid: mannen stellen aanwijzingen van promiscuïteit niet op prijs in een potentiële vaste partner, want de kans is groot dat ze hem zal bedriegen. Een andere reden is dat vrouwelijke promiscuïteit geïnterpreteerd kan worden als bewijs van haar lage partnerwaarde. Vrouwen met een hoge partnerwaarde zijn over het algemeen kieskeurig: ze weten dat ze zich dat kunnen permitteren, want veel mannen begeren hen. Die tendens komt zelfs voor in relatief promiscue culturen zoals de Ache, een foeragerend volk uit Paraguay (Buss & Schmitt 1993).

De seksuele strategietheorie van Buss en Schmitt (1993) voorspelt dat vrouwen hun maatstaven bij losse contacten minder zullen verlagen dan mannen. Terwijl we van mannen kunnen verwachten dat ze soms seksuele variatie op zich zoeken – voor onze mannelijke voorouders was dit reproductief immers lonend –, geldt dat niet voor vrouwen. Zomaar paren met om het even welke man zou voor onze vrouwelijke voorouders te grote kosten met zich meegebracht hebben. Ze konden zich beter richten op die mannen die enkele voordelen met zich meebrachten, zoals levensmiddelen, bescherming, goede genen of het vooruitzicht op een (betere) langetermijnrelatie. Buss en Schmitt (1993) hebben die voorspellingen bevestigd aan de hand van eigen onderzoek en veel andere studies. Vrouwen verwachten en krijgen vaak hulpbronnen in ruil voor losse seks, met vrijwillige prostitutie als voor de hand liggend voorbeeld. Vrouwen hechten bij korte relaties ook meer waarde aan tekens van onmiddellijk voordeel dan in een context van lange relaties. Dat ondersteunt de hypothese dat hulpbronnen voor vrouwen een belangrijke drijfveer zijn bij korte relaties. Vrouwen hebben ook een grotere afkeer dan mannen van kenmerken die slechte vooruitzichten op lange termijn beloven, bijvoorbeeld als de ander al een relatie heeft of promiscue is. Bovendien blijven vrouwen ook in korte relaties verlangen naar liefde en intimiteit – twee bevindingen die de hypothese ondersteunen dat vrouwen een betere of een vaste partner hopen te vinden. Bij korte affaires hechten vrouwen ook meer belang aan de fysieke kracht en lichamelijke aantrekkelijkheid van een man dan bij langetermijnrelaties, wat de 'goede genen'-hypothese ondersteunt (Buss 1999; Buss & Schmitt 1993).

De seksuele strategietheorie voorspelt voorts dat de verschillende strategieën en voorkeuren van beide geslachten vaak aanleiding zullen geven tot conflict. Mannen zullen vaker klagen over vrouwelijke seksuele terughoudendheid, terwijl vrouwen zich vaker ongemakkelijk zullen voelen bij de seksuele agressiviteit van mannen. Veel studies hebben dit effect gedocumenteerd (Buss 1999; Buss & Schmitt 1993).

De hoge maatstaven die vrouwen er in veel contexten op na houden, komen ook tot uiting in hun seksuele fantasieën en in vrouwgerichte erotische literatuur. De seksuele fantasieën van vrouwen worden langzamer opgebouwd en zijn meer uitgewerkt dan die van mannen. Vrouwen besteden meer aandacht aan het aanraken en het voelen van hun imaginaire partner en aan diens reacties. Ze fantaseren vaker over iemand die ze intiem kennen en concentreren zich meer op de persoonlijke kenmerken van die persoon. Ze ruilen veel minder vaak dan mannen van partner in de loop van een fantasie en stellen zichzelf vaker voor als de ontvangers van seksuele activiteit (Ellis & Symons 1990).

Stationsromannetjes, die vrijwel exclusief door en voor vrouwen geschreven worden, bieden eveneens een venster op de vrouwelijke psychoseksualiteit. Dit immens populaire product verschilt sterk van op mannen gerichte pornografie. Het liefdesverhaal staat hier centraal. Seks is belangrijk, maar beheerst de plot niet. Stationsromannetjes gaan over het verlangen van een vrouw naar die ene ware, passionele man die de hare zal zijn voor de rest van haar leven, niet over haar streven naar seksuele afwisseling. Seksuele activiteit wordt veeleer beschreven via haar emoties, minder door haar fysieke reacties of door middel van visuele beelden of (Ellis & Symons 1990).

Hoff Sommers (1994) biedt een typisch voorbeeld van dit genre:

> De mensen uit de stad noemden hem de duivel. De duistere en raadselachtige Juan, graaf van Ravenwood, was immers een legendarisch opvliegend man, en men was nooit de mysterieuze dood van zijn eerste vrouw vergeten... Nu staat plattelandsmeisje Sophy Dorring op het punt Ravenwoods nieuwe bruid te worden. Aangetrokken tot zijn mannelijke kracht en de gensters van verlangen die in zijn smaragdgroene ogen branden, heeft het goudblonde meisje zo haar eigen redenen om in te stemmen met dit huwelijk... Sophy Dorring zou de duivel de liefde leren.[79]

Vormen stationsromannetjes een poging tot indoctrinatie van vrouwen? Het lijkt van niet. De vrije markt wordt vooral gedreven door de keuze van consumenten en verkoopcijfers zijn een maatstaf van de publieke voorkeur. Stationsromannetjes, waarin zowat elke held knap, sterk en dominant is, beslaan bijna 40 procent van de populaire paperbackverkoop. Pogingen van feministen om die lectuur te vervangen door een andere, mislukten: niemand had interesse voor politiek correcte romances met zachtaardige, niet-agressieve helden en weldenkende, seksueel ervaren heldinnen (Hoff Sommers 1994).

In tegenstelling tot mannelijke fantasieën, die vooral op seksuele bevrediging gericht zijn, blijken vrouwelijke fantasieën dus meestal gerelateerd aan partnerkeuze. Dat ondersteunt opnieuw de hypothese van hoop op een andere of vaste partner als mogelijk onderliggende drijfveer.

Drie van de vier bovengenoemde genderverschillen in seksualiteit zijn voorspelbaar vanuit evolutionair perspectief: de grotere mannelijke interesse in seks, het sterkere verband tussen agressie en seksualiteit bij mannen en de grotere nadruk op emotionele betrokkenheid bij vrouwen. Het vierde verschil, de grotere seksuele plasticiteit van vrouwen (Peplau 2003; Peplau & Garnets 2000), is moeilijker te verklaren. De vrouwelijke seksualiteit is kneedbaarder en verandert gemakkelijker in de loop van hun leven. Vrouwen stellen hun seksualiteit meer af op de sociale context en ontwikkelen vaker dan mannen biseksuele gevoelens of veranderen van seksuele oriëntatie. Mannen hebben meer een neiging tot uitgesproken heteroseksualiteit of homoseksualiteit (Bailey 2003). Antropologe Helen Fisher (1999) meent dat die vrouwelijke flexibiliteit voortkomt uit een evolutionaire voorgeschiedenis waarin het voor vrouwen van cruciaal belang was zich te verzekeren van de hulp van eenieder die allo-ouder wilde zijn voor hun kinderen. Hun grotere gevoeligheid voor omgevingsomstandigheden kan eveneens hun reproductieve belangen gediend hebben – tot patriarchale dwangmechanismen een stok in de wielen staken. We weten momenteel te weinig over dit aspect van de vrouwelijke seksualiteit om er veel over te kunnen zeggen. Volgens psychologen Linda Garnets en Anne Peplau (2000) is de seksualiteit van vrouwen te lang in termen van mannelijke ervaringen opgevat; vandaar onze onwetendheid over dit complexe aspect van hun leven.

Dat de seksualiteit van vrouwen meer dan die van mannen geassocieerd is met contextuele omstandigheden, blijkt ook uit het International Sexuality Description Project van Schmitt et al. (2003b). De resultaten ervan bevestigen dat beide geslachten wereldwijd hun stijl van romantische gehechtheid aanpassen aan de socioculturele omstandigheden, maar dat vrouwen dat meer doen dan mannen. Vrouwen zullen in omstandigheden met een hogere sterftegraad, minder middelen en hogere geboortecijfers meer de typisch mannelijke strategie van het mijden van intieme en persoonlijke relaties overnemen. Dat is evolutionair zinvol: als levensmiddelen schaars zijn en de sterftegraad hoog, ruilt een vrouw beter haar langetermijnstrategie in voor een meer op korte termijn gebaseerde partnerkeuze met geringere emotionele betrokkenheid. Vroege voortplanting maakt dat familieleden kunnen bijspringen in het grootbrengen van kinderen, ze kan middelen en bescherming krijgen van meer dan één vermoedelijke vader en ze krijgt misschien seksuele toegang tot mannen met goede genen die ervoor zorgen dat haar kinderen de harde omstandigheden aankunnen.

Het vreemde resultaat is dat sekseverschillen in emotionele betrokkenheid het *hoogst* zijn in Europa en Amerika, net die culturen met de meest progressieve genderideologie en de hoogste graad van socio-economische gelijkheid tussen de geslachten. In culturen met meer traditionele genderrollen zoals in Afrika en Azië zijn de seksen veel meer gelijk in het vermijden van emotioneel intense romantische relaties. Die feiten staan in directe tegenspraak met de sociale roltheorie van Eagly en Wood (1999), die voorspelt dat genderverschillen zullen dalen naarmate vrouwen socio-economische gelijkheid verwerven. Als het over gehechtheid gaat, *stijgen* ze: vrouwen worden zorgzamer en verlangen meer naar emotionele betrokkenheid (Schmitt et al. 2003b).

Wat kunnen we afleiden uit die bevindingen? Ze ondersteunen de suggestie van primatologe Barbara Smuts en van Sarah Hrdy dat patriarchale arrangementen een oorspronkelijk assertieve vrouwelijke seksualiteit hebben beteugeld, hetzij in de loop van de evolutie (Hrdy 1997), hetzij in de loop van individuele vrouwenlevens (Smuts 1996). Smuts merkt op dat vrouwen nog altijd opgroeien in een socioculturele context die de ontwikkeling en expressie van hun seksualiteit onderdrukt. Die context kan een vrouwelijke seksualiteit tot stand brengen die meer beantwoordt aan mannelijke noden en verlangens dan dat ze eigen verlangens heeft. Het is volgens haar te vroeg om het relatieve vrouwelijke gebrek aan interesse voor seksuele variatie toe te schrijven aan hun inherente seksuele natuur. Ze pleit ervoor ons oordeel op te schorten tot er meer bewijsmateriaal voorhanden is.

Beiden hebben gelijk aan te manen tot voorzichtigheid, maar het is tegelijk een feit dat meerdere factoren ondubbelzinnig wijzen op geëvolueerde verschillen in psychoseksualiteit. Bijvoorbeeld de bevinding dat het sekseverschil in hechtingsstrategie minder afhangt van de mate van gendergelijkheid dan van omstandigheden die evolutionaire druk uitoefenen, zoals een harde ecologische omgeving, de sterftegraad en de lokale sekseratio.[80] Of de bevinding dat er geen sekseverschillen zijn in schuldgevoelens over seksuele fantasieën, al verschilt de inhoud van die fantasieën sterk. Of het gegeven dat het toedienen van testosteron aan postmenopausale vrouwen de seksuele fantasie en seksuele activiteit stimuleert en dat het toedienen van oestrogeen en anti-androgeen aan transseksuele mannen hun libido doet afnemen (Bailey

2003). Die correlatie tussen de blootstelling aan geslachtshormonen en verschillen in seksuele fantasieën en gedrag kan onmogelijk louter het resultaat zijn van sociale rollen en verwachtingen.

Voordelen van een evolutionair denkkader

De evolutionaire psychologie wil geen andere disciplines opslorpen. Ze wil alleen *en kan ook* voorzien in een overkoepelend theoretisch kader dat de observaties van feministen en sociale wetenschappers kan organiseren en verklaren. Ze is geen concurrerende theorie voor psychologische en sociologische theorieën; ze is een metatheorie. Ze vervult de dringende behoefte aan een wetenschappelijk onderbouwde visie op de menselijke natuur. Er zijn ongeveer evenveel vrouwelijke als mannelijke onderzoekers bij betrokken, dus elke opflakkering van mannelijke vooringenomenheid zal streng onderzocht worden. Evolutionaire theoretici ontkennen allerminst dat socialisatie menselijk gedrag en de uitdrukking van sekseverschillen beïnvloedt, maar argumenteren dat dit slechts een deel van het verhaal is. Ze bieden een bredere en complementaire verklaring.

Het evolutiepsychologische paradigma impliceert allerminst genetisch determinisme. Het is niet reductionistisch in de negatieve betekenis, noch is het onwetenschappelijk, inherent seksistisch of een van de andere dingen waarvan het beschuldigd is. Het stemt overeen met wat we weten over de wereld en hoe die werkt. Het wordt ondersteund door het overgrote deel van het bewijsmateriaal. Sommige hypothesen zijn momenteel inderdaad niet meer dan dat: plausibele hypothesen (bijvoorbeeld Millers (2000b) verwijzing naar de rol van seksuele selectie in het vormgeven van de menselijke geest), maar die wachten gewoon op nader onderzoek.

Dus, waar wachten feministen op? Waarom die krachtige theorie niet met beide handen aangrijpen om feministische claims te ondersteunen? Veel van de fenomenen vermeld in het deel over feministische observaties worden niet alleen verklaard door de evolutietheorie, maar erdoor *voorspeld*. Het bestaan van conflicten tussen de geslachten, evenals de specifieke factoren die conflict uitlokken, zijn voorspelbaar vanuit de verschillende psychoseksualiteit van vrouwen en mannen. Dat is minder deterministisch dan het lijkt, want zoals gezien benadrukt de evolutionaire psychologie dat de specifieke manifestatie van psychologische adaptaties van de context afhangt. Onze geëvolueerde neigingen worden gestimuleerd door aspecten van de omgeving, en veranderingen in de omgeving leiden tot veranderingen in de manier waarop die neigingen zich uiten.

Als je nooit gedwarsboomd wordt in je doelstellingen, word je misschien nooit kwaad. Als je partner niet met anderen flirt, ervaar je misschien nooit jaloezie. Als je in volledige isolatie opgroeit, zul je nooit leren spreken en zal zelfs je libido zich misschien niet volledig ontwikkelen. Maar in confrontatie met de evolutionair verwachte stimuli – stimuli die zich betrouwbaar voordeden in de loop van de evolutie, zoals een talige en sociaal complexe omgeving of een partner die overweegt je te verlaten voor een ander – zullen we reageren op een soortspecifieke manier die tegelijk afgestemd is op de specifieke context. Als je in Frankrijk geboren bent, zal je taalmodule ervoor zorgen dat je spontaan en moeiteloos Frans verwerft; in Duitsland zal dat Duits zijn. Als je een romantische relatie hebt, hangt de kans dat zich jaloezie manifesteert van veel factoren af, waaronder je gender, het gedrag van je partner, de partnerwaarde van je partner, je eigen partnerwaarde, de kwaliteit van de relatie en je vroegere ervaringen. Door onze geëvolueerde modules reageren we op manieren die we ervaren als natuurlijk en spontaan, maar die in feite op uiterst complexe berekeningen gebaseerd zijn. Hoe meer we over die onderliggende mechanismen van gedrag te weten komen, hoe beter we ze kunnen leren beheersen.

Mensen die de legitimiteit van psychologisch of sociologisch onderzoek nooit in twijfel zouden trekken, vragen me soms wat we eigenlijk zijn met evolutionaire inzichten. De vraag blijft me verbazen. Is het niet ontzaglijk belangrijk om te proberen inzicht te krijgen in de menselijke natuur? Vermoedelijk ligt de oorzaak van de vraagstelling vooral in de valse tweedeling tussen natuur en cultuur die nog altijd aanwezig is het denken van veel mensen: het spreekt voor zich om 'cultuur' te ontleden, want zo kunnen we manieren vinden om op menselijk gedrag in te werken, maar waarom zouden we 'natuur' bestuderen, die vaststaande entiteit die we toch niet kunnen veranderen? En zijn we geen culturele wezens die de beperkingen van de natuur overstegen hebben? Ik hoop dat ik aangetoond heb dat de zaken ingewikkelder liggen dan dat.

Er zijn nog andere antwoorden mogelijk. Velen lijken zich niet te realiseren dat de erkenning van een menselijke natuur een vereiste is voor een stevige fundering van ethische maatstaven. Zoals Steven Pinker stelt: "[a]ls de verklaarde verlangens van mensen alleen maar een soort uitwisbaar opschrift of herprogrammeerbare hersenspoeling waren, zou elke gruweldaad gerechtvaardigd kunnen worden" (1997 [1998]: 57). Het benadrukken van een menselijke natuur kan voor funeste doeleinden worden gebruikt, maar het ontkennen ervan evenzeer.

Pinker geeft een voorbeeld van de wreedheid waartoe zo'n ontkenning kan leiden in zijn beschrijving van een documentaire uit 1974 over de Vietnamoorlog. Een Amerikaans officier legt daarin uit dat onze morele standaarden niet van toepassing zijn op de Vietnamezen. Hun cultuur, zegt hij, hecht geen waarde aan individuele levens, waardoor ze niet zo lijden als wij bij de dood van familieleden. Op de achtergrond zien we beelden van huilende mensen op een begrafenis van oorlogsslachtoffers, waardoor zijn harteloze uitspraak meteen weerlegd wordt. Individuele rechten, stelt Pinker, kunnen alleen gefundeerd worden door aan te nemen dat mensen intrinsieke noden en behoeften hebben en zelf mogen uitmaken wat die noden en behoeften zijn. Ik wil daaraan toevoegen dat hetzelfde geldt voor vrouwenrechten. Evolutionaire inzichten kunnen ons van dienst zijn in, bijvoorbeeld, het debat over multiculturalisme en gendergelijkheid.

Een evolutionaire benadering weerlegt ook expliciet dat de ene sekse superieur zou zijn aan de andere, omdat het idee van superioriteit geheel afwezig is binnen een evolutionair kader. Net zoals het absurd zou zijn te beweren dat de vleugels van een vogel superieur zijn aan de vinnen van een vis, is het onzinnig iets dergelijks te stellen over mannen en vrouwen. Elke sekse bezit een manier van voelen en denken die grotendeels is ontwikkeld omwille van adaptationistisch-evolutionaire redenen. Voor het grootste deel zal die bij beide seksen gelijk zijn. Alleen op een beperkt aantal vlakken, specifiek diegene die direct of indirect met voortplanting te maken hebben, zullen gemiddelde verschillen bestaan. De evolutietheorie draagt geen normatieve waarden uit; ze is descriptief.

De evolutionaire psychologie beschouwt vrouwen bovendien niet minder in staat dan mannen tot rationaliteit, abstract redeneren of het gebruik van algemene morele principes; dit in tegenstelling tot sommige verschil- en ecofeministen – een feministische bewering die in feite behoorlijk beledigend voor vrouwen is. We zouden zelfs kunnen stellen dat eigenlijk het sociaal-constructivisme seksisme inhoudt, omdat vrouwen hier louter als passieve slachtoffers in de handen van mannen voorgesteld worden. Een evolutionair perspectief focust op vrouwelijke keuze als een van de drijvende krachten achter genderverschillen. Het belicht een vrouwelijke geest die een eigen identiteit heeft en geen louter product van patriarchale onderdrukking is. Het biedt dus een meer bevestigend beeld van vrouwen.

Neem het fenomeen van trofeevrouwen: jonge, aantrekkelijke

meisjes die een relatie hebben met een oudere en machtige man. Zoals Douglas Kenrick, Melanie Trost en Virgil Sheets (1996) aangeven, verklaren sociale wetenschappers dit fenomeen vaak als een product van culturele druk. In die visie zijn vrouwen willoze slachtoffers die door almachtige mannen gemanipuleerd en verhandeld worden. Alleen al de term 'trofeevrouwen' illustreert het onbewuste seksisme van dergelijke verklaringen: men negeert de rol van vrouwelijke keuze in een relatie. Gelijkaardige patronen van leeftijdsverschil en van vrouwen die jeugd en schoonheid inruilen voor een machtige partner, vinden we over heel de wereld en doorheen de hele geschiedenis terug en zijn hoogstwaarschijnlijk het product van seksuele selectie. Zoals eerder uitgelegd is het evolutionair zinnig dat oudere mannen relatief jongere partners verlangen, terwijl de trofees die vrouwen zoeken sociale status en rijkdom in een partner zijn, zaken die typisch toenemen met de leeftijd. Door evolutionaire inzichten krijgen we dus een veel complexer plaatje, één waar mannen en vrouwen een actieve rol spelen en waar hun verschillende partnervoorkeuren en reproductieve strategieën uiteindelijk leidden tot de opkomst van het patriarchaat (zie het deel over de oorsprong van het patriarchaat).

Zoals ik in het tweede hoofdstuk stelde, ben ik niet van mening dat we wetenschappelijke theorieën kunnen aanvaarden of verwerpen op ideologische gronden. We moeten niet achter een evolutionaire benadering van de seksen staan omdat die vrouwen in een beter daglicht stelt dan mannen (die naar voren komen als de meer agressieve, seksueel bezitterige, meer statusbeluste en minder zorgzame sekse). De elegante waarheid is echter dat de evolutiepsychologie de voorhanden zijnde gegevens beter verklaart dan een radicaal sociaal-constructivisme en meer empirische bevestiging vindt. Misschien vinden sommige feministen het moeilijk die visie op de vrouwelijke psychologie als positief te ervaren, omdat de geringere interesse voor status en dominantie van vrouwen niet echt veelbelovend is voor hun snelle klim naar de hogere regionen van de macht. Mijn antwoord luidt dat we eindelijk over een theoretisch kader beschikken dat aantoont dat typisch vrouwelijke trekken en vaardigheden even belangrijk zijn als typisch mannelijke. We mogen als feministen niet in de val lopen waar zoveel mannelijke theoretici voor ons zijn ingetrapt: de man en zijn gedrag als maatstaf gebruiken. En als we goede redenen kunnen formuleren waarom er een gelijk aantal vrouwen en mannen aan de top zouden moeten staan, zoals het uitgangspunt dat een regering de volledige bevolking moet vertegenwoordigen, kunnen we ervoor kiezen beleidsmaatregelen te introduceren om dat doel te bereiken. Evolutie schrijft ons niet voor hoe we onze levens moeten leiden.

Het evolutiepsychologische paradigma maakt vrouwen niet alleen sterker op theoretisch vlak, maar ook op een meer persoonlijk niveau: het toont hun dat ze zo vrouwelijk of onvrouwelijk mogen zijn als ze zich voelen. Ze hoeven niet te vrezen dat hun verlangen om 'een echte vrouw' te zijn een zwak karakter verraadt. Ze kunnen volledig zijn zoals ze willen: vrouwelijk of niet, heteroseksueel of niet, zorgzaam of niet. De evolutionaire psychologie gaat over het universele ontwerp van de menselijke geest (en die van de geslachten), maar ook over variatie. Zonder variatie is tenslotte geen evolutie mogelijk.

Verder kan een evolutionaire benadering ons helpen met de identificatie en uitdieping van adaptieve problemen van vrouwen. Evolutiepsychologen hebben zich onder meer gebogen over de evolutionaire basis van het patriarchaat (zie volgend deel), polygynie (Hrdy 1999b; Low 1992, 2000), de relatie tussen sociale stratificatie en de status en behandeling van vrouwen (Low 1992, 2000), moord op vrouwen (Daly & Wilson 1988; Wilson, Daly & Scheib 1997), mannelijke seksuele bezitsdrang[81] en mannelijke seksuele dwang[82].

Hun bevindingen kunnen het bewustzijn verhogen van de risico's die vrouwen lopen, zoals aanranding, mishandeling, verkrachting en uitbuiting, en ook van de risicofactoren die hiertoe bijdragen. Zo blijkt mishandeling van vrouwen veel frequenter in patrilokale samenlevingen, waar vrouwen bij het huwelijk hun gemeenschap verlaten om bij de verwanten van hun man in te trekken. De aanwezigheid van verwanten blijkt vrouwen tegen mannelijk geweld te beschermen (Smuts 1996). Ook de aanwezigheid van kinderen van een vroegere partner is een risicofactor voor geweld tegen vrouwen. Die factor werd door traditionele onderzoekers over het hoofd gezien, maar is aan het licht gebracht door een darwinistische benadering (Daly & Wilson 1996). De aanwezigheid van een stiefouder blijkt de sterkste indicator voor het risico op kindermishandeling, een factor die eveneens pas ontdekt werd toen de evolutiepsychologen Martin Daly en Margo Wilson er de aandacht op richtten (Daly & Wilson 1985, 1988, 1995). Evolutionaire inzichten kunnen ook mogelijke bronnen van patriarchale vooringenomenheid in de wetgeving belichten, zoals in de vroegere – althans in het Westen – wetten op verkrachting, toen de schuld bij het slachtoffer geplaatst werd (Thornhill & Palmer 2000).

Een evolutionaire invalshoek kan ons helpen bepalen welke specifieke sociale variabelen de individuele ontwikkeling beïnvloeden en hoe ze dat doen, zodat we onvruchtbare hypothesen kunnen identificeren en wegfilteren. De veronderstelling dat gewelddadige porno tot imitatie leidt, heeft bijvoorbeeld geen solide theoretische basis. Ze wordt weerlegd door alles wat we weten over de menselijke motivatie en ontwikkeling en heeft ook logische mankementen, want ze kan niet verklaren waarom mannen wel agressieve porno zouden willen imiteren, maar niet de vele andere menselijke activiteiten afgebeeld in video's, zoals iemand liefhebben en respecteren. Gewelddadige pornografie kan weliswaar een rol spelen in de verklaring van verkrachtingsgedrag bij sommige mannen, maar het is hoogst onwaarschijnlijk dat het een directe oorzaak is (Thornhill & Palmer 2000). Die redenering gaat op voor geweld algemeen: de bewering dat mediageweld een bron voor hersenloze imitatie is, is – los van het feit dat het helemaal geen verklaring is, maar een benoeming – een naïeve en uiterst twijfelachtige visie, niet gebaseerd op enige steekhoudende psychologische theorie (Daly & Wilson 1988).

Evolutionaire inzichten zijn dus niet alleen een waardevol instrument voor de psychologische wetenschappen, maar ook voor de sociale en politieke wetenschappen, want ze kunnen verduidelijken hoe individuele actoren beïnvloed worden door sociale, economische en politieke variabelen. Ze kunnen ook een bevinding verklaren die in de psychologie voor nogal wat verwarring zorgt, namelijk het feit dat mensen intentionele wezens zijn, met ingebouwde perceptuele en cognitieve vertekeningen, drijfveren en doelstellingen (Daly & Wilson 1996).

Een evolutionair denkkader kan ook verduidelijken waarom bepaalde regelingen wellicht niet in het voordeel van vrouwen zijn. Zo is het voorspelbaar dat het model van het kerngezin uit de jaren vijftig – met de man als broodwinner en de vrouw die de hele dag thuisblijft en voor de kinderen zorgt – voor veel vrouwen frustrerend zal zijn. In tegenstelling tot wat Hilary Rose beweert, fabriceert de evolutiepsychologie allerminst een constructie van het gezin die "beschamend veel weg heeft van de Flintstones" (2000: 118). Zoals Robert Wright (1995) en Sarah Hrdy (1999b) argumenteren, kunnen we verwachten dat veel vrouwen actief willen deelnemen aan het sociaal-economische leven. In jager-verzamelaarsmaatschappijen zijn vrouwen evenzeer werkers als moeders. Ze nemen hun kinderen mee bij het verzamelen van voedsel of vertrouwen ze tijdelijk toe aan de zorg van verwanten. Vrouwelijke primaten zijn altijd moeders met een dubbele loopbaan geweest, gedwongen om een compromis te zoeken tussen de eigen behoeften en die van hun kroost, stelt Hrdy. Daarom hebben primatenmoeders, menselijke foerageerders incluis, de zorg voor hun nakomelingen altijd gedeeld met anderen.

De evolutiepsychologie doet statistische observaties en voorspellingen; ze spreekt zich niet uit over wat mensen zouden moeten doen, noch over wat individuele personen zullen doen. Als sommige mensen zich gelukkig voelen in een Flintstonesfamilie, is daar niets verkeerds mee. Of een vrouw nu thuis wil blijven met de kinderen, ervoor kiest kinderloos te blijven of zowel een carrière als kinderen ambieert, ze moet telkens die mogelijkheid hebben. Een evolutionair perspectief leert ons dat het erkennen van de noden van kinderen een vrouw niet noodzakelijk knecht: moeders zijn belangrijk, maar ze zijn niet de enigen die kunnen voorzien in de zorgende relatie die kinderen nodig hebben om te overleven.

Feministen hoeven dus niet te vrezen dat evolutionaire inzichten een bepaald patroon zullen opleggen aan vrouwen. In de jaren zeventig deden sommige feministen aanwijzingen over de behoefte aan veiligheid en emotionele binding bij kinderen af als een poging om patriarchale belangen te beschermen. Ze waren bang dat die gegevens hun rol als moeder voorgoed zouden vastleggen. In de jaren tachtig probeerde de Franse filosofe Elisabeth Badinter aan te tonen dat moederliefde slechts het product is van culturele conditionering (Badinter 1980). Zulke ontsnappingsroutes zijn onnodig: vrouwen moeten helemaal niet kiezen tussen het moederschap en een carrière. Dat is, ten minste, de theorie. In de praktijk zullen structurele nadelen op sommige gebieden, zoals de traditie van late vergaderingen in de politiek, de keuze nog altijd bemoeilijken.

De evolutionaire oorsprong van het patriarchaat

Een evolutionaire benadering kan een nieuwe dimensie toevoegen aan de feministische analyse van het patriarchaat. Feministen interpreteren mannelijke dominantie meestal als een culturele constructie en als doel op zich. Volgens evolutiepsychologen dateren de wortels van het patriarchaat echter van voor het ontstaan van de menselijke soort; mannelijke dominantie is tenslotte wijdverspreid onder zoogdieren. Vanuit evolutionair perspectief moeten we de motor erachter niet zoeken in een mannelijke obsessie met macht, wel in seksuele selectie: het mannelijk verlangen om vrouwtjes en hun seksualiteit te controleren gaat ultiem terug tot het reproductieve belang van vrouwtjes als de meest investerende sekse.

Dat wil niet zeggen dat het patriarchaat onvermijdelijk is; biologische verschillen leiden immers niet direct tot politieke structuren. Evolutionisten zijn het erover eens dat we de historische oorsprong van het patriarchaat niet tot één enkele factor kunnen terugbrengen, maar dat het gaat om een geheel van elkaar wederzijds versterkende evolutionaire, sociale en culturele ontwikkelingen.[83] Om het patriarchaat te ontmantelen zullen dus verschillende gelijktijdige sociale veranderingen nodig zijn.

Elke reconstructie van hoe patriarchale arrangementen zich doorheen de tijd hebben ontwikkeld, blijft natuurlijk hypothetisch. Toch kunnen we enkele gefundeerde veronderstellingen naar voren schuiven. Totnogtoe concentreerden evolutionaire pogingen tot reconstructie van de historische ontwikkeling van het patriarchaat zich op dezelfde sleutelfactoren, evolutionair verklaarbaar door mannelijke en soms vrouwelijke reproductieve belangen: patrilokaliteit, waarbij vrouwen bij het huwelijk hun verwanten verlaten, terwijl mannen in hun geboortegemeenschap blijven, mannelijke coalitievorming, mannelijke controle over hulpbronnen, vrouwelijke medeplichtigheid en genderideologie. In wat volgt presenteer ik de visies van drie evolutionaire theoretici: Barbara Smuts, David Buss en Sarah Hrdy. Hoewel ze het over de meeste zaken eens zijn, schatten ze het relatieve belang van sommige variabelen verschillend in.

Zowel Smuts als Hrdy beschouwen de vermoedelijke gewoonte van patrilokaliteit bij onze voorouders als beginpunt van een reeks gerelateerde praktijken die mannen in staat stelden hun controle over de vrouwelijke seksualiteit te vergroten, wat uiteindelijk tot het patriarchaat leidde. Die gewoonte, suggereert Smuts (1995), heeft zijn wortels bij onze prehominide voorouders.

Smuts komt tot die conclusie na het analyseren van patronen van mannelijke dwang en vrouwelijke weerstand bij niet-menselijke primaten. Bij veel primatensoorten, net als bij veel andere zoogdieren, gebruiken mannetjes dwangtechnieken om hun seksuele toegang tot seksueel ontvankelijke vrouwtjes te vergroten, zoals het dreigen met geweld, agressieve aanvallen, het verstoren van copulatiepogingen met rivalen en infanticide – dit laatste om een vrouwtje sneller terug vruchtbaar te maken. Vrouwelijke primaten verzetten zich op meerdere manieren tegen die dwarsboming van hun seksuele doeleinden. In sommige soorten vormen ze coalities met vrouwelijke verwanten om mannetjes die een vrouwtje of haar jong aanvallen te verjagen. In die soorten met vrouwelijke binding wordt mannelijke agressie ook teruggedrongen doordat mannetjes de steun van hooggeplaatste vrouwtjes nodig hebben om een hoge dominantiepositie te verwerven en te behouden. Een andere manier waarop vrouwtjes hun kwetsbaarheid voor mannelijke pesterijen kunnen terugdringen, is door het aangaan van een vriendschapsrelatie met een of meer specifieke mannetjes. Die beschermen haar en haar jong, in ruil waarvoor ze vaak toestemt als ze met haar proberen te paren.

Dat mannelijke primaten meestal groter zijn dan vrouwtjes betekent dus niet dat ze winnen bij een conflict: fysieke gestalte is geen automatische determinant van controle. Welke factoren beïnvloeden dan wel de mate van mannelijk geweld en vrouwelijke weerstand? Smuts (1995) ziet één factor als van bijzonder belang: de sociale steun van verwanten en vrienden. Als die ontbreekt, krijgen mannetjes de overhand. De aanwezigheid van die steun hangt af van twee factoren: matrilokaliteit (wanneer de mannetjes, niet de vrouwtjes, uit hun geboortegroep wegtrekken bij het bereiken van de adolescentie) en vrouwelijke binding. Als vrouwtjes bij hun verwanten blijven, kunnen ze vrouwelijke coalities vormen. Als ze daarentegen in een nieuwe groep moeten integreren, zal coalitievorming moeilijker zijn.

Vanwaar Smuts' mening dat onze hominide voorouders patrilokaal leefden? Wel, de meeste primaten en zoogdieren zijn *matrilokaal, en* ze zijn in staat om de frequente uitbarstingen van mannelijke agressie in te dijken. In contrast daarmee zijn onze naaste levende verwanten – de orang-oetan, de gorilla, de chimpansee en de bonobo – echter patrilokaal, wellicht omwille van ecologische factoren.[84] En evenzeer in contrast met de meeste primaten blijken onze naaste verwanten niet in staat mannelijke dwang te voorkomen of tegen te werken, met uitzondering van bonobo's. Gorillavrouwtjes zijn kwetsbaar voor infanticide als 'hun' mannetje sterft, bij orang-oetans is gedwongen copulatie de regel en ook chimpanseevrouwtjes worden frequent seksueel aangerand. Alleen bij bonobo's is de mate van mannelijke agressie tegen vrouwtjes extreem laag, wellicht doordat bonobovrouwtjes de tijd hebben om onderlinge bindingen aan te gaan: ze kunnen het merendeel van hun tijd in het gezelschap van andere vrouwtjes doorbrengen door het anderssoortige patroon van hun voedseldistributie. Banden tussen bonobovrouwtjes worden onderhouden door frequente homoseksuele activiteiten. De resulterende coalities zijn blijkbaar zo sterk dat mannetjes het nauwelijks aandurven een vrouwtje te provoceren (Smuts 1995).

Hieruit kunnen we afleiden dat mannelijke onderdrukking vrij spel krijgt als er geen verwanten in de buurt zijn om bescherming te bieden en als vrouwtjes weinig kans krijgen om onderlinge banden te smeden. Omdat de meeste traditionele samenlevingen eveneens patrilokaal zijn, gaat Smuts ervan uit dat hetzelfde gebruik onze hominide voorouders kenmerkte. Hrdy (1999a) werpt echter op dat jager-verzamelaars doorgaans flexibele residentiepatronen vertonen. Ze neigen tot patrilokaliteit als aanvallen van andere groepen frequent zijn, want patrilokaliteit bevordert mannelijke binding. Als ze patrilokaal zijn, een systeem dat vaak gepaard gaat met afstamming langs vaderlijke lijn, zijn ze typisch polygyn en repressiever ten opzichte van de vrouwelijke seksualiteit. Volgens Hrdy is het de de landbouw die aan de basis ligt van patrilokale residentiepatronen. Maar over welke tijdsspanne het ook gaat, zowel Smuts als Hrdy zijn het erover eens dat het ontstaan van patrilokale residentie, in combinatie met het feit dat de vrouwen van onze soort om onbekende redenen gewoonlijk geen sterke coalities aangaan, de eerste stap was naar het machtsverlies van vrouwen.[85]

Door patrilokaliteit konden mannen langdurige allianties met elkaar aangaan, wellicht om hun slaagkansen in de competitie met mannen van andere groepen te verhogen en om hun verdedigbare bronnen te beheren – vrouwen of, na het ontstaan van de landbouw, land en eventueel steden. Die allianties konden niet alleen dienen om vrouwen te beschermen tegen ontvoering door mannen uit andere groepen, maar ook om hen onder controle te houden. Door intensieve landbouw nam de mannelijke macht over vrouwen toe, want hun substantiële rol en onafhankelijkheid als verzamelaars ging verloren. Met hun bewegingen beperkt tot een klein lapje grond waren ze gemakkelijker te dwingen (Smuts 1995).

Een studie van de !Kung San in de Kalahariwoestijn biedt hiervan een dramatische illustratie. Deze jager-verzamelaargemeenschap kenmerkt zich door egalitaire rolpatronen: de vrouwen verzamelen en de mannen jagen (al worden de taken vaak gedeeld) en beide taken worden door iedereen gerespecteerd. Hoewel jongens en meisjes niet verschillend gesocialiseerd worden, komen kleine afwijkingen van het gemiddelde voor. Een paar !Kung San-groepen vestigden zich echter in dorpen en begonnen met landbouw. Het werk is zwaarder en in tegenstelling tot in de jager-verzamelaargroepen verwacht men van jongere kinderen dat ze een significante bijdrage leveren. Meisjes blijven thuis om op de kleintjes te letten en het huishouden te doen, terwijl jongens zich om de tuin en het vee bekommeren. Eenmaal volwassenen vertonen ze opvallende sekseverschillen in leefwijze en status: vrouwen zijn huiselijk en worden constant in de gaten gehouden, terwijl mannen vrij kunnen rondzwerven. De status van vrouwen is sterk afgenomen (Wilson 1978).

Met het cumuleerbaar worden van goederen werd het voor de man belangrijker zich ervan te verzekeren dat de kinderen waarin hij investeerde wel degelijk van hem waren (Smuts 1995). Zijn significante bijdrage tot het onderhoud van kinderen maakte het dan weer moeilijker voor vrouwen om zich tegen mannelijke dominantie te verzetten.

De landbouwrevolutie in combinatie met de steeds beter ontwikkelde mannelijke politieke allianties leidde tot ongelijke mannelijke rijkdom en macht. Machtige mannen werden meer in staat hun wil op te leggen aan vrouwen, omdat ze ook andere mannen gingen domineren, waardoor die niet langer de macht hadden om tussenbeide te komen. Mannen aan de top konden hun macht in toenemende mate aanwenden om vrouwen te monopoliseren (wat uiteindelijk tot harems leidde) en zo de seksuele kansen van andere mannen te reduceren. Volgens Smuts strookt die hypothese met het gegeven dat transcultureel de mate van mannelijke dominantie over vrouwen samenhangt met de mate van hiërarchie tussen mannen. Vrouwelijke medeplichtigheid was wellicht een andere belangrijke factor in de evolutie van het patriarchaat: vaak konden vrouwen hun materiële en reproductieve belangen beter nastreven door banden aan te gaan met mannen in plaats van met andere vrouwen. Een laatste cruciale factor moet de evolutie van taal geweest zijn, die tot de ontwikkeling van genderideologieën leidde (Smuts 1995).

De drie theoretici beschouwen vrouwelijke medeplichtigheid aan het patriarchaat als een feit, maar ze verschillen van mening over de dieper liggende oorzaken daarvan. Volgens Smuts (1995) leidde mannelijke dwingelandij uiteindelijk tot mannelijke controle over goederen en levensmiddelen, waardoor vrouwen zich genoodzaakt zagen mee te gaan in het systeem als ze er voor zichzelf en hun kinderen iets wilden uithalen. Buss (1996) beschouwt de mannelijke controle over goederen en levensmiddelen veeleer als het resultaat van een gezamenlijke evolutie van vrouwelijke partnervoorkeuren en mannelijke competitieve strategieën. Vanuit dit perspectief zette de vrouwelijke voorkeur voor een partner met status en hulpbronnen de basisregels voor mannelijke competitie. Mannen begonnen de controle over hulpbronnen te verwerven om vrouwen aan te trekken en de voorkeuren van vrouwen volgden, op hun beurt selecterend voor meer ambitie, competitiviteit en risicogedrag in mannen. De verstrengeling van die psychologische mechanismen schiep de condities voor mannelijke dominantie op het vlak van hulpbronnen (Buss 1996).

De theorie van Buss wordt ondersteund door de bevinding dat, zoals beschreven in de sectie over de vrouwelijke psychologie, in jager-verzamelaarsgemeenschappen, waar men geen goederen kan opstapelen, mannen met hoge status het meeste succes hebben in het aantrekken van veel vrouwen, wat psychologische adaptaties in vrouwen suggereert die aanleiding geven tot gevoelens van seksuele aantrekkingskracht tot kenmerken geassocieerd met sociale status, en door het feit dat vrouwen wereldwijd een voorkeur blijven vertonen voor mannen met meer middelen. Hrdy (1997, 1999a, 1999b) heeft dan weer bedenkingen bij die interpretatie. Ze sluit zich aan bij de marxistische opvatting dat de mannelijke controle over de productiebronnen die vrouwen nodig hebben voor hun reproductie, opgedrongen werd aan vrouwen en dat die controle tot de ontwikkeling van het patriarchaat leidde. Volgens haar was het niet vrouwelijke keuze die aanleiding gaf tot mannelijke accumulatie van middelen, aangezien de mannelijke controle over middelen (territoria) bij primaten *voorafgaat* aan de vrouwelijke keuze van mannetjes met middelen. De mannetjes controleren territoria door de verschillende mannelijke en vrouwelijke migratiepatronen, patrilokaliteit, mannelijke coalities en hun grotere fysieke kracht. In een dergelijk systeem valt te verwachten dat vrouwtjes partners zullen kiezen op basis van de hulpbronnen die ze controleren, maar dat betekent niet dat vrouwelijke keuze *verantwoordelijk* was voor mannelijke competitie of voor mannelijke controle over levensmiddelen. Omdat die twee factoren al in de hominide lijn aanwezig waren, mogen we veronderstellen dat ze de ontwikkeling van een vrouwelijke voorkeur voor mannen met middelen voorafgingen, besluit Hrdy (1997). De aanhoudende voorkeur van vrouwen voor mannen met middelen is een facultatieve respons op hun economisch kwetsbaarder positie dan die van mannen.

Het probleem met die visie is dat vrouwen die zelf over middelen beschikken niet significant minder waarde hechten aan status en rijkdom in een partner, zoals we zagen. De visies van Hrdy en Buss sluiten elkaar echter niet noodzakelijk uit, hoewel Hrdy dat wel zo voorstelt: "[v]rouwelijke keuzes, door sommige evolutiepsychologen geïnterpreteerd als het natuurlijke resultaat van een inherente vrouwelijke voorkeur, zijn in de ogen van anderen, waaronder mijzelf, het resultaat van patriarchale beperkingen van vrouwelijke reproductieve opties" (1999a: xxvi). Buss (1996) schrijft echter dat evolutiepsychologen contextafhankelijk gedrag verwachten en dat het daarom niet incompatibel zou zijn met evolutionaire modellen als vrouwen hun partnervoorkeuren zouden aanpassen bij het verwerven van volledige economische gelijkheid. Het zou wel een complexer model van onze geëvolueerde verlangens vergen.

Een evolutionair perspectief stelt dat het patriarchaat ultiem draait rond controle over de vrouwelijke seksualiteit en het verklaart waarom dat zo is: omdat vrouwen de meer investerende sekse zijn. De radicaalfeministische observatie dat seksuele controle het hart van het patriarchaat vormt, is dus in essentie juist. Het is echter weinig waarschijnlijk dat mannen verenigd zullen zijn in hun belangen. Ze willen reproductief waardevolle vrouwen controleren, maar ze concurreren ook onderling om vrouwen en om status en middelen, omdat dat hun helpt de andere sekse aan te trekken. Mannen vormen coalities, maar ze doen dat vooral om sterker te staan in hun competitie met andere mannen. Vrouwen zijn evenmin verenigd in hun belangen met hun seksegenoten: ze strijden onderling om mannen met hoge status en gebruiken daartoe onder meer jeugd en schoonheid, om in te spelen op de geëvolueerde partnervoorkeuren van mannen (Buss 1996; Buss & Duntley 1999).

Dat betekent niet dat de schuld voor het patriarchaat bij vrouwen ligt. De notie van schuld is zinloos bij het beschrijven van een proces dat zich over miljoenen jaren ontvouwde. Het impliceert wel dat dezelfde krachten die aan de basis lagen van het patriarchaat nog altijd werkzaam zijn. Beide geslachten dragen bij tot de bestendiging ervan, niet alleen mannen. Vrouwen doen dat bijvoorbeeld door te blijven kiezen voor machtige, rijke mannen, door onderling te concurreren of door allianties met mannen aan te gaan (Campbell 2002; Hrdy 1999b), door hun zonen en dochters te socialiseren op manieren die mannelijke dominantie in stand houden (Low 1989) of door hun huiselijke macht angstvallig te beschermen en de zorg voor kinderen voor zich op te eisen (Lopreato & Crippen 1999).

Die complexe stand van zaken ondermijnt de legitimiteit van veel feministische streefdoelen niet, maar ze herinnert ons eraan dat vrouwen geen willoze marionetten zijn; ze hebben hun eigen bronnen van macht en invloed. Als vrouwen het patriarchaat met succes willen bestrijden, zullen ze afstand moeten doen van gedragspatronen die bijdragen tot de instandhouding ervan. Voortbouwend op de analyse van Smuts lijkt het ook wenselijk te streven naar een verdere ontwikkeling van vrouwelijke politieke solidariteit en van wetten en instellingen die vrouwen beschermen tegen mannelijke dwang, naar meer economische mogelijkheden voor vrouwen, naar vrouwelijke steun voor beleidsmaatregelen die ongelijkheid tussen mannen verkleinen en naar meer feministische bewustwording. Natuurlijk behoren die maatregelen al tot de feministische agenda, wat opnieuw aantoont dat het mogelijk is feministische en evolutionaire perspectieven te integreren. Een evolutionair perspectief kan het feminisme versterken door de ultieme oorzaken van het mannelijk verlangen tot controle van vrouwen te identificeren. Het draagt ook bij tot de analyse van systemen van genderongelijkheid door te vragen hoe zo'n systeem "de vrouwelijke seksualiteit en voortplanting beïnvloedt op manieren waarbij sommige mannen er voordeel uit halen ten koste van vrouwen (en van andere mannen)" (Smuts 1995: 22). De evolutionaire analyse van het patriarchaat staat nog in haar kinderschoenen en ze kan de hulp van feministische theoretici gebruiken om volwassener te worden.

Naar een darwinistisch links

De hedendaagse darwinistische theorievorming benadrukt zowel samenwerking als competitie. Evolutie mag ons dan met zelfzuchtige en hebzuchtige trekjes opgezadeld hebben, daarnaast ontwikkelden we ook de capaciteit, en zelfs de noodzaak, om anderen lief te hebben, te respecteren en te helpen. De meesten van ons ervaren automatisch empathie bij het zien van lijden van anderen, zelfs als het om fictieve personages uit een boek of televisieserie gaat. Dat de ultieme wortels van emoties als medeleven en altruïsme liggen in hun bijdrage aan de overleving en voortplanting van onze voorouders, doet niets af aan de realiteit en oprechtheid ervan.

Dat verklaart ten dele waarom we evolutie ter ondersteuning van zowel linkse als rechtse beleidsmaatregelen kunnen inroepen: het hangt er maar van af welke geëvolueerde neigingen – samenwerking of competitie – je laat domineren in je mensbeeld. Daarnaast hangt het soort samenleving waarnaar je streeft ook af van je persoonlijke waarden: of je zorg belangrijker vindt dan competitie en gemeenschapszin belangrijker dan individuele vrijheid, bijvoorbeeld. Hier kan de darwinistische theorievorming ons niet leiden, want ze geeft ons geen advies over hoe met de dingen om te gaan. Al heeft vooral politiek rechts in het verleden beslag gelegd op de evolutietheorie, er zijn op zich geen duidelijke politieke implicaties aan verbonden.

In *A Darwinian Left* (1999) pleit filosoof Peter Singer voor een politieke linkerzijde die het bestaan van een menselijke natuur niet langer ontkent en die haar utopische idealen wil inwisselen voor een realistischer visie op wat haalbaar is. Een darwinistische linkerzijde streeft ernaar haar beleidsmaatregelen te baseren op het beste beschikbare bewijs over hoe menselijke wezens in elkaar steken. Ze erkent dat evolutionaire inzichten in de menselijke natuur ons kunnen helpen inzien op welke manier we onze sociale en politieke doeleinden kunnen bereiken en welke kosten en baten daar wellicht aan verbonden zijn. Singer gebruikt de metafoor van houtsnijders die een kom maken: in plaats van willekeurig te beginnen snijden, zullen ze hun ontwerp baseren op de specifieke houtsoort waarmee ze werken, om niet tegen de vezelrichting in te gaan. Politieke filosofen en revolutionairen hebben hun ideale samenlevingen echter vaak ontworpen zonder rekening te houden met de mensen die erin moesten leven. Om het beste uit de mens te halen, ontwerp je je beleidsmaatregelen beter op maat van inherent menselijke neigingen.

Dat betekent dat we de droom van de vervolmaakbaarheid van de mens moeten opgeven. Mensen zijn kneedbaar, maar die kneedbaarheid kent zijn grenzen. Steven Pinker (2002) somt enkele wetenschappelijke bevindingen op die het ontstaan van een utopische samenleving hoogst onwaarschijnlijk maken, waaronder het grote belang van gezinsbanden in alle menselijke samenlevingen, met daaruitvolgend de verlokking van nepotisme en erflating, de universaliteit van dominantiehiërarchieën en geweld in alle menselijke samenlevingen, zelfs bij jager-verzamelaars, de universele neiging tot het bevoordelen van verwanten en vrienden, de universaliteit van vijandigheid tussen groepen en het onrustbarende gemak waarmee die opgewekt kan worden, de gedeeltelijke erfelijkheid van persoonlijkheidskenmerken, waaronder intelligentie, bedachtzaamheid en antisociale neigingen, wat impliceert dat zelfs een perfect gelijke behandeling tot ongelijke resultaten zal leiden, en het opduiken van profiteursgedrag als de kans reëel is dat het onontdekt blijft.

Een darwinistische linkerzijde zou rekening houden met die gegevens. Ze zou blijven vasthouden aan traditioneel linkse waarden zoals het opkomen voor zwakken, armen en onderdrukten en het vooropstellen van gelijkheid als moreel en politiek ideaal, maar ze zou zorgvuldig overwegen welke sociale en economische veranderingen die doelstellingen daadwerkelijk dichterbij brengen. Ze verwacht niet alle conflict uit de wereld te helpen, maar gelooft wel dat de meeste mensen positief zullen reageren op kansen tot samenwerking in relaties met wederzijds voordeel. Een darwinistische linkerzijde wil dus voortbouwen op de sociale en coöperatieve kant van onze natuur zonder de individualistische en competitieve kant te negeren. Ze zou ook rekening houden met de geëvolueerde psychologie van de seksen. Ze verwerpt elke overgang van wat 'natuurlijk' is naar wat 'juist' is en streeft naar een minder antropocentrische visie op dieren en op de natuur (Singer 1999).

Veel traditioneel linksdenkenden zullen ongetwijfeld bedenkingen hebben bij Singers schets van die nieuwe linkerzijde. Waar zij meestal veronderstellen dat alle ongelijkheid te wijten is aan discriminatie, vooroordelen, onderdrukking of sociale conditionering, zouden darwinistische linksdenkenden dat niet automatisch doen. Ze zouden bijvoorbeeld erkennen dat de ondervertegenwoordiging van vrouwen in de hoogste regionen van het politieke en economische bestel waarschijnlijk deels voortkomt uit de grotere gretigheid en het grotere opportunisme van mannen als het gaat om het verwerven van sociale status en politieke macht. Mannen zijn ook veel meer bereid om hun gezin en sociale relaties te verwaarlozen om aan de top te geraken (Browne 1998). Dat betekent niet dat darwinistisch links de status quo verdedigt, want ook hier spelen factoren als genderdiscriminatie ongetwijfeld nog een rol.

Zo brachten Christine Wennerås en Agnes Wold (1997) aan het licht dat de academische wereld nog sterk vooringenomen is tegen vrouwen. Ze analyseerden de evaluatie door vakgenoten van postdoctorale onderzoeksaanvragen in Zweden – traditioneel een voortrekkersland op vlak van gendergelijkheid, wat het resultaat van de studie nog alarmerender maakt. Wennerås en Wold ontdekten dat vrouwelijke onderzoekers twee en een halve keer meer wetenschappelijke artikelen moesten produceren dan mannelijke onderzoekers om als even competent beschouwd te worden. Het ontbreken van persoonlijke banden met een van de commissieleden had dezelfde invloed: onderzoekers zonder dergelijk netwerk moesten twee en een halve keer productiever zijn dan degenen met. Persoonlijke connecties kwamen even frequent voor bij mannen als bij vrouwen, maar dat betekent dat een vrouw zonder relaties vijf keer productiever moest zijn dan een man die wel banden had met een van de commissieleden.

Verschillende andere studies toonden aan dat beide seksen een academisch artikel hoger inschatten als het toegeschreven wordt aan een man dan wanneer de auteur zogezegd een vrouw is (Schiebinger 1999). Experimenten waarbij mensen (fictieve) sollicitanten moesten aanwerven voor hiërarchiegevoelige jobs gaven aan ze zich deels lieten leiden door stereotypen om te beslissen welke job mannen en vrouwen goed zouden doen (Pratto 1996). Het zijn slechts enkele voorbeelden die de blijvende gangbaarheid van vooroordelen illustreren. Darwinistisch links wacht de moeilijke taak de vele complexe factoren die een rol spelen in de ongelijke maatschappelijke spreiding van vrouwen en mannen, uit elkaar te halen.

Een andere delikate kwestie is de vraag wat we precies bedoelen met 'gelijkheid als moreel en politiek ideaal'. Filosofe Janet Radcliffe Richards (1997) vermoedt dat het gelijkheidsconcept zijn populariteit vooral dankt aan de vaagheid ervan: mensen bedoelen er verschillende dingen mee of ze verspringen van de ene definitie naar de andere zonder het te beseffen. Sommigen menen bijvoorbeeld dat gelijke kansen automatisch gelijke uitkomst betekent. Het resultaat is dat het debat over gelijkheid van kansen uiterst verward wordt.

Voor sommigen betekent de term gewoon onpartijdige behandeling. Voor anderen betekent gelijkheid iets kwalitatief verschillends: het recht om op de maatschappelijke ladder te kunnen stijgen naargelang je eigen kwaliteiten en wensen. Waar volgens de eerste definitie niets gedaan hoeft te worden op het terugdringen van willekeurige voorkeuren na, eist de tweede invulling dat je specifieke keuzes maakt: je kunt niet *alle* kansen voor *alle* mensen gelijk maken. Zelfs bij het eenvoudige voorbeeld van gelijke kansen voor alle leerlingen in een klasje komt een leerkracht voor verschillende opties te staan: wil ze gelijk beschikbaar zijn voor iedereen, aan iedereen evenveel tijd besteden, meer tijd en energie investeren in achtergestelde kinderen of alle kinderen even bekwaam maken in alles? In de twee laatste gevallen zal ze individuen ongelijk moeten behandelen in naam van de gelijkheid.

Sommigen houden er een nog andere interpretatie van gelijke kansen op na: het gelijkschakelen van de achtergrond van mensen, zodat iedereen vanuit dezelfde startcondities kan vertrekken. Die definitie brengt ons weer tot een andere standaard van het begrip 'kansen. Van ideeën over gelijke kansen als *iets specifieks* dat mensen *geven*, zoals toelating tot een school of toelating om te solliciteren, gaan we naar gelijke kansen als *iets algemeens en onbestemds* dat mensen *hebben*, in de zin van het vermogen om hun leven om het even welke richting te geven die ze wensen. De manier waarop kansen hier gedefinieerd worden, is dus volledig anders. Het wordt een ruwe omschrijving van het vermogen om je leven elke richting uit te sturen die je zelf verkiest, dankzij een goede uitgangspositie, in plaats van het vermogen een doel te bereiken dat door anderen vooropgesteld is, zoals de top van de politieke hiërarchie bereiken als vrouw. De meeste mensen verwarren die betekenissen. Volgens Radcliffe Richards zou de probleemstelling veranderen als we duidelijk zouden maken wat we precies bedoelen. Als we beseffen dat we 'onbestemde mogelijkheden', namelijk het vermogen om je leven te leiden op de manier die je verkiest, als een goed op zichzelf beschouwen, dan wordt de relevante vraag alleen hoe je de algemene hoeveelheid ervan kunt laten toenemen. Dat betekent echter dat het concept van gelijkheid minder belangrijk wordt. Als we een eerlijke distributie hebben van 'het vermogen om het leven te leiden dat je zelf wil', kunnen we niet verwachten dat de resultaten gelijk zullen zijn, want mensen verschillen nu eenmaal. Zelfs met *totaal* gelijke startcondities zouden we verschillende resultaten bekomen, omwille van de verschillende genetische aanleg van mensen (Radcliffe Richards 1997).

Dit zijn krachtige inzichten. Het is van cruciaal belang voor de linkerzijde rekening te houden met zulke analyses, en nog crucialer voor een darwinistische linkerzijde, omdat voor darwinisten het onderwerp extra complex wordt door hun inzicht in de gedeeltelijke erfelijkheid van veel persoonlijkheidskenmerken en vaardigheden en door hun erkenning van statistische verschillen tussen de geslachten.

Besluit

Hoe beknopt en veralgemenend mijn uiteenzetting ook was, ik hoop toch aangetoond te hebben dat feminisme en evolutiepsychologie elkaar nodig hebben. De geschiedenis van de evolutionaire wetenschappen getuigt van hun vatbaarheid voor allerlei vooroordelen, net als de geschiedenis van de sociale en biologische wetenschappen algemeen. Alleen de inbreng van vrouwelijke onderzoekers (en van mensen met een verschillende etnische, sociale en seksuele achtergrond) kan een zo waardevrij mogelijk onderzoek naar de menselijke natuur garanderen.

Het feminisme mist echter een unificerend denkkader. Wat we nu hebben, zijn diverse en vaak onverenigbare visies op de menselijke natuur, evenals eindeloze discussies over 'essentialisme' en over gelijkheid 'versus' verschil, kwesties die pseudo-problemen blijken als we ze benaderen vanuit een biologisch geïnformeerd perspectief. Zoals de feministische filosofe Elizabeth Grosz uiteenzet in haar exploratie van een mogelijk bondgenootschap tussen darwinisme en feminisme, geeft Darwins werk "een subtiele en complexe kritiek op zowel essentialisme als teleologie. Het biedt een dynamisch en open begrip van de wisselwerking tussen geschiedenis en biologie (...) en een complexe beschrijving van de ontwikkeling naar verschil, vertakking en wording die alle levensvormen kenmerkt" (1999: 33-34). Ook Elizabeth Wilson (1999, 2002) behoort tot de kleine groep feministen die pleiten voor een evolutionair geïnspireerd feminisme. Ze voert aan dat de biologische wetenschappen feministische claims wel degelijk kunnen ondersteunen en hoopt dat feministen de ruimdenkendheid aan de dag zullen leggen om te *leren* van die bevindingen in plaats van alleen bronnen van vooringenomenheid te willen blootleggen.

De intellectuele geloofwaardigheid van het feminisme wordt inderdaad bedreigd door de logische tegenstrijdigheden en het gebrek aan kennis van en openheid voor andere dan sociaal-constructivistische verklaringen die veel feministische theorieën karakteriseren. Als feministen de groeiende hoeveelheid bewijsmateriaal uit de biologische wetenschappen (zoals (gedrags-)genetica, neurofysiologie, endocrinologie, evolutiebiologie) en de sociale wetenschappen (zoals cognitieve psychologie, neurolinguïstiek, artificiële intelligentie) met betrekking tot de biologische onderbouwing van menselijk gedrag blijven verwerpen, plaatsen ze zichzelf in een pijnlijk ongeïnformeerde hoek. Om inzicht te verwerven in de menselijke natuur en menselijk gedrag moeten we rekening houden met *alle* mogelijke informatiebronnen, niet alleen met degene die ons ideologisch aanspreken.

"De geschiedenis is niet mals geweest voor ideologieën die uitgaan van flagrant onjuiste veronderstellingen over de menselijke natuur", schrijft wetenschapsjournalist Robert Wright (1994a: 34). Hij verwijst naar het communisme en het Lysenkoïsme, maar ook naar de notie van gender als louter sociale constructie. De toon van zijn artikel is vrij berispend, maar bij zorgvuldige lectuur wordt duidelijk dat Wright niet antifeministisch is. Hij gaat zelfs op zoek naar beweegredenen voor positieve discriminatie op basis van onze groeiende kennis over geëvolueerde sekseverschillen. Hij pleit bijvoorbeeld voor het instellen van quota voor vrouwen, omdat zij, in tegenstelling tot mannen, minder geneigd zijn het welzijn van een organisatie op te offeren voor persoonlijk gewin. We weten ook dat de politieke prioriteiten van vrouwen verschillen van die van mannen: vrouwen zijn pacifistischer en meer bekommerd om het afbouwen van sociale ongelijkheid (Fisher 1999). Dergelijke afwegingen kunnen dienen als drijfveer voor positieve actie in de politiek. Er zijn veel haalbare en potentieel vrouwvriendelijke toepassingen van evolutionaire inzichten, en ze liggen open voor onderzoek. Neem het betoog van Alexander Sanger (2004), kleinzoon van Margaret Sanger, sociaal hervormer en grondlegster van de Amerikaanse beweging voor geboortebeperking. Sanger ontvouwt een evolutionaire verdediging van het recht op vrijheid van voortplanting door aan te tonen dat het gebruik van methodes om bevruchting en geboorte te voorkomen geen moderne aberratie is, maar eigen aan de mens. Vrouwen hebben altijd gedaan wat nodig was om hun kinderen te laten overleven en een van de middelen daartoe was de timing en spreiding van geboortes. Een evolutionair perspectief ondersteunt volgens Sanger zowel reproductieve vrijheid als respect voor menselijk leven. Vrouwen en mannen houden hun voortplanting al lange tijd onder controle, met succes. Zich verzetten tegen de legalisering van anticonceptie en abortus komt volgens Sanger gewoon neer op "een grove onwetendheid over de biologie en de menselijke natuur" (2004: 138). Het is echter niet helemaal duidelijk of Sanger zich hiermee niet bezondigt aan de naturalistische drogredenering.

Niemand beweert dat vrouwen heiligen zijn. Ze scoren alleen typisch hoger dan mannen op kwaliteiten als zorgzaamheid en sociaalvoelendheid, terwijl mannen vrouwen typisch overtreffen op vlak van daadkracht en systematisering. Het is weinig waarschijnlijk dat die verschillen enkel aan cultuur en socialisatie te wijten zijn. Waarom zouden we ze dan willen ontkennen of tenietdoen, in plaats van het verschil te erkennen en er het beste uit te halen? We leven niet meer in een predarwinistische wereld met essentialistische veronderstellingen over een 'natuurlijke orde' van de geslachten, vastgelegd in starre structuren als de zogenaamde 'Grote Ketting van het Bestaan'. De wetenschap heeft aangetoond dat vrouwen en mannen meer op elkaar lijken dan ze van elkaar verschillen, wat veel oude vooroordelen over 'de sekse', zoals vrouwen in de negentiende eeuw genoemd werden, ontkracht heeft. Dat mag ons er echter niet toe brengen de bestaande verschillen te negeren. Alle mensen hebben meer gemeenschappelijk dan ze verschillen, maar toch staat niemand op de barricaden om te eisen dat we iedereen als identiek zouden beschouwen.

Wright slaat de nagel op de kop met de opmerking dat als feministen – terecht – wetten willen die vrouwen beschermen tegen seksueel geweld, ze ook moeten toegeven dat vrouwen op een bijzondere manier kwetsbaar zijn. Mannen voelen zich niet zo snel en zo diep gepijnigd door ongewenste seksuele toenaderingen van het andere geslacht, en dit om goede evolutionaire redenen. Als je vrouwen meer bescherming wil bieden dan mannen, zul je de specificiteit van de vrouwelijke geest moeten erkennen (Wright 1994a). *Dat* is nu een waarlijk feministische gedachte, zou ik zeggen: ter verdediging van vrouwen op het terrein waar de 'strijd der seksen' het hevigst uitgevochten wordt: seks.

Het feit dat iemand een sociaal-constructivistische verklaring van genderverschillen verwerpt, impliceert inderdaad niet dat hij of zij niet sympathiseert met de feministische zaak. In tegendeel, juist als feminist(e) zou je het meest verontrust moeten zijn over de antiwetenschappelijke tendensen en de biofobie binnen het feminisme. Veel waardevolle energie die zou kunnen dienen om de echte problemen van vrouwen te bestrijden, gaat nu verloren aan ingewikkelde, vergezochte en soms onbegrijpelijke uiteenzettingen over de 'sociale constructie' van wetenschappelijke kennis en van genderidentiteit.

Het is een feit dat evolutionaire inzichten vatbaar zijn voor misbruik door politiek conservatieven. Dat maakt het des te belangrijker voor feministen om het publiek in te lichten over de misvattingen die de darwinistische theorievorming gemakkelijk met zich meebrengt, zoals de naturalistische drogredenering. De karikaturen van evolutiepsychologie in veel feministische uiteenzettingen dragen echter alleen maar bij tot die misvattingen, waardoor hun potentiële aantrekkingskracht voor politiek rechts paradoxaal genoeg nog groter wordt. Het verzet tegen biologisch geïnformeerde inzichten in de menselijke geest en menselijk gedrag draagt inderdaad impliciet de boodschap uit dat discriminatie van vrouwen (of homoseksuelen, of...) moreel aanvaardbaar zou zijn als de gecontesteerde theorieën zouden kloppen. Dat is natuurlijk absurd. Op zich dicteren biologische feiten onze waarden niet.

Ik meen dat de tijd gekomen is voor feministen om zich te bevrijden van hun onredelijke angst voor een darwinistisch denkkader. We leven niet langer in de negentiende eeuw, toen mannelijke wetenschappers nog ongefundeerde theorieën over de vrouwelijke natuur konden ontwikkelen zonder zelfs maar te luisteren naar de ervaringen van vrouwen. We mogen ons niet laten gijzelen door het verleden. Wetenschap is volwassener geworden. Tegelijk blijft ze een menselijke en dus feilbare onderneming. Het zal altijd noodzakelijk zijn om mogelijke gendervooringenomenheid in evolutionaire theorieën in de gaten te houden, net zoals oplettendheid voor andere mogelijke bronnen van vooringenomenheid altijd nodig zal zijn. Dat mag ons er niet van weerhouden te erkennen dat het paradigma van de evolutiepsychologie in essentie deugdelijk is, al vertoont ze – zoals elke jonge discipline – nog wat groeipijnen. We zullen rekening moeten houden met haar bevindingen en die van andere wetenschappelijke disciplines als we willen dat onze genderpolitiek afgestemd is op wat vrouwen en mannen belangrijk vinden in hun relaties en in hun leven.

Ik zou het niet passender kunnen uitdrukken dan Anne Campbell:

> Als we aanvaarden dat mannen en vrouwen verschillend zijn, kunnen we nadenken over een samenleving die de grenzen tussen kinderen en carrière doorbreekt, die vrouwen toestaat waarde te hechten aan zowel samenwerking als competitie en die vrouwen de kans geeft hun taalvaardige voorsprong uit te buiten. Als de evolutietheorie het juist heeft, kunnen we de eenentwintigste-eeuwse vrouw niet vanuit het niets ontwerpen. Ideologie, sociaal beleid, wetgeving en media op zich kunnen vrouwen niet tot iets maken wat ze niet zijn. Wat we kunnen en

> moeten doen, is mensen keuzes bieden die hun de maximale vrijheid laten om te worden wat ze willen zijn. Met die vrijheid kan de vrouwelijke natuur haar eigen loop nemen. (Campbell 2002: 32-33)

Hoe we dat zullen doen, moeten we nog in detail uitstippelen. Er wacht het feminisme een grootse taak.

Noten

1. Zoals geciteerd in Segal 1999: 200.
2. Voor een uitstekende inleiding in de verschillende feminismen, zie *Feminist Debates* (Valerie Bryson, 1999) of *Feminist Theory* (Josephine Donovan, 2000).
3. Bijv. de Beauvoir 1949; Friedan 1963; Stanton, Anthony & Cage 1881/1882; Wollstonecraft 1792; Young 1999.
4. Bijv. Blackwell 1875; Fuller 1845; Gamble 1894; Gilligan 1982.
5. Bijv. Brownmiller 1975, 1984; Dworkin 1997; French 1992; Millett 1970.
6. Bijv. Bleier 1985; Butler 2000; Connell 1995; Fausto-Sterling 1992; Harding 1986; Hubbard 1988, 1990; Tang-Martinez 1997; Ten Dam & Volman 1995.
7. Bijv. Hartmann 1979.
8. Voor een gedetailleerde weerlegging van de psychoanalytische theorievorming, zie Crews 1996, 1998; Grünbaum 2002; Israëls 1999; Torrey 1992 en zelfs een toegewijd Jungiaan als Storr 1989. Neurobioloog Eric Kandel (1999), vast overtuigd van de kracht van psychoanalyse, bepleit een integratie van neurobiologie en psychoanalyse om die laatste van een wetenschappelijke fundering te voorzien. Ironisch genoeg zijn alle neurobiologische studies waarnaar hij verwijst in strijd met centrale psychoanalytische veronderstellingen – aangaande het verdringen van herinneringen, genderidentiteit en seksuele oriëntatie – ofwel stemmen ze volledig overeen met inzichten uit de klassieke psychologische wetenschappen. Nergens slaagt Kandel erin de bruikbaarheid van het psychoanalytische paradigma aan te tonen.
9. Slijm, bloed, gele gal en zwarte gal. Volgens Galenus moeten die vier vochten of humeuren in gelijkaardige hoeveelheden aanwezig zijn, zoniet wordt men ziek.
10. Bijv. hooks 1981.
11. Bijv. Brouns, Verloo & Grünell 1995; Butler 2000; Connell 1995; Dines, Jensen & Russo 1998; Nicholson 1994.
12. *Mind* in het Engels, een moeilijk vertaalbare term.
13. Uit Brouns 1995c blijkt dat structuralistische psychoanalytici het als een mysterie beschouwen dat er twee seksen zijn, niet meer of minder. Het is veeleer amusant dat het blijkbaar niet bij hen opkomt dat de biologie tot de oplossing van dit mysterie kan bijdragen – al dient hieraan toegevoegd dat er meerdere biologische theorieën over de evolutie van seks bestaan.

Een ander grappig voorbeeld van de absurde uitspraken waartoe een niet-biologisch geïnformeerd perspectief kan leiden, vinden we bij filosoof Guy Quintelier: "In de liefde speelt het verlangen naar geborgenheid, warmte, bescherming, verzorging een noodzakelijke rol. Dit is het terugverlangen naar de moederschoot, het 'baarmoederverlangen'. Dit 'baarmoederverlangen' is noodzakelijk voor liefdesverhoudingen: ik zie niet in hoe men anders de aantrekkingskracht tussen de geslachten zou kunnen verklaren." (1999: 37)

14. Term geïntroduceerd door evolutiepsychologen Martin Daly en Margo Wilson (1988).
15. Bijv. Angier 1999; Birke 1999; Bleier 1985; Brouns 1995a; Blackwell 1875; Cronin 1991; Fausto-Sterling 1992; Fedigan 1997; Fox Keller 1982; French 1992; Haraway 1991; Hrdy 1997, 1999a, 1999b; Hubbard 1990; Hyde 1996; Rosser 1992; Schiebinger 1999; Van Muijlwijk 1998; Zihlman 1997; Zuk 1997, 2002.
16. Bijv. Bleier 1985; Bordo 1986; Fox Keller 1982; French 1992; Haraway 1991; Harding 1986; Hubbard 2000; Rosser 1992; Van Muijlwijk 1998.
17. Bordo 1986; Donovan 2000; Fox Keller 1982; French 1992.
18. Fisher 1999; French 1992; Hrdy 1999a, 1999b; Low 2000; Van Muijlwijk 1998.
19. Diamond 1999; Low 2000; Pinker 1997; Van der Dennen 2002.
20. Geciteerd naar Koertge 1996a: 271.
21. Niet iedereen beschouwt interne contradicties als een gebrek. In hun verdediging van standpunttheorie noemen Sarah Bracke en María Puig de la Bellacasa het vasthouden aan 'niet-contradictie'-beginselen een uiting van "scholastische zuurheid" (2002: 25).
22. Bijv. Beldecos et al. 1989; Bracke & Puig de la Bellacasa 2002; Bleier 1985; Dines, Jensen & Russo 1998; Fausto-Sterling 1992, 1997, 2000a; Fox Keller 1982; Harding 1986; Hubbard 1990; Rose 1983; Rosser 1992.
23. K.P. Russel (1977), *Eastman's Expectant Motherhood*.
24. Blackman 1985; Fausto-Sterling 1992; French 1992; Harding 1985; Tobach & Sunday 1985.
25. Campbell 2002; Hoff Sommers 1994, 2000; Koertge 1996a, 1996b; Nanda 1996; Patai 1998; Radcliffe Richards 1995; Roiphe 1993.
26. Donovan 2000; Fox Keller 1982; Rosser 1992.
27. Jane Goodall had geen wetenschappelijke achtergrond toen ze naar Tanzania trok om chimpansees in het wild te gaan bestuderen (Goodall 1999). Haar werk wordt nu echter algemeen erkend als van vooraanstaand wetenschappelijk belang.
28. De 'Lysenko-affaire' verwijst naar de periode van ongeveer 1935 tot 1965 waarin de ontwikkeling van genetica in de Sovjetunie om ideologische redenen een halt werd toegeroepen. Mendeliaanse genetica werd vervangen door een doctrine over de overerving van verworven eigenschappen, voorgestaan door Trofim Lysenko, een politiek figuur die bevoegdheid kreeg over pogingen om de landbouw te verbeteren – met catastrofale gevolgen (Segerstråle 2000).
29. Met 'feministisch' bedoel ik 'niet-darwinistisch feministisch'; bij verwijzingen naar darwinistische feministen zal ik dat expliciet vermelden.
30. Angier 1999; Bleier 1985; Fausto-Sterling 1992, 1995, 1997, 2000a; French

1992; Gray 1997; Haraway 1991; Hubbard 1990; Noske 1989; Sapiro 1985; Rose 1983, 1997; Rosser 1992; Segal 1999; Sork 1997; Sunday & Tobach 1985; Tang-Martinez 1997.

31. Bleier 1985; Haraway 1991; Hubbard 1990; Rose 2000; Rosser 1992, 2003.

32. Bijv. Dennett 1995; Gould 1997; Gould & Pinker 1997; Wright 1990, 2000.

33. Birkhead 2000; Buss 1992, 1994, 2000; Cronin 1991; Ellis 1992; Gowaty 1992, 1997b; Hrdy 1997, 1999a, 1999b; Mesnick 1997; Miller 2000b; Shields & Shields 1983; Smuts 1995, 1996; Thornhill & Palmer 2000; Thornhill & Thornhill 1983.

34. Alfred Russel Wallace (1823-1913) ontdekte het principe van natuurlijke selectie onafhankelijk van Darwin. Op dat moment was Darwins theorievorming al veel verder gevorderd dan die van Wallace. Beiden presenteerden de theorie gezamenlijk op een bijeenkomst van de Linnean Society in 1858.

35. Voor meer informatie over de ontvangst van Darwins werk door Victoriaanse feministen, zie Vandermassen, Demoor & Braeckman 2005.

36. Bijv. Fox Keller 1982; Rosser 1992; Segal 1999.

37. Liesen 1995a.

38. Allen 1997; Bleier 1985; Donovan 2000; Dusek 1998; Fausto-Sterling 1985, 1995, 1997, 2000a, 2000b; French 1992; Gray 1997; Haraway 1991; Hubbard 1990; Hyde 1996; Nicholson 1994; Rose 1983, 1997, 2000; Rosser 1992; Sapiro 1985; Sunday & Tobach 1985; Talarico 1985; Tang-Martinez 1997.

39. Fausto-Sterling 1992, 1997; Hubbard 1988, 1990; Nicholson 1994; Rosser 1992.

40. Zie ook Braidotti 1994; Brouns, Verloo & Grünell 1995; De Castro 1994; Hermsen 1997; M'charek 2002; Meijer 1994; Michielsens 1999; Michielsens et al. 1999; Oldenziel 1994; Prins 1994; Provost 1999; Van Muijlwijk 1998; Van Wingerden 1994.

41. Brown 1991; Buss 1999; Evans 2001; Roele 2000; Torrey 1992.

42. Rose 1983; Rosser 1992; Segal 1999.

43. Toch liggen de moordstatistieken bij tribale gemeenschappen veel hoger dan in geïndustrialiseerde landen. In sommige Europese landen daalde het moordcijfer sinds de Middeleeuwen zelfs spectaculair: de kans voor een Engelsman om vermoord te worden, bedraagt vandaag minder dan vijf procent van de kans die hij in de dertiende eeuw liep (Daly & Wilson 1988).

44. Bijv. Braeckman, Speelman & Vandermassen 2001; Browne 1991; Buss 1999; Daly & Wilson 1988; Gowaty 1995; Kimura 1999; Liesen 1995b; Lopreato & Crippen 1999; Low 2000; Nelissen 2000: Pinker 1997, 2002; Plotkin 1997; Pratto 1996; Ridley 1999, 2003; Roele 2000; Shermer 2001; Speelman, Braeckman & Vandermassen 2001; Thornhill & Palmer 2000; Tooby & Cosmides 1992; Vandermassen 2003, 2004.

45. Birke 1999; Butler 2000; Nicholson 1994.

46. Ik besef dat ook ik het woord 'biologisch' soms in de meer populaire, dualistische betekenis gebruik; het leek me gewoon de minst omslachtige aanpak.

47. Bijv. Kimmel 2003, Shields & Steinke 2003; Rosser 2003; Schutte 2000; Wertheim 2000.

48. In *Sociobiology: The Whispering Within*, 1979:55.
49. Abbey et al. 1996; Brouns 1995a; Brownmiller 1975; Bryson 1999; Butler 2000; Callen 1998; Connell 1995; French 1992; Hyde 1996; Nicholson 1994; Rose 1983; Rosser 1992; Segal 1999; Ten Dam & Volman 1995.
50. Brownmiller 1975; Denmark & Friedman 1985; Dworkin 1997; French 1992; Michielsens et al. 1999; Schwendiger & Schwendiger 1985.
51. Sheila Jeffreys (1990). *Anticlimax: A Feminist Perspective on the Sexual Revolution*. Berkeley: University of California Press.
52. Chodorow 1978; De Beauvoir 1949; Gilligan 1982; Provost 1999; Segal 1999; Ten Dam & Volman 1995.
53. Crews 1996, 1998; Grünbaum 2002; Israëls 1999; Torrey 1992.
54. Bijv. Brown 1991; Buss 1989; Schmitt et al. 2003a, 2003b, 2004.
55. David Reimer bracht zich in mei 2004 om het leven.
56. Bijv. Birkhead 2000; Ellis 1992; Gowaty 1992, 1997b, 1997c; Hrdy 1997, 1999a, 1999b; Low 2000; Malamuth 1996; Mealey 2000; Mesnick 1997; Miller 2000b; Schields & Schields 1983; Smuts 1995, 1996; Thornhill & Palmer 2000; Thornhill & Thornhill 1983; Waage 1997; Wilson & Mesnick 1997.
57. Dupré 2001; Hyde 1996; H. Rose 2000; S. Rose 2000.
58. Mary Beth Oliver & Janet Hyde (1993). Gender Differences in Sexuality: A Meta-Analysis. *Psychological Bulletin* 114: 29-51.
59. Bleier 1985; Blackman 1985; Fausto-Sterling 1992; French 1992; Haraway 1991; Harding 1985; Hubbard 1990; Lenington 1985; Noske 1989; Rose 1983; Rosser 1992; Sapiro 1985; Segal 1999; Sunday 1985; Tobach & Sunday 1985.
60. Blackman 1985; Bleier 1985; Fausto-Sterling 1992; French 1992; Hubbard 1988, 1990; Segal 1999.
61. Brown 1991; Buss 1999; Geary 1998; Low 2000; Pinker 1997, 2002; Tooby & Cosmides 1992.
62. Bijv. Dupré 2001; Fausto-Sterling 1992; S. Rose 2000; Segal 1999; Tang-Martinez 1997.
63. Benton 2000; Kimmel 2003; Rose & Rose 2000b; Segal 1999.
64. De praktijk waarbij vrouwen door gordijnen in huis of door sluiers daarbuiten aan het zicht van mannen worden onttrokken.
65. Abbey et al. 1996; Blackman 1985; Denmark & Friedman 1985; Dworkin 1997; French 1992; Hall 2000; Rich 2000; Sanday 1986, 2003; Schwendinger & Schwendinger 1985; Travis 2003c; Watson-Brown 2000. Madeline Rich (2000) schreef bijvoorbeeld: "[v]erkrachting gaat niet méér over seks dan iemand op het hoofd slaan met een braadpan over koken gaat". Voor feministische kritieken hierop, zie Hoff Sommers 1994; Roiphe 1993; Young 1999.
66. Dines, Jensen & Russo 1998; Dworkin 1997; French 1992.
67. Baron-Cohen 2003; Campbell 2002; Geary 1998.
68. Baron-Cohen 2003; Campbell 2002; Geary 1998.
69. Zie bijv. Peplau 2003; Peplau & Garnets 2000; Schmitt et al. 2003a, 2003b.
70. Mensen die zich willen verdiepen in de geëvolueerde verschillen tussen de seksen raad ik een van deze inspirerende boeken aan: *The Evolution of Desire* (David Buss, 1994), *The Science of Romance* (Nigel Barber, 2002), *The Essential*

Difference (Simon Baron-Cohen, 2003) of, van meer academische strekking, *Male, Female* (David Geary, 1998) en *Sex Differences* (Linda Mealey, 2000). In het Nederlands verscheen *De schoonheid van het verschil. Waarom mannen en vrouwen verschillend én hetzelfde zijn* (Martine Delfos, 2004).

71. Hrdy (1999b) werpt tegen dat andere primaten die voorkeur voor jeugdige kenmerken bij vrouwtjes niet vertonen. Primatenmannetjes verkiezen over het algemeen oudere vrouwtjes, omdat die meer ervaring hebben als moeder en dus meer overlevende nakomelingen. Primatenvrouwtjes hebben echter geen menopauze. Vandaar kunnen we verwachten dat mannen veel gevoeliger zijn voor leeftijd in een partner dan andere mannelijke primaten. Bovendien is de mens een soort die langdurige romantische relaties aangaat, wat voorspelt dat mannen een voorkeur zullen ontwikkelen voor partners met een zo hoog mogelijk reproductief potentieel, gematigd door een verlangen naar compatibiliteit (Geary 1998).
72. Buss 1992; Cunningham et al. 1995; Etcoff 1999; Symons 1995.
73. Jeugd en schoonheid staan ook centraal in de partnervoorkeuren van homoseksuele mannen. Dit suggereert dat zelfs variaties in seksuele geaardheid geen invloed hebben op deze diepgewortelde psychologische mechanismen (Buss 1994).
74. Archer 1996; Buss 1999; Daly & Wilson 1988.
75. Homoseksuele mannen vertonen meestal een hogere promiscuïteit dan heteroseksuele mannen, waarschijnlijk omdat ze niet belemmerd worden in hun seksuele verlangens door de gedifferentieerde seksuele psychologie van de andere sekse (Bailey 2003)
76. Buss 1989, 1994; Ellis 1992; Low 2000; Mealey 2000.
77. Buss 1989, 1994; Buss & Schmitt 1993; Ellis 1992.
78. Smuts 1995, 1996; Mesnick 1997; Wilson & Mesnick 1997.
79. Synopsis op de achterflap van *Seduction* door Jayne Ann Krentz.
80. Als er meer seksueel actieve vrouwen zijn dan mannen, steken over het algemeen meer liberale seksattitudes de kop op. Mannen zijn dan immers schaars en dus in een betere positie om hun eigen wensen aan vrouwen op te dringen (Schmitt et al. 2003a).
81. Buss 2000; Smuts 1995, 1996; Wilson & Daly 1992.
82. Gottschall & Gottschall 2003; Malamuth 1996; Mesnick 1997; Schields & Schields 1983; Thornhill & Palmer 2000; Thornhill & Thornhill 1983, 1990; Thornhill, Thornhill & Dizinno 1986.
83. Buss 1994, 1996, 1999; Buss & Duntley 1999; Fisher 1999; Gowaty 1992; Hrdy 1997, 1999a, 1999b; Pratto 1996; Smuts 1995; Wilson 1978.
84. Hetzelfde geldt voor mantelbavianen, die zeer kwetsbaar zijn voor infanticide door mannetjes (Smuts 1995; Hrdy 1999a).
85. Matrilokale en matrilineaire samenlevingen, waarin vrouwen veel meer vrijheid hebben, zijn meestal jager-verzamelaars of gemeenschappen die aan tuinbouw doen, zelden gemeenschappen die veeteelt kennen of vertrouwd zijn met de ploeg (Hrdy 1999b).

Bibliografie

Abbey, Antonia, Lisa Thompson Ross, Donna McDuffie & Pam McAuslan (1996). Alcohol, Misperception, and Sexual Assault: How and Why Are They Linked? In: *Sex, Power, Conflict: Evolutionary and Feminist* Perspectives, eds. David Buss & Neil Malamuth. New York & Oxford: Oxford University Press.

Alexander, Michele & Terri Fisher (2003). Truth and Consequences: Using the Bogus Pipeline to Examine Sex Differences in Self-Reported Sexuality. *The Journal of Sex Research* 40 (1): 27-35.

Angier, Natalie (1999). *Woman: An Intimate Geography*. London: Virago. Nederlandse vertaling: *De Vrouw. De waarheid over het vrouwelijk lichaam* (Prometheus, Amsterdam, 1999).

Archer, John (1996). Sex Differences in Social Behavior: Are the Social Role and Evolutionary Explanations Compatible? *American Psychologist* 51 (9): 909-917.

Badinter, Elisabeth (1980). *L'amour en plus*. Parijs: Flammarion. Nederlandse vertaling: *De mythe van de moederliefde* (Amsterdam, Rainbow pocketboeken, 1989).

Bailey, Michael (2003). *The Man Who Would Be Queen: The Science of Gender-Bending and Transsexualism*. Washington: Joseph Henry Press.

Barash, David (1979). *The Whisperings Within: Evolution and the Origin of Human Nature*. Middlesex & New York: Penguin Books, 1981.

Barber, Nigel (2002). *The Science of Romance: Secrets of the Sexual Brain*. New York: Prometheus Books.

Barkow, Jerome, Leda Cosmides & John Tooby, eds. (1992). *The Adapted Mind: Evolutionary Psychology and the Generation of Culture*. New York & Oxford: Oxford University Press.

Baron-Cohen, Simon (1995). *Mindblindness: An Essay on Autism and Theory of Mind*. Cambridge: MIT Press, 1997.

Baron-Cohen, Simon (2003). *The Essential Difference: Men, Women, and the Extreme Male Brain*. London: Allen Lane.

Beldecos, Athena, Sarah Bailey, Scott Gilbert, Karen Hicks, Lori Kenschaft, Nancy Niemczyk, Rebecca Rosenberg, Stephanie Schaertel & Andrew Wedel (aka The Biology and Gender Study Group) (1989). The Importance of Feminist Critique for Contemporary Cell Biology. In: *Feminism and Science*, ed. Nancy Tuana. Bloomington & Indianapolis: Indiana University Press.

Benton, Ted (2000). Social Causes and Natural Relations. In: *Alas, Poor Darwin: Arguments against Evolutionary Psychology.* London: Jonathan Cape.
Birke, Lynda (1999). *Feminism and the Biological Body*. New Brunswick: Rutgers University Press, 2000.
Birkhead, Tim (2000). *Promiscuity: An Evolutionary History of Sperm Competition and Sexual Conflict*. London: Faber & Faber.
Blackman, Julie (1985). The Language of Sexual Violence: More Than a Matter of Semantics. In: *Violence Against Women: A Critique of the Sociobiology of Rape*, eds. Suzanne Sunday & Ethel Tobach. New York: Gordian Press.
Blackwell, Antoinette (1875). *The Sexes Throughout Nature*. Westport: Hyperion Press, 1976.
Bleier, Ruth (1985). Biology and Women's Policy: A View from the Biological Sciences. In: *Women, Biology and Public Policy*, ed. Virginia Sapiro. Beverly Hills & London: Sage Publications.
Bordo, Susan (1986). The Cartesian Masculinization of Thought. In: *Sex and Scientific Inquiry*, eds. Sandra Harding & Jean O'Barr. Chicago & London: The University of Chicago Press, 1987.
Bracke, Sarah & María Puig de la Bellacasa (2002). Who's Afraid of Standpoint Feminism? *Tijdschrift voor Genderstudies* 2: 18-29.
Bradley, Susan, Gillian Oliver, Avinoam Chernick & Kenneth Zucker (1998). Experiment of Nurture: Ablatio Penis at 2 Months, Sex Reassignment at 7 Months, and a Psychosexual Follow-up in Young Adulthood. *Pedriatrics* 102 (1): e9.
Braeckman, Johan (2001). *Darwins moordbekentenis.* Amsterdam: Nieuwezijds.
Braeckman, Johan, Tom Speelman & Griet Vandermassen (2001). Evolutiepsychologie: basisprincipes en misverstanden. *Mores* 46 (4): 311-320.
Braidotti, Rosi (1994). Seksueel verschil als nomadisch politiek project. In: *Ik denk, dus zij is*, eds. Rosi Braidotti & Suzette Haakma. Kampen: Kok Agora.
Brouns, Margo (1995a). Feminisme en wetenschap. In: *Vrouwenstudies in de jaren negentig. Een kennismaking vanuit verschillende disciplines*, eds. Margo Brouns et al. Bussum: Coutinho.
Brouns, Margo (1995b). Kernconcepten en debatten. In: *Vrouwenstudies in de jaren negentig. Een kennismaking vanuit verschillende disciplines*, eds. Margo Brouns et al. Bussum: Coutinho.
Brouns, Margo (1995c). Theoretische kaders. In: *Vrouwenstudies in de jaren negentig. Een kennismaking vanuit verschillende disciplines*, eds. Margo Brouns et al. Bussum: Coutinho.
Brouns, Margo, Mieke Verloo & Marianne Grünell, eds. (1995). *Vrouwenstudies in de jaren negentig. Een kennismaking vanuit verschillende disciplines*. Bussum: Coutinho.
Brown, Donald (1991). *Human Universals*. New York: McGraw-Hill.
Browne, Janet (2002). *Charles Darwin: The Power of Place.* Princeton & Oxford: Princeton University Press.
Browne, Kingsley (1998). *Divided Labour: An Evolutionary View of Women at Work.* London: Weidenfeld & Nicolson.

Brownmiller, Susan (1975). *Against our Will: Men, Women and Rape*. New York: Ballantine Books, 1993.
Brownmiller, Susan (1984). *Femininity*. New York: Linden Press/Simon & Schuster.
Bryson, Valerie (1999). *Feminist Debates: Issues of Theory and Political Practice*. London: Macmillan.
Bunge, Mario (1996). In Praise of Intolerance to Charlatanism in Academia. In: *The Flight from Science and Reason*, eds. Paul Gross, Norman Levitt & Martin Lewis. New York: The New York Academy of Sciences.
Buss, David & David Schmitt (1993). Sexual Strategies Theory: An Evolutionary Perspective on Human Mating. *Psychological Review* 100 (2): 204-232.
Buss, David & Joshua Duntley (1999). The Evolutionary Psychology of Patriarchy: Women Are Not Passive Pawns in Men's Game. *Behavioural and Brain Sciences* 22 (2): 219-220.
Buss, David & Neil Malamuth, eds. (1996). *Sex, Power, Conflict: Evolutionary and Feminist Perspectives.* New York & Oxford: Oxford University Press.
Buss, David (1989). Sex Differences in Human Mate Preferences: Evolutionary Hypotheses Tested in 37 Cultures. In: *Human Nature: A Critical Reader*, ed. Laura Betzig. New York & Oxford: Oxford University Press, 1997.
Buss, David (1992). Mate Preference Mechanisms: Consequences for Partner Choice and Intrasexual Competition. In: *The Adapted Mind: Evolutionary Psychology and the Generation of Culture*, eds. Jerome Barkow, Leda Cosmides, & John Tooby. New York & Oxford: Oxford University Press.
Buss, David (1994). *The Evolution of Desire: Strategies of Human Mating.* New York: BasicBooks.
Buss, David (1996). Sexual Conflict: Evolutionary Insights into Feminism and the 'Battle of the Sexes'. In: *Sex, Power, Conflict: Evolutionary and Feminist Perspectives*, eds. David Buss & Neil Malamuth. New York & Oxford: Oxford University Press.
Buss, David (1999). *Evolutionary Psychology: The New Science of the Mind*. Needham Heights: Allyn & Bacon.
Buss, David (2000). *The Dangerous Passion: Why Jealousy Is as Necessary as Love and Sex*. London: Bloomsbury Publishing Plc. Nederlandse vertaling: *Jaloezie, de gevaarlijke passie. Waarom jalozie net zo noodzakelijk is als liefde en seks* (Het Spectrum, Utercht, 2000).
Butler, Judith (2000). *Genderturbulentie*. Vert. Ineke van der Burg & Niels Helsloot. Amsterdam: Boom/Parrèsia.
Callen, Anthea (1998). Ideal Masculinities: An Anatomy of Power. In: *Visual Culture Reader*, ed. Nicholas Mirzoeff. London & New York: Routledge.
Campbell, Anne (2002). *A Mind of her Own: The Evolutionary Psychology of Women*. New York & Oxford: Oxford University Press.
Chodorow, Nancy (1978). *The Reproduction of Mothering: Psychoanalysis and the Sociology of Gender*. Berkeley & Los Angeles: University of California Press, 1999 (2de ed.). Nederlandse vertaling: *Waarom vrouwen moederen. Psychoanalyse en de maatschappelijke verschillen tussen vrouwen en mannen* (Sara, Amsterdam, 1980).

Colapinto, John (2000). *As Nature Made Him: The Boy Who Was Raised as a Girl.* New York: HarperCollins Publishers.
Cole, Stephen (1996). Voodoo Sociology: Recent Developments in the Sociology of Science. In: *The Flight from Science and Reason*, eds. Paul Gross, Norman Levitt, & Martin Lewis. New York: The New York Academy of Sciences.
Connell, Bob (1995). Gender as a Structure of Social Practice. In: *Space, Gender, Knowledge: Feminist Readings*, eds. Linda McDowell & Joanne Sharp. London: Arnold, 1997.
Cosmides, Leda, John Tooby & Jerome Barkow (1992). Introduction: Evolutionary Psychology and Conceptual Integration. In: *The Adapted Mind: Evolutionary Psychology and the Generation of Culture*, eds. Jerome Barkow, Leda Cosmides, & John Tooby. New York & Oxford: Oxford University Press.
Crews, Frederick (1996). Freudian Suspicion versus Suspicion of Freud. In: *The Flight from Science and Reason*, eds. Paul Gross, Norman Levitt, & Martin Lewis. New York: The New York Academy of Sciences.
Crews, Frederick, ed. (1998). *Unauthorized Freud: Doubters Confront a Legend*. New York & London: Penguin Books.
Cronin, Helena (1991). *The Ant and the Peacock: Altruism and Sexual Selection from Darwin to Today.* New York: Cambridge University Press, 1994.
Cunningham, Michael, Alan Roberts, Anita Barbee, Perri Druen & Cheng-Huan Wu (1995). "Their Ideas of Beauty Are, on the Whole, the Same as Ours": Consistency and Variability in the Cross-Cultural Perception of Female Physical Attractiveness. *Journal of Personality and Social Psychology* 68 (2): 261-279.
Daly, Martin & Margo Wilson (1985). Child Abuse and Other Risks of Not Living with Both Parents. *Ethology and Sociobiology* 6: 197-210.
Daly, Martin & Margo Wilson (1988). *Homicide*. New York: Aldine de Gruyter.
Daly, Martin & Margo Wilson (1995). Discriminative Parental Solicitude and the Relevance of Evolutionary Models to the Analysis of Motivational Systems. In: *The Cognitive Sciences*, ed. Michael Gazzaniga. Cambridge: MIT Press.
Daly, Martin & Margo Wilson (1996). Evolutionary Psychology and Marital Conflict. In: *Sex, Power, Conflict: Evolutionary and Feminist Perspectives*, eds. David Buss & Neil Malamuth. New York & Oxford: Oxford University Press.
Darwin, Charles (1859). *On the Origin of Species*. Cambridge & London: Harvard University Press, 1964; *Over het ontstaan van soorten* (vertaald door Ludo Hellemans, Uitgeverij Nieuwezijds, Amsterdam, 2000)
Darwin, Charles (1871/1874). *The Descent of Man; and Selection in Relation to Sex.* 2de ed. New York: Prometheus Books, 1998; *De afstamming van de mens en selectie in relatie tot sekse* (vertaald door Ludo Hellemans, Uitgeverij Nieuwezijds, Amsterdam, 2002)
Dawkins, Richard (1976). *The Selfish Gene*. Oxford: Oxford University Press. Nederlandse vertaling: *Onze zelfzuchtige genen* (Contact, Amsterdam, 1995).
De Beauvoir, Simone (1949). *Le deuxième sexe*. Parijs: Gallimard. Nederlandse vertaling: *De tweede sekse*. (Bijleveld, Utrecht, 2000).
Delfos, Martine (2004). *De schoonheid van het verschil. Waarom mannen en vrouwen verschillend én hetzelfde zijn*. Lisse: Harcourt Book Publishers.

Denfeld, Rene (1996). Old Messages: Ecofeminism and the Alienation of Young People from Environmental Activism. In: *The Flight from Science and Reason*, eds. Paul Gross, Norman Levitt, & Martin Lewis. New York: The New York Academy of Sciences.

Denmark, Florence & Susan Friedman (1985). Social Psychological Aspects of Rape. In: *Violence Against Women: A Critique of the Sociobiology of Rape*, eds. Suzanne Sunday & Ethel Tobach. New York: Gordian Press.

Dennett, Daniel (1995). *Darwin's Dangerous Idea: Evolution and the Meanings of Life.* London: Allen Lane The Penguin Press. Nederlandse vertaling: *Darwins gevaarlijke idee* (Contact, Amsterdam, 1995).

Diamond, Jared (1997). *Guns, Germs, and Steel: The Fates of Human Societies.* New York & London: W. W. Norton & Company. Nederlandse vertaling: *Zwaarden, paarden en ziektekiemen. Waarom Europeanen en Aziaten de wereld domineren* (Het Spectrum, Utrecht, 2000).

Dines, Gail, Robert Jensen & Ann Russo (1998). *Pornography: The Production and Consumption of Inequality.* London & New York: Routledge.

Donovan, Josephine (2000). *Feminist Theory: The Intellectual Traditions*, 3rd ed. New York & London: Continuum.

Dupré, John (2001). Evolution and Gender. *Women: A Cultural Review* 12 (1): 9-18).

Dusek, Val (1998). Sociobiology Sanitized: The Evolutionary Psychology and Genic Selectionism Debates. *Science and Culture*, http: /www.shef.ac.uk/~psysc/rmy/dusek.html.

Dworkin, Andrea (1997). *Life and Death: Unapologetic Writings on the Continuing War against Women.* New York: The Free Press.

Eagly, Alice & Wendy Wood (1999). The Origins of Sex Differences in Human Behavior: Evolved Dispositions Versus Social Roles. *American Psychologist* 54 (6): 408-423.

Eagly, Alice (1995). The Science and Politics of Comparing Women and Men. *American Psychologist* 50 (3): 145-158.

Ehrenreich, Barbara & Janet McIntosh (1997). The New Creationism: Biology under Attack. *The Nation*, September 6.

Ellis, Bruce & Donald Symons (1990). Sex Differences in Sexual Fantasy: An Evolutionary Psychological Approach. In: *Human Nature: A Critical Reader*, ed. Laura Betzig. New York & Oxford: Oxford University Press, 1997.

Ellis, Bruce & Timothy Ketelaar (2000). On the Natural Selection of Alternative Models: Evaluation of Explanations in Evolutionary Psychology. *Psychological Inquiry* 11 (1): 56-68.

Ellis, Bruce (1992). The Evolution of Sexual Attraction: Evaluative Mechanisms in Women. In: *The Adapted Mind: Evolutionary Psychology and the Generation of Culture*, eds. Jerome Barkow, Leda Cosmides, & John Tooby. New York & Oxford: Oxford University Press.

Ellis, Lee (1989). *Theories of Rape: Inquiries into the Causes of Sexual Aggression.* New York & London: Hemisphere.

Etcoff, Nancy (1999). *Survival of the Prettiest: The Science of Beauty.* London: Little,

Brown & Company. Nederlandse vertaling: *Het recht van de mooiste. De wetenschap van mooi en lelijk* (Contact, Amsterdam, 1999).

Evans, Dylan (2001). *Emotion: The Science of Sentiment.* New York & Oxford: Oxford University Press.

Fausto-Sterling, Anne (1992). *Myths of Gender: Biological Theories about Women and Men.* 2nd ed. New York: BasicBooks.

Fausto-Sterling, Anne (1993). The Five Sexes: Why Male and Female Are Not Enough. *The Sciences* 33 (2): 20-24.

Fausto-Sterling, Anne (1995). Attacking Feminism Is No Substitute for Good Scholarship. *Politics and the Life Sciences* (14) 2: 171-174.

Fausto-Sterling, Anne (1997). Feminism and Behavioral Evolution: A Taxonomy. In: *Feminism and Evolutionary Biology: Boundaries, Intersections, and Frontiers*, ed. Patricia Gowaty. New York: Chapman & Hall.

Fausto-Sterling, Anne (2000a). Beyond Difference: Feminism and Evolutionary Biology. In: *Alas, Poor Darwin: Arguments against Evolutionary Psychology*, eds. Hilary Rose & Steven Rose. London: Jonathan Cape.

Fausto-Sterling, Anne (2000b). *Sexing the Body: Gender Politics and the Construction of Sexuality.* New York: Basic Books.

Fedigan, Linda (1997). Is Primatology a Feminist Science? In: *Women in Human Evolution*, ed. Lori Hager. London & New York: Routledge.

Fisher, Helen (1999). *The First Sex: The Natural Talents of Women and How They Will Change the World.* New York: Random House Trade. Nederlandse vertaling: *De eerste sekse. Over de eigenschappen van vrouwen* (Contact, Amsterdam, 2000)

Fishman, Loren (1996). Feelings and Beliefs. In: *The Flight from Science and Reason*, eds. Paul Gross, Norman Levitt, & Martin Lewis. New York: The New York Academy of Sciences.

Fletcher, Garth (2000). Evaluating Scientific Theories. *Psychological Inquiry* 11 (1): 29-31.

Fox Keller, Evelyn (1982). Feminism and Science. In: *Sex and Scientific Inquiry*, eds. Sandra Harding & Jean O'Barr. Chicago & London: The University of Chicago Press, 1987.

Fraser, Nancy & Linda Nicholson (1988). Social Criticism Without Philosophy: An Encounter between Feminism and Postmodernism. In: *Feminism/Postmodernism*, ed. Linda Nicholson. London & New York: Routledge, 1990.

French, Marilyn (1992). *The War Against Women.* London & New York: Penguin Books, 1993.

Friedan, Betty (1963). *The Feminine Mystique.* New York: Norton.

Fuller, Margaret (1845). *Woman in the Nineteenth Century.* New York & London: W. W. Norton & Company, 1971.

Gamble, Eliza Burt (1894). *The Evolution of Woman: An Inquiry into the Dogma of her Inferiority to Man.* New York & London: G. P. Putnam's Sons.

Geary, David (1998). *Male, Female: The Evolution of Human Sex Differences.* Washington: American Psychological Association, 1999.

Geary, David (2000). Evolution and Proximate Expression of Human Paternal Investment. *Psychological Bulletin* 126 (1): 55-77.

Gilligan, Carol (1982). *In a Different Voice: Psychological Theory and Women's Development*. Cambridge & London: Harvard University Press.

Goodall, Jane (1999). *Reason for Hope: A Spiritual Journey*. New York: Warner. Nederlandse vertaling: *Hoop voor de toekomst*. (Uitgeverij Elmar, Rijswijk, 1999).

Gottschall, Jonathan & Tiffany Gottschall (2003). Are Per-incident Rape-pregnancy Rates Higher than Pre-incident Consensual Pregnancy Rates? *Human Nature* 14 (1): 1-20.

Gould, Stephen J. & Steven Pinker (1997). Evolutionary Psychology: An Exchange. In: *New York Review of Books*, October 9.

Gould, Stephen J. (1997). Evolution: The Pleasures of Pluralism. In: *New York Review of Books*, June 26.

Gowaty, Patricia (1992). Evolutionary Biology and Feminism. *Human Nature* 3 (3): 217-249.

Gowaty, Patricia (1995). False Criticisms of Sociobiology and Behavioral Ecology: Genetic Determinism, Untestability, and Inappropriate Comparisons. *Politics and the Life Sciences* (14) 2: 174-180.

Gowaty, Patricia (1997b). Sexual Dialectics, Sexual Selection, and Variation in Reproductive Behavior. In: *Feminism and Evolutionary Biology: Boundaries, Intersections, and Frontiers*, ed. Patricia Gowaty. New York: Chapman & Hall.

Gowaty, Patricia (1997c). Introduction: Darwinian Feminists and Feminist Evolutionists. In: *Feminism and Evolutionary Biology: Boundaries, Intersections, and Frontiers*, ed. Patricia Gowaty. New York: Chapman & Hall.

Gowaty, Patricia (2003). Power Asymmetries between the Sexes, Mate Preferences, and Components of Fitness. In: *Evolution, Gender, and Rape*, ed. Cheryl Brown Travis. Cambridge & London: The MIT Press.

Gowaty, Patricia, ed. (1997a). *Feminism and Evolutionary Biology: Boundaries, Intersections, and Frontiers*. New York: Chapman & Hall.

Gray, Russell (1997). "In the Belly of the Monster": Feminism, Developmental Systems, and Evolutionary Explanations. In: *Feminism and Evolutionary Biology: Boundaries, Intersections, and Frontiers*, ed. Patricia Gowaty. New York: Chapman & Hall.

Gribbin, John & Michael White (1995). *Darwin: A Life in Science*. London: Simon & Schuster, 1997.

Gross, Barry (1996). Flights of Fancy: Science, Reason, and Common Sense. In: *The Flight from Science and Reason*, eds. Paul Gross, Norman Levitt, & Martin Lewis. New York: The New York Academy of Sciences.

Gross, Paul & Norman Levitt (1994). *Higher Superstitions: The Academic Left and Its Quarrels with Science*. Baltimore & London: The John Hopkins University Press.

Grosz, Elizabeth (1999). Darwin and Feminism: Preliminary Investigations for a Possible Alliance. *Australian Feminist Studies* 14 (29): 31-45.

Grünbaum, Adolf (2002). Critique of Psychoanalysis. In: *The Freud Encyclopaedia: Theory, Therapy and Culture*, ed. Edward Erwin. New York & London: Routledge.

Haack, Susan (1996a). Concern for Truth: What It Means, Why It Matters. In:

The Flight from Science and Reason, eds. Paul Gross, Norman Levitt, & Martin Lewis. New York: The New York Academy of Sciences.

Haack, Susan (1996b). Towards a Sober Sociology of Science. In: *The Flight from Science and Reason*, eds. Paul Gross, Norman Levitt, & Martin Lewis. New York: The New York Academy of Sciences.

Haig, Brian & Russil Durrant (2000). Theory Evaluation in Evolutionary Psychology. *Psychological Inquiry* 11 (1): 34-38.

Hall, Ruth (2000). Reply to *A Natural History of Rape*. *The Independent*, February 23.

Haraway, Donna (1991). *Simians, Cyborgs, and Women: The Reinvention of Nature*. London: Free Association Books.

Haraway, Donna (1991a). Animal Sociology and a Natural Economy of the Body Politic: A Political Physiology of Dominance. In: *Simians, Cyborgs, and Women*. London: Free Association Books, 1991.

Haraway, Donna (1991b). In the Beginning Was the Word: The Genesis of Biological Theory. In: *Simians, Cyborgs, and Women*. London: Free Association Books, 1991.

Haraway, Donna (1991c). The Contest for Primate Nature: Daughters of Man-the-Hunter in the Field, 1960-80. In: *Simians, Cyborgs, and Women*. London: Free Association Books, 1991.

Haraway, Donna (1991d). A Cyborg Manifesto: Science, Technology, and Social-Feminism in the Late Twentieth Century. In: *Simians, Cyborgs, and Women*. London: Free Association Books, 1991. Nederlandse vertaling: *Een Cyborg Manifest* (De Balie, Amsterdam, 1994).

Haraway, Donna (1991e). Situated Knowledges: The Science Question in Feminism and the Privilege of Partial Perspective. In: *Simians, Cyborgs, and Women*. London: Free Association Books, 1991.

Harding, Cheryl (1985). Sociobiological Hypotheses About Rape: A Critical Look at the Data Behind the Hypotheses. In: *Violence Against Women: A Critique of the Sociobiology of Rape*, eds. Suzanne Sunday and Ethel Tobach. New York: Gordian Press.

Harding, Sandra (1986). The Instabilities of the Analytical Categories of Feminist Theory. In: *Sex and Scientific Inquiry*, eds. Sandra Harding and Jean O'Barr. Chicago and London: The University of Chicago Press, 1987.

Hartmann, Heidi (1979). The Unhappy Marriage of Marxism and Feminism: Towards a More Progressive Union. In: *Women and Revolution*, ed. Lydia Sargent. London: South End Press, 1981.

Hermans, Cor (2003). *De dwaaltocht van het sociaal-darwinisme. Vroege sociale interpretaties van Charles Darwins theorie van natuurlijke selectie 1859-1918*. Amsterdam: Nieuwezijds.

Hermsen, Joke (1997). Vrouwenstudies Filosofie. *Filosofie* 7 (5): 4-7.

Hillbery, Rhonda (1994). The Household Issue: Scholars Say 'Genetic Predisposition' Doesn't Dictate the Form of the Family. *Star Tribune*, May 1.

Hinde, Robert (1987). Can Nonhuman Primates Help Us Understand Human Behavior? In: *Primate Societies*, eds. Barbara Smuts et al. Chicago & London: The University of Chicago Press.

Hoff Sommers, Christina (1994). *Who Stole Feminism? How Women Have Betrayed Women*. New York: Touchstone, 1995.

Hoff Sommers, Christina (2000). *The War Against Boys: How Misguided Feminism Is Harming our Young Men*. New York & London: Simon & Schuster.

Holmes, Donna & Christine Hitchcock (1997). A Feeling for the Organism? An Empirical Look at Gender and Research Choices of Animal Behaviorists. In: *Feminism and Evolutionary Biology: Boundaries, Intersections, and Frontiers*, ed. Patricia Gowaty. New York: Chapman & Hall.

hooks, bell (1981). *Ain't I a Woman: Black Women and Feminism*. Boston: South End Press, 1982.

Hrdy, Sarah (1997). Raising Darwin's Consciousness: Female Sexuality and the Prehominid Origins of Patriarchy. *Human Nature* 8 (1): 1-49.

Hrdy, Sarah (1999a). *The Woman That Never Evolved*. 2de ed. Cambridge & London: Harvard University Press.

Hrdy, Sarah (1999b). *Mother Nature: Natural Selection and the Female of the Species*. London: Chatto & Windus. Nederlandse vertaling: *Moederschap. Een natuurlijke geschiedenis* (Het Spectrum, Utrecht, 2000).

Hubbard, Ruth (1988). Some Thoughts about the Masculinity of the Natural Sciences. In: *Feminist Thought and the Structure of Knowledge*, ed. Mary Gergen. New York & London: New York University Press.

Hubbard, Ruth (1990). *The Politics of Women's Biology*. New Brunswick: Rutgers University Press, 1997.

Humphrey, Nicholas (1992). *A History of the Mind*. London: Vintage, 1993.

Hyde, Janet (1996). Where Are the Gender Differences? Where Are the Gender Similarities? In: *Sex, Power, Conflict: Evolutionary and Feminist Perspectives*, eds. David Buss & Neil Malamuth. New York & Oxford: Oxford University Press.

Israëls, Han (1999). *De Weense kwakzalver. Honderd jaar Freud en de freudianen*. Amsterdam: Bert Bakker.

Jacob, François (1997). *Of Flies, Mice, and Men*. Cambridge & London: Harvard University Press, 1998.

Kanazawa, Satoshi & Griet Vandermassen (in druk). Engineers Have More Sons, Nurses Have More Daughters: An Evolutionary Psychological Extension of Baron-Cohen's Extreme Male Brain Theory of Autism. *Journal of Theoretical Biology*.

Kandel, Eric (1999). Biology and the Future of Psychoanalysis: A New Intellectual Framework for Psychiatry Revisited. *American Journal of Psychiatry* 156 (4): 505-524.

Kenrick, Douglas, Melanie Trost & Virgil Sheets (1996). Power, Harassment, and Trophy Mates: The Feminist Advantages of an Evolutionary Perspective. In: *Sex, Power, Conflict: Evolutionary and Feminist Perspectives*, eds. David Buss & Neil Malamuth. New York & Oxford: Oxford University Press.

Ketelaar, Timothy & Bruce Ellis (2000). Are Evolutionary Explanations Unfalsifiable? Evolutionary Psychology and the Lakatosian Philosophy of Science. *Psychological Inquiry* 11 (1): 1-21.

Kimmel, Michael (2003). An Unnatural History of Rape. In: *Evolution, Gender, and Rape*, ed. Cheryl Brown Travis. Cambridge & London: The MIT Press.

Kimura, Doreen (1999). *Sex and Cognition.* Cambridge & London: The MIT Press, 2000.

Kimura, Doreen (2002). Sex Hormones Influence Human Cognitive Pattern. *Neuroendocrinology Letters* 23: 67-77.

Knight, Jonathan (2002). Sexual Stereotypes. *Nature*, vol. 415, January 17, 254-256.

Koertge, Noretta (1996a). Wrestling with the Social Constructor. In: *The Flight from Science and Reason*, eds. Paul Gross, Norman Levitt, & Martin Lewis. New York: The New York Academy of Sciences.

Koertge, Noretta (1996b). Feminist Epistemology: Stalking an Un-Dead Horse. In: *The Flight from Science and Reason*, eds. Paul Gross, Norman Levitt, & Martin Lewis. New York: The New York Academy of Sciences.

Koyama, Nicola, Andrew McGain & Russell Hill (2004). Self-Reported Mate Preferences and "Feminist" Attitudes Regarding Marital Relations. *Evolution and Human Behavior* 25 (5): 327-335.

Kuhn, Thomas (1962). *The Structure of Scientific Revolutions.* 2nd ed. Chicago & London: The University of Chicago Press, 1970.

Lawton, Marcy, William Garstka & J. Craig Hanks (1997). The Mask of Theory and the Face of Nature. In: *Feminism and Evolutionary Biology: Boundaries, Intersections, and Frontiers*, ed. Patricia Gowaty. New York: Chapman & Hall.

Lenington, Sarah (1985). Sociobiological Theory and the Violent Abuse of Women. In: *Violence Against Women: A Critique of the Sociobiology of Rape*, eds. Suzanne Sunday & Ethel Tobach. New York: Gordian Press.

Lewis, Martin (1996). Radical Environmental Philosophy and the Assault on Reason. In: *The Flight from Science and Reason*, eds. Paul Gross, Norman Levitt, & Martin Lewis. New York: The New York Academy of Sciences.

Liesen, Laurette (1995a). Feminism and the Politics of Reproductive Strategies. *Politics and the Life Sciences* (14) 2: 145-162.

Liesen, Laurette (1995b). Beyond the Dualism of Nature and Culture: Sex and the Frontiers of Human Nature Theory. *Politics and the Life Sciences* 14 (2): 194-197.

Liesen, Laurette (1998). The Legacy of Woman the Gatherer: The Emergence of Evolutionary Feminism. *Evolutionary Anthropology* 7 (3): 105-113.

Lopreato, Joseph & Timothy Crippen (1999). *Crisis in Sociology: The Need for Darwin.* New Jersey: Transaction Publishers.

Low, Bobbi (1989). Cross-Cultural Patterns in the Training of Children: An Evolutionary Perspective. In: *Human Nature: A Critical Reader*, ed. Laura Betzig. New York & Oxford: Oxford University Press, 1997.

Low, Bobbi (1992). Men, Women, Resources, and Politics in Pre-Industrial Societies. In: *The Nature of the Sexes: The Sociobiology of Sex Differences and the 'Battle of the Sexes'*, ed. Johan van der Dennen. Groningen: Origin Press.

Low, Bobbi (2000). *Why Sex Matters: A Darwinian Look at Human Behavior.* Princeton: Princetom University Press.

M'charek, Amâde (2002). 'The Traffic in Males'. Over verschillende versies van sekse in onderzoek naar genetische diversiteit. *Tijdschrift voor genderstudies* 4: 20-35.

Malamuth, Neil (1996). The Confluence Model of Sexual Aggression: Feminist and Evolutionary Perspectives. In: *Sex, Power, Conflict: Evolutionary and Feminist* Perspectives, eds. David Buss & Neil Malamuth. New York & Oxford: Oxford University Press.

Maynard Smith, John (1997). Commentary. In: *Feminism and Evolutionary Biology: Boundaries, Intersections, and Frontiers*, ed. Patricia Gowaty. New York: Chapman & Hall.

Mealey, Linda (2000). *Sex Differences: Developmental and Evolutionary Strategies*. San Diego & London: Academic Press.

Meijer, Maaike (1994). De bibliotheek in de tuin. Feministische intellectuelen en hun genre: van marge naar middelpunt. In: *Ik denk, dus zij is*, eds. Rosi Braidotti & Suzette Haakma. Kampen: Kok Agora.

Merchant, Carolyn (1980). *The Death of Nature: Women, Ecology and the Scientific Revolution*. New York: HarperCollins Publishers, 1990.

Mesnick, Sarah (1997). Sexual Alliances: Evidence and Evolutionary Implications. In: *Feminism and Evolutionary Biology: Boundaries, Intersections, and Frontiers*, ed. Patricia Gowaty. New York: Chapman & Hall.

Michielsens, Magda (1999). Welke gelijkheid maakt het verschil? De differente gelijkheid van Simone de Beauvoir. In: *Vrouw word je niet geboren. 50 jaar De tweede sekse*. Brussel: IMAVO.

Michielsens, Magda, Dimitri Mortelmans, Sonja Spee & Mic Billet, eds. (1999). *Bouw een vrouw. Sociale constructie van vrouwbeelden in de media*. Gent: Academia Press.

Michielsens, Magda, & Mic Billet (1999). Inleiding. In: *Bouw een vrouw. Sociale constructie van vrouwbeelden in de media*. eds. Magda Michielsens, Dimitri Mortelmans, Sonja Spee & Mic Billet. Gent: Academia Press.

Miller, Geoffrey (2000a). How to Keep Our Metatheories Adaptive: Beyond Cosmides, Tooby, & Lakatos. *Psychological Inquiry* 11 (1): 42-46.

Miller, Geoffrey (2000b). *The Mating Mind: How Sexual Choice Shaped the Evolution of Human Nature*. London: Vintage, 2001. Nederlandse vertaling: *De parende geest. Seksuele selectie en de evolutie van het bewustzijn* (Contact, Amsterdam, 2001).

Millett, Kate (1970). *Sexual Politics*. London: Virago, 1979.

Mithen, Steven (1996). *The Prehistory of the Mind: A Search for the Origins of Art, Religion and Science*. London: Phoenix, 1998.

Morris, Desmond (1967). *The Naked Ape*. New York: Dell. Nederlandse vertaling: *De naakte aap* (Utrecht/Antwerpen, Bruna & Zoon, 1968).

Nanda, Meera (1996). The Science Question in Postcolonial Feminism. In: *The Flight from Science and Reason*, eds. Paul Gross, Norman Levitt & Martin Lewis. New York: The New York Academy of Sciences.

Nelissen, Mark (2000). *De bril van Darwin. Op zoek naar de wortels van ons gedrag*. Tielt: Lannoo.

Nelkin, Dorothy (2000). Less Selfish than Sacred? Genes and the Religious Impulse in Evolutionary Psychology. In: *Alas, Poor Darwin: Arguments against Evolutionary Psychology*. London: Jonathan Cape.

Nicholson, Linda (1994). Interpreting Gender. *Signs* 11: 79-105.

Nicolson, Paula (2000). Barriers to Women's Succes: Are They Natural or Man-Made? *Psychology, Evolution and Gender* 2 (1): 91-96.

Noske, Barbara (1988). *Huilen met de wolven. Een interdisciplinaire benadering van de mens-dier relatie.* Amsterdam: Van Gennep.

Oldenziel, Ruth (1994). E-mail bericht aan Shulamith Firestone: Machines van lucht en licht. In: *Poste restante. Feministische berichten aan het postmoderne*, ed. Rosi Braidotti. Kampen: Kok Agora.

Orobio de Castro, Ines (1994). De hybride orde van de cyborg. In: *Poste restante. Feministische berichten aan het postmoderne*, ed. Rosi Braidotti. Kampen: Kok Agora.

Patai, Daphne (1998). *Heterophobia: Sexual Harassment and the Future of Feminism.* New York & Oxford: Rowman & Littlefield, 2000.

Paul, Diane (2002). Darwin, Social Darwinism and Eugenics. In: *The Cambridge Companion to Darwin*, eds. Jonathan Hodge & Gregory Radick. Cambridge & New York: Cambridge University Press.

Pease, Allan & Barbara (1997). *Why Men Don't Listen and Women Can't Read Maps.* Nederlandse vertaling: *Waarom mannen niet luisteren en vrouwen niet kunnen kaartlezen* (Utercht, Het Spectrum, 1998).

Peplau, Letitia Anne & Linda Garnets (2000). A New Paradigm for Understanding Women's Sexuality and Sexual Orientation. *Journal of Social Issues* 56 (2): 330-350.

Peplau, Letitia Anne (2003). Human Sexuality: How Do Men and Women differ? *Current Directions in Psychological Research* 12 (2): 37.

Pinker, Steven & Paul Bloom. Natural Language and Natural Selection (1992). In: *The Adapted Mind: Evolutionary Psychology and the Generation of Culture*, eds. Jerome Barkow, Leda Cosmides, & John Tooby. New York & Oxford: Oxford University Press.

Pinker, Steven (1997). *How the Mind Works.* London & New York: Penguin Books, 1998. Nederlandse vertaling: *Hoe de menselijke geest werkt* (Contact, Amsterdam, 1998).

Pinker, Steven (2002). *The Blank Slate: The Modern Denial of Human Nature.* London & New York: Allen Lane/The Penguin Press. Nederlandse vertaling: *Het onbeschreven blad* (Contact, Amsterdam, 2003).

Plotkin, Henry (1997). *Evolution in Mind: An Introduction to Evolutionary Psychology.* London & New York: Penguin Books, 1998.

Pratto, Felicia (1996). Sexual Politics: The Gender Gap in the Bedroom, the Cupboard, and the Cabinet. In: *Sex, Power, Conflict: Evolutionary and Feminist* Perspectives, eds. David Buss & Neil Malamuth. New York & Oxford: Oxford University Press.

Primoratz, Igor (1999). *Ethics and Sex.* London & New York: Routledge.

Prins, Baukje (1994). Zonder onschuld: gesitueerde kennis en ethiek. In: *Poste restante. Feministische berichten aan het postmoderne*, ed. Rosi Braidotti. Kampen: Kok Agora.

Profet, Margie (1992). Pregnancy Sickness as Adaptation: A Deterrent to Maternal Ingestion of Teratogens. In: *The Adapted Mind: Evolutionary Psychology and the Generation of Culture*, eds. Jerome Barkow, Leda Cosmides & John Tooby. New York & Oxford: Oxford University Press.

Provost, Daniëlla (1999). De Tweede Sekse en de psychoanalyse. In: *Vrouw word je niet geboren. 50 jaar De tweede sekse*. Brussel: IMAVO.

Quintelier, Guy (1999). Vrouwen en mannen: conflict en onderdrukking. In: *Vrouw word je niet geboren. 50 jaar De tweede sekse*. Brussel: IMAVO.

Radcliffe Richards, Janet (1995). Why Feminist Epistemology Isn't (and the Implications for Feminist Jurisprudence). *Legal Theory* 1: 365-400.

Radcliffe Richards, Janet (1997). Equality of Opportunity. *Ratio* 10 (3): 253-279.

Radcliffe Richards, Janet (2000). *Human Nature after Darwin: A Philosophical Introduction*. London & New York: Routledge.

Rich, Madeline (2000). Violent Attacks. *Chicago Tribune*, February 1.

Ridley, Matt (1999). *Genome: The Autobiography of a Species in 23 Chapters*. New York: HarperCollins Publishers. Nederlandse vertaling: *Genoom. Het recept voor een mens.* (Contact, Amsterdam, 1999).

Ridley, Matt (2003). *Nature Via Nurture: Genes, Experience and What Makes Us Human*. London: Fourth Estate. Nederlandse vertaling: *Wat ons mens maakt. Aanleg en opvoeding* (Contact, Amsterdam, 2004).

Roele, Marcel (2000). *De mietjesmaatschappij. Over politiek incorrecte feiten*. Amsterdam: Contact.

Roiphe, Katie (1993). *The Morning After: Sex, Fear, and Feminism on Campus*. Boston: Little, Brown.

Roscoe, Will (1991). *The Zuni Man-Woman*. Albuquerque: University of New Mexico Press.

Rose, Hilary & Steven Rose (2000b). Introduction. In: *Alas, Poor Darwin: Arguments against Evolutionary Psychology*, eds. Hilary Rose & Steven Rose. London: Jonathan Cape.

Rose, Hilary & Steven Rose, eds. (2000a). *Alas, Poor Darwin: Arguments against Evolutionary Psychology.* London: Jonathan Cape.

Rose, Hilary (1983). Hand, Brain, and Heart: A Feminist Epistemology for the Natural Sciences. In: *Sex and Scientific Inquiry*, eds. Sandra Harding & Jean O'-Barr. Chicago & London: The University of Chicago Press, 1987.

Rose, Hilary (1997). Beyond Biology. *Red Pepper*, September.

Rose, Hilary (2000). Colonising the Social Sciences? In: *Alas, Poor Darwin: Arguments against Evolutionary Psychology*, eds. Hilary Rose & Steven Rose. London: Jonathan Cape.

Rose, Steven (2000). The New Just So Stories: Sexual Selection and the Fallacies of Evolutionary Psychology. *Times Literary Supplement*, July 14.

Rosser, Sue (1992). *Biology and Feminism: A Dynamic Interaction*. New York: Twayne Publishers.

Rosser, Sue (1997). Possible Implications of Feminist Theories for the Study of Evolution. In: *Feminism and Evolutionary Biology: Boundaries, Intersections, and Frontiers*, ed. Patricia Gowaty. New York: Chapman & Hall.

Rosser, Sue (2003). Coming Full Circle: Refuting Biological Determinism. In:

Evolution, Gender, and Rape, ed. Cheryl Brown Travis. Cambridge & London: The MIT Press.
Sanday, Peggy Reeves (1986). Rape and the Silencing of the Feminine. In: *Rape*, eds. Sylvana Tomaseli and Roy Porter. Oxford & New York: Blackwell.
Sanday, Peggy Reeves (2003). Rape-Free versus Rape-Prone: How Culture Makes a Difference. In: *Evolution, Gender, and Rape*, ed. Cheryl Brown Travis. Cambridge & London: The MIT Press.
Sanger, Alexander (2004). *Beyond Choice: Reproductive Freedom in the 21st Century*. New York: PublicAffairs.
Sapiro, Virginia (1985). Biology and Women's Policy: A View from the Social Sciences. In: *Women, Biology and Public Policy*, ed. Virginia Sapiro. Beverly Hills & London: Sage Publications.
Sax, Leonard (2002). How Common Is Intersex? A Response to Anne Fausto-Sterling. *Journal of Sex Research* 39 (3): 174-178.
Schiebinger, Londa (1999). *Has Feminism Changed Science?* Cambridge & London: Harvard University Press, 2001.
Schmitt, David et al. (2003a). Universal Sex Differences in the Desire for Sexual Variety: Tests from 52 nations, 6 Continents, and 13 Islands. *Journal of Personality and Social Psychology* 85 (1): 85-104.
Schmitt, David et al. (2003b). Are Men Universally More Dismissing than Women? Gender Differences in Romantic Attachment across 62 Cultural Regions. *Personal Relationships* 10 (3): 307-331.
Schmitt, David et al. (2004). Patterns and Universals of Mate Poaching Across 53 Nations: The Effects of Sex, Culture, and Personality on Romantically Attracting Another Person's Partner. *Journal of Personality and Social Psychology* 86 (4): 560-584.
Schutte, Xandra (2000). Vergeet de schorpioenvlieg niet. *Vrij Nederland*, 15 april, pp. 61-63.
Schwendinger, Julia & Herman Schwendinger (1985). Homo Economicus as the Rapist in Sociobiology. In: *Violence Against Women: A Critique of the Sociobiology of Rape*, eds. Suzanne Sunday & Ethel Tobach. New York: Gordian Press.
Segal, Lynne (1999). *Why Feminism?* New York: Columbia University Press.
Segerstråle, Ullica (2000). *Defenders of the Truth: The Battle for Science in the Sociobiology Debate and Beyond*. New York & Oxford: Oxford University Press.
Sheehan, Elizabeth (1997). Victorian Clitoridectomy: Isaac Baker Brown and His Harmless Little Procedure. In: *The Gender/Sexuality Reader*, eds. Roger Lancaster & Micaela di Leonardo. New York & London: Routledge.
Shermer, Michael (2001). *The Borderlands of Science: Where Sense Meets Nonsense*. New York & Oxford: Oxford University Press.
Shields, Stephanie & Pamela Steinke. Does Self-Report Make Sense as an Investigative Method in Evolutionary Psychology? (2003). In: *Evolution, Gender, and Rape*, ed. Cheryl Brown Travis. Cambridge & London: The MIT Press.
Shields, William & Lea Shields (1983). Forcible Rape: An Evolutionary Perspective. *Ethology and Sociobiology* 4: 115-136.
Silverman, Irwin & Marion Eals (1992). Sex Differences in Spatial Abilities: Evo-

lutionary Theory and Data. In: *The Adapted Mind: Evolutionary Psychology and the Generation of Culture*, eds. Jerome Barkow, Leda Cosmides, & John Tooby. New York & Oxford: Oxford University Press.

Singer, Peter (1999). *A Darwinian Left: Politics, Evolution and Cooperation*. London: Weidenfeld & Nicolson. Nederlandse vertaling: *Darwin voor links* (Boom, Amsterdam, 2002).

Singh, Devendra (1993). Adaptive Significance of Female Physical Attractiveness: Role of Waist-to-Hip Ratio. *Journal of Personality and Social Psychology*. 65 (2): 293-307.

Singh, Devendra (2002). Female Mate Value at a Glance: Relationship of Waist-to-Hip Ratio to Health, Fecundity and Attractiveness. *Neuroendocrinology Letters* 23: 81-91.

Smuts, Barbara (1995). The Evolutionary Origins of Patriarchy. *Human Nature* 6 (1): 1-32.

Smuts, Barbara (1996). Male Aggression against Women: An Evolutionary Perspective. In: *Sex, Power, Conflict: Evolutionary and Feminist* Perspectives, eds. David Buss & Neil Malamuth. New York & Oxford: Oxford University Press.

Snowdon, Charles (1997). The "Nature" of Sex Differences: Myths of Male and Female. In: *Feminism and Evolutionary Biology: Boundaries, Intersections, and Frontiers*, ed. Patricia Gowaty. New York: Chapman & Hall.

Sork, Victoria (1997). Quantitative Genetics, Feminism, and Evolutionary Theories of Gender Differences. In: *Feminism and Evolutionary Biology: Boundaries, Intersections, and Frontiers*, ed. Patricia Gowaty. New York: Chapman & Hall.

Speelman, Tom, Johan Braeckman & Griet Vandermassen (2001). De modulen van de geest. Misverstanden over evolutiepsychologie. *Skepter* 14 (4): 29-32.

Stanton, Elizabeth C., Susan B. Anthony, & Matilda J. Gage, eds. (1881/1882). Selections from the *History of Woman Suffrage*. In: *The Feminist Papers*, ed. Alice Rossi (1973). New York: Bantam Books, 1974.

Stengers, Isabelle (1997). *Macht en wetenschappen*. Brussel: VUBPress.

Storr, Anthony (1989). *Freud*. New York & Oxford: Oxford University Press.

Sunday, Suzanne & Ethel Tobach, eds. (1985). *Violence Against Women: A Critique of the Sociobiology of Rape*. New York: Gordian Press.

Symons Donald, Catherine Salmon & Bruce Ellis (1997). Unobtrusive Measures of Human Sexuality. In: *Human Nature: A Critical Reader*, ed. Laura Betzig. New York & Oxford: Oxford University Press.

Symons, Donald (1992). On the Use and Misuse of Darwinism in the Study of Human Behavior. In: *The Adapted Mind: Evolutionary Psychology and the Generation of Culture*, eds. Jerome Barkow, Leda Cosmides, & John Tooby. New York & Oxford: Oxford University Press.

Symons, Donald (1995). Beauty Is in the Adaptations of the Beholder: The Evolutionary Psychology of Human Female Sexual Attractiveness. In: *Sexual Nature/Sexual Culture*, eds. Paul Abramson & Steven Pinkerton. Chicago: The University of Chicago Press.

Talarico, Susette (1985). An Analysis of Biosocial Theories of Crime. In: *Women, Biology and Public Policy*, ed. Virginia Sapiro. Beverly Hills & London: Sage Publications.

Tang-Martinez, Zuleyma (1997). The Curious Courtship of Sociobiology and Feminism: A Case of Irreconcilable Differences. In: *Feminism and Evolutionary Biology: Boundaries, Intersections, and Frontiers*, ed. Patricia Gowaty. New York: Chapman & Hall.

Ten Dam, Geert & Monique Volman (1995). Continuïteit en verandering. In: *Vrouwenstudies in de jaren negentig. Een kennismaking vanuit verschillende disciplines*, eds. Margo Brouns et al. Bussum: Coutinho.

Thornhill, Nancy & Randy Thornhill (1990). An Evolutionary Analysis of Psychological Pain Following Rape: I. The Effects of Victim's Age and Marital Status. *Ethology and Sociobiology* 11: 155-76.

Thornhill, Randy & Craig Palmer (2000). *A Natural History of Rape: Biological Bases of Sexual Coercion*. Cambridge & London: The MIT Press.

Thornhill, Randy & Nancy Thornhill (1983). Human Rape: An Evolutionary Analysis. *Ethology and Sociobiology* 4: 137-173.

Thornhill, Randy, Nancy Thornhill & Gerard Dizinno (1986). The Biology of Rape. In: *Rape*, eds. Sylvana Tomaseli & Roy Porter. Oxford & New York: Blackwell.

Tobach, Ethel & Suzanne Sunday (1985). Epilogue. In: *Violence Against Women: A Critique of the Sociobiology of Rape*, eds. Suzanne Sunday & Ethel Tobach. New York: Gordian Press.

Tooby, John & Leda Cosmides (1992). The Psychological Foundations of Culture. In: *The Adapted Mind: Evolutionary Psychology and the Generation of Culture*, eds. Jerome Barkow, Leda Cosmides, & John Tooby. New York & Oxford: Oxford University Press.

Torrey, E. Fuller (1992). *Freudian Fraud: The Malignant Effect of Freud's Theory on American Thought and Culture*. New York: HarperPerennial, 1993.

Travis, Cheryl Brown (2003b). Talking Evolution and Selling Difference. In: *Evolution, Gender, and Rape*, ed. Cheryl Brown Travis. Cambridge & London: The MIT Press.

Travis, Cheryl Brown (2003c). Theory and Data on Rape and Evolution. In: *Evolution, Gender, and Rape*, ed. Cheryl Brown Travis. Cambridge & London: The MIT Press.

Travis, Cheryl Brown, ed. (2003a). *Evolution, Gender, and Rape* (2003). Cambridge & London: The MIT Press.

Trivers, Robert (1972). Parental Investment and Sexual Selection. In: *Sexual Selection and the Descent of Man, 1871-1971*, ed. Bernard Campbell. Chicago: Aldine.

Tuana, Nancy (1989). The Weaker Seed: The Sexist Bias of Reproductive Theory. In: *Feminism and Science*, ed. Nancy Tuana. Bloomington & Indianapolis: Indiana University Press.

Van der Dennen, Johan (2002). (Evolutionary) Theories of Warfare in Preindustrial (Foraging) Societies. *Neuroendocrinology Letters* 23: 55-65.

Van Muijlwijk, Margreet (1998). *De toekomst van Teiresias. Vrouwelijke gestalten van het gemis*. Brussel: VUBPress.

Van Wingerden, Ineke (1994). Vrouwen of botten: Postmoderne visies op het menopauzale lichaam. In: *Poste restante. Feministische berichten aan het postmoderne*, ed. Rosi Braidotti. Kampen: Kok Agora.

Vandermassen, Griet (2003). Revolutionaire psychologie. *Mores* 48 (237): 540-551.

Vandermassen, Griet (2004). Sexual Selection: A Tale of Male Bias and Feminist Denial. *European Journal of Women's Studies* 11 (1): 9-26.

Vandermassen, Griet, Marysa Demoor & Johan Braeckman (2005). Close Encounters with a New Species: Darwin's Clash with the Feminists at the End of the Nineteenth Century. In: *Unmapped Countries: Biological Visions in Nineteenth-Century Literature and Culture*, ed. Anne-Julia Zwierlein. Londen: Anthem Press.

Volscho, Thomas & Robert Pietrzak (2002). Do Men Have More Sex Partners than Women? Poster presented at Human Behavior and Evolution Society Conference, New Brunswick, NJ, June 19-23.

Waage, Jonathan & Patricia Gowaty (1997). Myths of Genetic Determinism. In: *Feminism and Evolutionary Biology: Boundaries, Intersections, and Frontiers*, ed. Patricia Gowaty. New York: Chapman & Hall.

Waage, Jonathan (1997). Parental Investment – Minding the Kids or Keeping Control? In: *Feminism and Evolutionary Biology: Boundaries, Intersections, and Frontiers*, ed. Patricia Gowaty. New York: Chapman & Hall.

Watson-Brown, Linda (2000). Foolish Findings of the Doctor Who Believes Rapists Are Born Evil. *The Scotsman*, July 10.

Wennerås, Christine & Agnes Wold (1997). Nepotism and Sexism in Peer-Review. *Nature* 387: 341-343.

Wertheim, Margaret (2000). The Boy Can't Help It. *LA Weekly*, March 24.

Wilson, Edward (1975). *Sociobiology: The New Synthesis*. Cambridge & London: The Belknapp Press of Harvard University Press, 2000.

Wilson, Edward (1978). *On Human Nature*. Cambridge & London: Harvard University Press, 1979.

Wilson, Elizabeth (1999). Somatic Compliance – Feminism, Biology and Science. *Australian Feminist Studies* 14 (29): 7-18.

Wilson, Elizabeth (2002). Biologically Inspired Feminism: Response to Helen Keane and Martha Rosengarten, 'On the Biology of Sexed Subjects'. *Australian Feminist Studies* 17 (39): 283-285.

Wilson, Margo & Martin Daly (1992). The Man Who Mistook His Wife for a Chattel. In: *The Adapted Mind: Evolutionary Psychology and the Generation of Culture*, eds. Jerome Barkow, Leda Cosmides, & John Tooby. New York & Oxford: Oxford University Press.

Wilson, Margo & Sarah Mesnick (1997). An Empirical Test of the Bodyguard Hypothesis. In: *Feminism and Evolutionary Biology: Boundaries, Intersections, and Frontiers*, ed. Patricia Gowaty. New York: Chapman & Hall.

Wilson, Margo, Martin Daly & Joanna Scheib (1997). Femicide: An Evolutionary Psychological Perspective. In: *Feminism and Evolutionary Biology: Boundaries, Intersections, and Frontiers*, ed. Patricia Gowaty. New York: Chapman & Hall.

Wollstonecraft, Mary (1792). *A Vindication of the Rights of Woman*. New York: Random House, 2001.

Wood, Wendy & Alice Eagly (2000). A Call to Recognize the Breadth of Evolu-

tionary Perspectives: Sociocultural Theories and Evolutionary Psychology. *Psychological Inquiry* 11 (1): 52-55.
Woolf, Virginia (1929/1938). *A Room of One's Own/Three Guineas.* London & New York: Penguin Books, 2000.
Wright, Robert (1990). The Intelligence Test. *New Republic*, January 29.
Wright, Robert (1994a). Feminists, Meet Mr. Darwin. *New Republic*, November 28.
Wright, Robert (1994b). *The Moral Animal: The New Science of Evolutionary Psychology*. London: Little, Brown & Company, 1995. Nederlandse vertaling: *Het morele dier. Onze genen en ons geweten* (Wereldbibliotheek, Amsterdam, 1998).
Wright, Robert (1995). The Evolution of Despair. *Time*, August 28.
Wright, Robert (2000). *Nonzero: The Logic of Human Destiny*. London: Little, Brown & Company. Nederlandse vertaling: *Nonzero. De logica van de menselijke bestemming* (Het Spectrum, Utrecht, 2000).
Wylie, Alison (1997). Good Science, Bad Science, or Science as Usual? Feminist Critiques of Science. In: *Women in Human Evolution*, ed. Lori Hager. London & New York: Routledge.
Young, Cathy (1999). *Ceasefire! Why Women and Men Must Join Forces to Achieve True Equality*. New York: The Free Press.
Zihlman, Adrienne (1997). The Paleolithic Glass Ceiling: Women in Human Evolution. In: *Women in Human Evolution*, ed. Lori Hager. London & New York: Routledge.
Zuk, Marlene (1997). Darwinian Medicine Dawning in a Feminist Light. In: *Feminism and Evolutionary Biology: Boundaries, Intersections, and Frontiers*, ed. Patricia Gowaty. New York: Chapman & Hall.
Zuk, Marlene (2002). *Sexual Selections: What We Can and Can't Learn about Sex from Animals*. Berkeley & Los Angeles: University of California Press.

Index